中国水利普查

第一次全国水利普查成果丛书

全国水利普查数据汇编

《第一次全国水利普查成果丛书》编委会 编

中国水利水电出版社
www.waterpub.com.cn

内 容 提 要

　　本书系《第一次全国水利普查成果丛书》之一,系统全面地汇编了第一次全国水利普查的主要成果,包括水利普查对象基本情况、河湖基本情况、水利工程基础设施情况、水资源开发利用和河流治理保护情况、水土流失与治理情况、水利机构及人员情况等数据。

　　本书内容数据权威、准确、客观,可供水利、农业、国土资源、环境、气象、交通等行业从事规划设计、建设管理、科研生产的各级政府领导、专家、学者和技术人员阅读使用,也可供相关专业大专院校师生和社会公众参考使用。

图书在版编目(CIP)数据

　　全国水利普查数据汇编 / 《第一次全国水利普查成果丛书》编委会编. -- 北京 : 中国水利水电出版社,
2016.3
　　(第一次全国水利普查成果丛书)
　　ISBN 978-7-5170-4222-8

　　Ⅰ. ①全… Ⅱ. ①第… Ⅲ. ①水利调查—统计资料—汇编—中国 Ⅳ. ①TV211

　　中国版本图书馆CIP数据核字(2016)第065978号

书　　名	第一次全国水利普查成果丛书 **全国水利普查数据汇编**
作　　者	《第一次全国水利普查成果丛书》编委会　编
出版发行	中国水利水电出版社 (北京市海淀区玉渊潭南路1号D座　100038) 网址:www. waterpub. com. cn E - mail:sales@waterpub. com. cn 电话:(010) 68367658 (发行部)
经　　售	北京科水图书销售中心(零售) 电话:(010) 88383994、63202643、68545874 全国各地新华书店和相关出版物销售网点
排　　版	中国水利水电出版社微机排版中心
印　　刷	北京纪元彩艺印刷有限公司
规　　格	184mm×260mm　16开本　27.5印张　508千字
版　　次	2016年3月第1版　2016年3月第1次印刷
印　　数	0001—2300册
定　　价	**95.00元**

本书编委会

主　　编　周学文

副 主 编　庞进武　吴　强　黄　河　蔡　阳　陈庚寅

编写人员　杨　柠　徐　波　潘利业　郭　悦　程益联

魏新平　王　欢　王文种　孙振刚　段中德

张　岚　姚宛艳　张薇薇　汪学全　孙天青

张玉欣　曲小兴　张象明　张海涛　吕红波

徐　震　李智广　刘二佳　谢文君

前　言

　　遵照《国务院关于开展第一次全国水利普查的通知》（国发〔2010〕4号）的要求，2010—2012年我国开展了第一次全国水利普查（以下简称"普查"）。普查的标准时点为2011年12月31日，时期资料为2011年度；普查的对象是我国境内（未含香港特别行政区、澳门特别行政区和台湾省）所有河流湖泊、水利工程、水利机构以及重点社会经济取用水户。

　　第一次全国水利普查是一项重大的国情国力调查，是国家资源环境调查的重要组成部分。普查综合运用社会经济调查和资源环境调查的先进技术与方法，基于最新的国家基础测绘信息和遥感影像数据，系统开展了水利领域的各项普查工作，全面查清了我国河湖水系和水土流失基本情况，查明了水利基础设施的数量、规模和能力状况，摸清了我国水资源开发、利用、治理、保护等方面的情况，掌握了水利行业能力建设的状况，形成了基于空间地理信息系统、客观反映我国水情特点、全面系统描述我国水治理状况的国家基础水信息平台。通过普查，摸清了我国水利家底，填补了重大国情国力信息空白，完善了国家资源环境和基础设施等基础信息体系。普查成果为客观评价我国水情及其演变形势，准确判断水利发展状况，科学分析江河湖泊开发治理和保护状况，客观评价我国的水问题，深入研究我国水安全保障程度等提供了翔实深入的系统资料，为社会各界了解我国基本水情特点提供了丰富的信息，为完善治水方略、全面谋划水利改革发展、科学制定国民经济和社会发展规划、推进生态文明建设等提供了科学可靠的决策依据。

　　为实现普查成果共享，更好地方便全社会查阅、使用和应用普查成果，水利部、国家统计局组织编制了《第一次全国水利普查成果丛书》。本套丛书包括《全国水利普查综合报告》《河湖基本情况普查报告》《水利工程基本情况普查报告》《经济社会用水情况调查报告》《河湖开发治理保护情况普查报告》《水土保持情况普查报告》《水利行业能力情况普查报告》《灌区基本情况普查报告》《地下水取水井基本情况普查报告》和《全国水利普查数据汇编》，共 10 册。

本书是第一次全国水利普查的成果集成，汇集了水利普查对象基本情况、河湖基本情况、水利工程基础设施情况水资源开发利用和治理保护情况、水土流失与治理情况、水利机构及人员情况等数据成果。全书共分 7 章：第一章为水利普查对象基本情况，汇编了本次普查对象数据；第二章为河湖基本情况，汇编了我国河流、湖泊数量，河流长度和河网密度等数据；第三章为水利工程基础设施情况，汇编了我国水库、堤防、水电站、水闸与橡胶坝、泵站、灌区、取水井、农村供水工程、塘坝与窖池等水利基础设施的数量、分布、能力等数据；第四章为水资源开发利用情况，汇编了我国水资源开发利用、各行业和各地区的用水数据；第五章为河流治理保护情况，汇编了我国河流治理、水源地及入河湖排污口等数据；第六章为水土流失与治理情况，汇编了我国水土流失与治理保护相关数据；第七章为水利机构及人员情况，汇编了我国水利机构、从业人员等数据。本书所使用的计量单位，主要采用国际单位制单位和我国法定计量单位，小部分沿用水利统计惯用单位。部分数据合计数或相对数由于单位取舍不同而产生的计算误差，均未进行机械调整。表中"空格"表示缺或无该项数据。

本书在编写过程中得到了许多专家和普查人员的指导与帮助，在此表示衷心的感谢！由于作者水平有限，书中难免存在疏漏，敬请批评指正。

编者

2015 年 10 月

目　录

前言

第一章　水利普查对象基本情况 ………………………………………………… 1

一、各地区水利普查对象基本情况 …………………………………………… 3

　1-1-1　河湖基本情况普查对象数量及主要指标 ………………………… 3

　1-1-2　水利工程普查对象数量及主要指标 ……………………………… 4

　1-1-3　河湖开发治理普查对象数量及主要指标 ………………………… 6

　1-1-4　水土保持普查对象数量及主要指标 ……………………………… 7

　1-1-5　行业能力普查对象数量及主要指标 ……………………………… 8

　1-1-6　灌区与地下水取水井普查对象数量及主要指标 ………………… 9

二、一级流域（区域）水利普查对象基本情况 …………………………… 10

　1-2-1　河流数量 …………………………………………………………… 10

　1-2-2　湖泊数量 …………………………………………………………… 11

三、水资源一级区水利普查对象基本情况 ………………………………… 12

　1-3-1　水利工程普查对象数量及主要指标 ……………………………… 12

　1-3-2　河湖开发治理普查对象数量及主要指标 ………………………… 13

　1-3-3　灌区与地下水取水井普查对象数量及主要指标 ………………… 14

第二章　河湖基本情况 ………………………………………………………… 15

一、各地区河流基本情况 …………………………………………………… 17

　2-1-1　河流数量 …………………………………………………………… 17

　2-1-2　河流总长度 ………………………………………………………… 18

　2-1-3　河流密度 …………………………………………………………… 19

二、一级流域（区域）河流基本情况 ……………………………………… 20

　2-2-1　河流数量 …………………………………………………………… 20

　2-2-2　河流总长度 ………………………………………………………… 21

　2-2-3　河流密度 …………………………………………………………… 22

　2-2-4　按长度分的流域面积 50km^2 及以上河流数量及比重 ………… 23

　2-2-5　按比降分的流域面积 100km^2 及以上河流数量及比重 ……… 24

2-2-6　河流水文站和水位站 ·· 25

2-2-7　调查和实测历史洪水 ·· 26

2-2-8　按多年平均年降水深分的流域面积 100km² 及以上河流比重 ······ 27

2-2-9　按多年平均年径流深分的流域面积 100km² 及以上河流比重 ······ 28

三、各地区湖泊基本情况 ·· 29

2-3-1　湖泊数量和水面总面积 ·· 29

2-3-2　咸淡水湖泊数量 ·· 30

四、一级流域（区域）湖泊基本情况 ···································· 31

2-4-1　湖泊数量 ·· 31

2-4-2　湖泊水面总面积 ·· 32

2-4-3　咸淡水湖泊数量 ·· 33

第三章　水利工程基础设施情况 ·· 35

一、水库 ·· 37

（一）各地区水库基本情况 ·· 37

3-1-1　水库主要指标 ·· 37

3-1-2　按工程规模分的水库工程数量 ·································· 38

3-1-3　按工程任务分的水库工程数量 ·································· 39

3-1-4　按水库类型分的水库工程数量 ·································· 40

3-1-5　已建和在建水库工程数量 ······································ 41

3-1-6　按建设时间分的水库工程数量 ·································· 42

3-1-7　按水库调节性能分的水库工程数量 ······························ 43

3-1-8　按坝高分的水库工程数量 ······································ 44

3-1-9　按主坝材料分的水库工程数量 ·································· 45

3-1-10　按主坝结构分的水库工程数量 ································· 46

3-1-11　按工程规模分的水库工程总库容 ······························ 47

3-1-12　按工程任务分的水库工程总库容 ······························ 48

3-1-13　按水库类型分的水库工程总库容 ······························ 49

3-1-14　已建和在建水库工程总库容 ··································· 50

3-1-15　按建设时间分的水库工程总库容 ······························ 51

3-1-16　按坝高分的水库工程总库容 ··································· 52

3-1-17　按主坝材料分的水库工程总库容 ······························ 53

3-1-18　按主坝结构分的水库工程总库容 ······························ 54

3-1-19　按工程规模分的水库工程设计供水量 ·························· 55

3-1-20　已建和在建水库工程设计供水量 ······························ 56

3-1-21 按工程规模分的水库工程2011年实际供水量 …………………… 57

3-1-22 已建和在建水库工程2011年实际供水量 …………………… 58

（二）水资源一级区水库基本情况 …………………………………… 59

3-1-23 水库主要指标 …………………………………………………… 59

3-1-24 按工程规模分的水库工程数量 ……………………………… 60

3-1-25 按工程任务分的水库工程数量 ……………………………… 61

3-1-26 按水库类型分的水库工程数量 ……………………………… 62

3-1-27 已建和在建水库工程数量 …………………………………… 63

3-1-28 按建设时间分的水库工程数量 ……………………………… 64

3-1-29 按水库调节性能分的水库工程数量 ………………………… 65

3-1-30 按坝高分的水库工程数量 …………………………………… 66

3-1-31 按主坝材料分的水库工程数量 ……………………………… 67

3-1-32 按主坝结构分的水库工程数量 ……………………………… 68

3-1-33 按工程规模分的水库工程总库容 …………………………… 69

3-1-34 按工程任务分的水库工程总库容 …………………………… 70

3-1-35 已建和在建水库工程总库容 ………………………………… 71

3-1-36 按建设时间分的水库工程总库容 …………………………… 72

3-1-37 按坝高分的水库工程总库容 ………………………………… 73

3-1-38 按主坝材料分的水库工程总库容 …………………………… 74

3-1-39 按主坝结构分的水库工程总库容 …………………………… 75

3-1-40 按工程规模分的水库工程设计供水量 ……………………… 76

3-1-41 已建和在建水库工程设计供水量 …………………………… 77

3-1-42 按工程规模分的水库工程2011年实际供水量 ……………… 78

3-1-43 已建和在建水库工程2011年实际供水量 …………………… 79

（三）重要河流水库工程基本情况 …………………………………… 80

3-1-44 水库工程主要指标 …………………………………………… 80

二、5级及以上堤防 ……………………………………………………… 83

（一）各地区堤防基本情况 …………………………………………… 83

3-2-1 堤防主要指标 …………………………………………………… 83

3-2-2 按堤防类型分的堤防长度 …………………………………… 84

3-2-3 按堤防级别分的堤防长度 …………………………………… 85

3-2-4 已建和在建堤防长度 ………………………………………… 86

3-2-5 按建设时间分的堤防长度 …………………………………… 87

3-2-6 按堤防材料分的堤防长度 …………………………………… 88

3-2-7 　按堤防类型分的堤防达标长度 ………………………………………… 89

3-2-8 　按堤防级别分的堤防达标长度 ………………………………………… 90

3-2-9 　按建设时间分的堤防达标长度 ………………………………………… 91

3-2-10 　按堤防材料分的堤防达标长度 ……………………………………… 92

（二）重要河流堤防基本情况 ……………………………………………………… 93

3-2-11 　堤防主要指标 ………………………………………………………… 93

三、规模以上水电站 …………………………………………………………………… 96

（一）各地区水电站基本情况 ……………………………………………………… 96

3-3-1 　水电站主要指标 ……………………………………………………… 96

3-3-2 　按工程规模分的水电站工程数量 ……………………………………… 97

3-3-3 　按水电站类型分的水电站工程数量 …………………………………… 98

3-3-4 　已建和在建水电站工程数量 …………………………………………… 99

3-3-5 　按建设时间分的水电站工程数量 ……………………………………… 100

3-3-6 　按水头等级分的水电站工程数量 ……………………………………… 101

3-3-7 　按工程规模分的水电站装机容量 ……………………………………… 102

3-3-8 　按水电站类型分的水电站装机容量 …………………………………… 103

3-3-9 　已建和在建水电站装机容量 …………………………………………… 104

3-3-10 　按水头等级分的水电站装机容量 …………………………………… 105

3-3-11 　按工程规模分的水电站多年平均发电量 …………………………… 106

3-3-12 　按水电站类型分的水电站多年平均发电量 ………………………… 107

3-3-13 　已建和在建水电站多年平均发电量 ………………………………… 108

3-3-14 　按水头等级分的水电站多年平均发电量 …………………………… 109

3-3-15 　按工程规模分的水电站2011年实际发电量 ………………………… 110

3-3-16 　按水电站类型分的水电站2011年实际发电量 ……………………… 111

3-3-17 　已建和在建水电站2011年实际发电量 ……………………………… 112

3-3-18 　按水头等级分的水电站2011年实际发电量 ………………………… 113

（二）水资源一级区水电站基本情况 ……………………………………………… 114

3-3-19 　水电站主要指标 ……………………………………………………… 114

3-3-20 　按工程规模分的水电站工程数量 …………………………………… 115

3-3-21 　按水电站类型分的水电站工程数量 ………………………………… 116

3-3-22 　已建和在建水电站工程数量 ………………………………………… 117

3-3-23 　按水头等级分的水电站工程数量 …………………………………… 118

3-3-24 　按工程规模分的水电站装机容量 …………………………………… 119

3-3-25 　按水电站类型分的水电站装机容量 ………………………………… 120

3-3-26　已建和在建水电站装机容量 ································· 121

3-3-27　按水头等级分的水电站装机容量 ····················· 122

3-3-28　按工程规模分的水电站多年平均发电量 ············· 123

3-3-29　按水电站类型分的水电站多年平均发电量 ········· 124

3-3-30　已建和在建水电站多年平均发电量 ·················· 125

3-3-31　按水头等级分的水电站多年平均发电量 ············· 126

3-3-32　按工程规模分的水电站 2011 年实际发电量 ········· 127

3-3-33　按水电站类型分的水电站 2011 年实际发电量 ······· 128

3-3-34　已建和在建水电站 2011 年实际发电量 ··············· 129

3-3-35　按水头等级分的水电站 2011 年实际发电量 ········· 130

（三）重要河流水电站基本情况 ································· 131

3-3-36　水电站主要指标 ··· 131

四、规模以上水闸与橡胶坝 ·· 134

（一）各地区水闸与橡胶坝基本情况 ························· 134

3-4-1　水闸与橡胶坝主要指标 ································· 134

3-4-2　按工程规模分的水闸工程数量 ······················ 135

3-4-3　按水闸类型分的水闸工程数量 ······················ 136

3-4-4　已建和在建水闸工程数量 ···························· 137

3-4-5　按建设时间分的水闸工程数量 ······················ 138

3-4-6　已建和在建橡胶坝工程数量 ························· 139

3-4-7　按建设时间分的橡胶坝工程数量 ··················· 140

3-4-8　已建和在建橡胶坝坝长 ······························· 141

3-4-9　按建设时间分的橡胶坝坝长 ························· 142

（二）水资源一级区水闸与橡胶坝基本情况 ··············· 143

3-4-10　水闸与橡胶坝主要指标 ······························· 143

3-4-11　按工程规模分的水闸工程数量 ······················ 144

3-4-12　按水闸类型分的水闸工程数量 ······················ 145

3-4-13　已建和在建水闸工程数量 ···························· 146

3-4-14　按建设时间分的水闸工程数量 ······················ 147

3-4-15　已建和在建橡胶坝工程数量 ························· 148

3-4-16　按建设时间分的橡胶坝工程数量 ··················· 149

3-4-17　已建和在建橡胶坝坝长 ······························· 150

3-4-18　按建设时间分的橡胶坝坝长 ························· 151

（三）重要河流水闸与橡胶坝基本情况 ····················· 152

3-4-19　水闸与橡胶坝工程主要指标 ······················· 152

五、规模以上泵站 ·· 155

（一）各地区泵站基本情况 ·· 155

3-5-1　泵站主要指标 ·· 155

3-5-2　按工程规模分的泵站工程数量 ························ 156

3-5-3　按工程任务分的泵站工程数量 ························ 157

3-5-4　按泵站类型分的泵站工程数量 ························ 158

3-5-5　已建和在建泵站工程数量 ······························· 159

3-5-6　按建设时间分的泵站工程数量 ························ 160

3-5-7　按设计扬程分的泵站工程数量 ························ 161

3-5-8　按工程规模分的泵站装机功率 ························ 162

3-5-9　按工程任务分的泵站装机功率 ························ 163

3-5-10　按泵站类型分的泵站装机功率 ······················ 164

3-5-11　已建和在建泵站装机功率 ····························· 165

3-5-12　按建设时间分的泵站装机功率 ······················ 166

3-5-13　按设计扬程分的泵站装机功率 ······················ 167

（二）水资源一级区泵站基本情况 ····························· 168

3-5-14　泵站主要指标 ··· 168

3-5-15　按工程规模分的泵站工程数量 ······················ 169

3-5-16　按工程任务分的泵站工程数量 ······················ 170

3-5-17　按泵站类型分的泵站工程数量 ······················ 171

3-5-18　已建和在建泵站工程数量 ····························· 172

3-5-19　按建设时间分的泵站工程数量 ······················ 173

3-5-20　按设计扬程分的泵站工程数量 ······················ 174

3-5-21　按工程规模分的泵站装机功率 ······················ 175

3-5-22　按工程任务分的泵站装机功率 ······················ 176

3-5-23　按泵站类型分的泵站装机功率 ······················ 177

3-5-24　已建和在建泵站装机功率 ····························· 178

3-5-25　按建设时间分的泵站装机功率 ······················ 179

3-5-26　按设计扬程分的泵站装机功率 ······················ 180

六、灌区 ··· 181

（一）各地区灌区基本情况 ·· 181

3-6-1　按土地属性分的灌溉面积 ······························· 181

3-6-2　按水源工程类型分的灌溉面积 ························ 182

3-6-3 　按土地属性分的 2011 年实际灌溉面积·············183

3-6-4 　按灌区规模分的灌区数量·····················184

3-6-5 　按灌区规模分的灌溉面积·····················185

3-6-6 　按渠道规模分的灌区灌溉渠道数量················186

3-6-7 　按渠道规模分的灌区灌溉渠道长度················187

3-6-8 　按渠道规模分的灌区灌溉渠道建筑物数量············188

3-6-9 　按渠道规模分的灌区灌排结合渠道数量··············189

3-6-10 　按渠道规模分的灌区灌排结合渠道长度·············190

3-6-11 　按渠道规模分的灌区灌排结合渠道建筑物数量·········191

3-6-12 　按沟道规模分的灌区排水沟道数量··············192

3-6-13 　按沟道规模分的灌区排水沟道长度··············193

3-6-14 　按沟道规模分的灌区排水沟道建筑物数量···········194

3-6-15 　按灌区规模分的大型灌区数量和灌溉面积···········195

3-6-16 　按灌区规模分的大型灌区 2011 年实际灌溉面积········196

3-6-17 　按渠道规模分的大型灌区灌溉渠道数量············197

3-6-18 　按渠道规模分的大型灌区灌溉渠道长度············198

3-6-19 　按渠道规模分的大型灌区灌溉渠道建筑物数量·········199

3-6-20 　按渠道规模分的大型灌区灌排结合渠道数量··········200

3-6-21 　按渠道规模分的大型灌区灌排结合渠道长度··········201

3-6-22 　按渠道规模分的大型灌区灌排结合渠道建筑物数量·······202

3-6-23 　按沟道规模分的大型灌区排水沟道数量············203

3-6-24 　按沟道规模分的大型灌区排水沟道长度············204

3-6-25 　按沟道规模分的大型灌区排水沟道建筑物数量·········205

3-6-26 　按灌区规模分的中型灌区数量、灌溉面积及 2011 年实际灌溉面积·····206

3-6-27 　按渠道规模分的中型灌区灌溉渠道数量············207

3-6-28 　按渠道规模分的中型灌区灌溉渠道长度············208

3-6-29 　按渠道规模分的中型灌区灌溉渠道建筑物数量·········209

3-6-30 　按渠道规模分的中型灌区灌排结合渠道数量··········210

3-6-31 　按渠道规模分的中型灌区灌排结合渠道长度··········211

3-6-32 　按渠道规模分的中型灌区灌排结合渠道建筑物数量·······212

3-6-33 　按沟道规模分的中型灌区排水沟道数量············213

3-6-34 　按沟道规模分的中型灌区排水沟道长度············214

3-6-35 　按沟道规模分的中型灌区排水沟道建筑物数量·········215

（二）水资源一级区灌溉面积基本情况···············216

3-6-36　按土地属性分的灌溉面积 ·· 216

3-6-37　按水源工程类型分的灌溉面积 ·· 217

3-6-38　按土地属性分的 2011 年实际灌溉面积 ····································· 218

七、取水井 ··· 219

（一）各地区取水井基本情况 ··· 219

3-7-1　地下水取水工程主要指标 ·· 219

3-7-2　规模以上机电井主要指标 ·· 220

3-7-3　按所取用地下水的类型分的规模以上机电井数量 ······················ 221

3-7-4　按水源类型分的规模以上机电井数量 ······································· 222

3-7-5　按主要取水用途分的规模以上机电井数量 ································· 223

3-7-6　按所在地貌类型分的规模以上机电井数量 ································· 224

3-7-7　按井深分的规模以上机电井数量 ·· 225

3-7-8　按成井时间分的规模以上机电井数量 ······································· 226

3-7-9　按管理状况和是否安装水量计量设施分的规模以上机电井数量 ····· 227

3-7-10　按应用状况分的规模以上机电井数量 ····································· 228

3-7-11　按井壁管材料分的规模以上机电井数量 ································· 229

3-7-12　按所取用地下水的类型分的规模以上机电井 2011 年实际取水量 ·· 230

3-7-13　按水源类型分的规模以上机电井 2011 年实际取水量 ··············· 231

3-7-14　按主要取水用途分的规模以上机电井 2011 年实际取水量 ········· 232

3-7-15　按所在地貌类型分的规模以上机电井 2011 年实际取水量 ········· 233

3-7-16　按井深分的规模以上机电井 2011 年实际取水量 ···················· 234

3-7-17　按成井时间分的规模以上机电井 2011 年实际取水量 ··············· 235

3-7-18　按管理状况和是否安装水量计量设施分的 2011 年实际取水量 ····· 236

3-7-19　按应用状况分的规模以上机电井 2011 年实际取水量 ··············· 237

3-7-20　按所在地貌类型分的规模以下机电井及人力井数量 ················· 238

3-7-21　按取水井类型分的规模以下机电井及人力井数量 ···················· 239

3-7-22　按所在地貌类型分的规模以下机电井及人力井 2011 年实际取水量 ·· 240

（二）水资源一级区取水井基本情况 ·· 241

3-7-23　取水井主要指标 ··· 241

3-7-24　规模以上机电井主要指标 ··· 242

3-7-25　按所取用地下水类型分的规模以上机电井数量 ······················· 243

3-7-26　按水源类型分的规模以上机电井数量 ····································· 244

3-7-27　按主要取水用途分的规模以上机电井数量 ······························ 245

3-7-28　按所在地貌类型分的规模以上机电井数量 ······························ 246

3-7-29 按井深分的规模以上机电井数量 ································· 247

3-7-30 按成井时间分的规模以上机电井数量 ····························· 248

3-7-31 按管理状况和是否安装水量计量设施分的规模以上机电井数量 ········ 249

3-7-32 按应用状况分的规模以上机电井数量 ····························· 250

3-7-33 按井壁管材料分的规模以上机电井数量 ··························· 251

3-7-34 按所取用地下水类型分的规模以上机电井2011年实际取水量 ········· 252

3-7-35 按水源类型分的规模以上机电井2011年实际取水量 ················· 253

3-7-36 按主要取水用途分的规模以上机电井2011年实际取水量 ············· 254

3-7-37 按所在地貌类型分的规模以上机电井2011年实际取水量 ············· 255

3-7-38 按井深分的规模以上机电井2011年实际取水量 ····················· 256

3-7-39 按成井时间分的规模以上机电井2011年实际取水量 ················· 257

3-7-40 按管理状况和是否安装水量计量设施分的2011年实际取水量 ·········· 258

3-7-41 按应用状况分的规模以上机电井2011年实际取水量 ················· 259

3-7-42 按所在地貌类型分的规模以下机电井及人力井数量 ·················· 260

3-7-43 按取水井类型分的规模以下机电井及人力井数量 ···················· 261

3-7-44 按所在地貌类型分的规模以下机电井及人力井2011年实际取水量 ······ 262

八、农村供水工程 ··· 263

（一）农村供水工程概况 ··· 263

3-8-1 农村供水工程主要指标 ·· 263

（二）集中式供水工程基本情况 ··· 264

3-8-2 按供水规模分的集中式供水工程数量 ····························· 264

3-8-3 按供水规模分的集中式供水工程受益人口及2011年实际供水量 ······· 265

3-8-4 按取水水源类型分的200m³/d及以上或2000人及以上工程数量 ······· 266

3-8-5 按工程类型分的200m³/d及以上或2000人及以上工程数量 ··········· 267

3-8-6 已建和在建200m³/d及以上或2000人及以上工程数量 ·············· 268

3-8-7 按管理主体分的200m³/d及以上或2000人及以上工程数量 ··········· 269

3-8-8 按取水水源类型分的200m³/d及以上或2000人及以上工程受益人口 ···· 270

3-8-9 按工程类型分的200m³/d及以上或2000人及以上工程受益人口 ········ 271

3-8-10 按管理主体分的200m³/d及以上或2000人及以上工程受益人口 ······· 272

3-8-11 200m³/d及以上或2000人及以上集中式供水工程2011年实际供水量 ··· 273

3-8-12 按取水水源类型分的200m³/d以下且2000人以下集中式供水工程数量 ··· 274

3-8-13 按工程类型分的200m³/d以下且2000人以下集中式供水工程数量 ······ 275

3-8-14 按取水水源类型分的200m³/d以下且2000人以下集中式供水工程受益人口 ··········· 276

（三）分散式供水工程基本情况 ··· 277

3-8-15 按工程类型分的分散式供水工程数量 ································ 277

九、塘坝与窖池 ·· 278

（一）塘坝基本情况 ·· 278

3-9-1 塘坝主要指标 ·· 278

3-9-2 按工程规模分的塘坝工程数量 ·· 279

3-9-3 按工程规模分的塘坝工程容积 ·· 280

3-9-4 按工程规模分的塘坝工程 2011 年实际灌溉面积 ························· 281

3-9-5 按工程规模分的塘坝工程供水人口 ······································ 282

（二）窖池基本情况 ·· 283

3-9-6 窖池主要指标 ·· 283

3-9-7 按工程规模分的窖池数量 ·· 284

3-9-8 按工程规模分的窖池总容积 ·· 285

3-9-9 按工程规模分的窖池抗旱补水面积 ······································ 286

3-9-10 按工程规模分的窖池供水人口 ·· 287

第四章 水资源开发利用情况 ·· 289

一、河湖取水口 ·· 291

（一）各地区河湖取水口基本情况 ·· 291

4-1-1 河湖取水口主要指标 ·· 291

4-1-2 按取水方式分的规模以上河湖取水口数量 ································ 292

4-1-3 按取水水源类型分的规模以上河湖取水口数量 ···························· 293

4-1-4 按主要取水用途分的规模以上河湖取水口数量 ···························· 294

4-1-5 按取水方式分的规模以上河湖取水口 2011 年实际取水量 ·················· 295

4-1-6 按取水水源类型分的规模以上河湖取水口 2011 年实际取水量 ·············· 296

4-1-7 按主要取水用途分的规模以上河湖取水口 2011 年实际取水量 ·············· 297

4-1-8 按主要取水用途分的规模以下河湖取水口数量 ···························· 298

（二）水资源一级区河湖取水口基本情况 ·· 299

4-1-9 河湖取水口主要指标 ·· 299

4-1-10 按取水方式分的规模以上河湖取水口数量 ································ 300

4-1-11 按取水水源类型分的规模以上河湖取水口数量 ··························· 301

4-1-12 按主要取水用途分的规模以上河湖取水口数量 ··························· 302

4-1-13 按取水方式分的规模以上河湖取水口 2011 年实际取水量 ················· 303

4-1-14 按取水水源类型分的规模以上河湖取水口 2011 年实际取水量 ············· 304

4-1-15 按主要取水用途分的规模以上河湖取水口 2011 年实际取水量 ············· 305

4-1-16 按主要取水用途分的规模以下河湖取水口数量 ··························· 306

二、供用水量 ··· 307

（一）各地区总供用水量情况 ··· 307

4-2-1 供水量 ·· 307

4-2-2 用水量 ·· 308

4-2-3 主要用水指标 ··· 309

（二）水资源一级区总供用水情况 ·· 310

4-2-4 供水量 ·· 310

4-2-5 用水量 ·· 311

4-2-6 主要用水指标 ··· 312

第五章 河流治理保护情况 ·· 313

一、河流治理情况 ·· 315

5-1-1 河流治理保护主要指标 ··· 315

5-1-2 有防洪任务河段长度 ··· 316

5-1-3 已划定水功能一级区的河段长度 ··· 317

二、地表水水源地 ·· 318

（一）各地区地表水水源地基本情况 ·· 318

5-2-1 地表水水源地主要指标 ··· 318

5-2-2 按取水水源类型分的地表水水源地数量 ····························· 319

5-2-3 按取水水源类型分的地表水水源地 2011 年实际供水量 ····· 320

（二）水资源一级区地表水水源地基本情况 ······························ 321

5-2-4 地表水水源地主要指标 ··· 321

5-2-5 按取水水源类型分的地表水水源地数量 ····························· 322

5-2-6 按取水水源类型分的地表水水源地 2011 年实际供水量 ····· 323

三、规模以上地下水水源地 ··· 324

（一）各地区地下水水源地基本情况 ·· 324

5-3-1 地下水水源地主要指标 ··· 324

5-3-2 按水源地规模分的地下水水源地数量 ································· 325

5-3-3 按所在地貌类型分的地下水水源地数量 ····························· 326

5-3-4 按所取用地下水的类型分的地下水水源地数量 ················· 327

5-3-5 按应用状况分的地下水水源地数量 ····································· 328

5-3-6 按取水井类型分的地下水水源地数量 ································· 329

5-3-7 按水源地规模分的地下水水源地 2011 年实际取水量 ········· 330

5-3-8 按所在地貌类型分的地下水水源地 2011 年实际取水量 ····· 331

5-3-9 按应用状况分的地下水水源地 2011 年实际取水量 ············· 332

5-3-10 按取水井类型分的地下水水源地2011年实际取水量 ················· 333

（二）水资源一级区地下水水源地基本情况 ·························· 334

5-3-11 规模以上地下水水源地主要指标 ································ 334

5-3-12 按水源地规模分的地下水水源地数量 ························· 335

5-3-13 按所在地貌类型分的地下水水源地数量 ······················· 336

5-3-14 按所取用地下水类型分的地下水水源地数量 ··················· 337

5-3-15 按应用状况分的地下水水源地数量 ··························· 338

5-3-16 按取水井类型分的地下水水源地数量 ························· 339

5-3-17 按水源地规模分的地下水水源地2011年实际取水量 ············· 340

5-3-18 按所在地貌类型分的地下水水源地2011年实际取水量 ··········· 341

5-3-19 按应用状况分的地下水水源地2011年实际取水量 ··············· 342

5-3-20 按取水井类型分的地下水水源地2011年实际取水量 ············· 343

四、规模以上入河湖排污口 ······································ 344

（一）各地区入河湖排污口基本情况 ······························ 344

5-4-1 按污水主要来源分的入河湖排污口数量 ······················· 344

5-4-2 按入河湖排污方式分的入河湖排污口数量 ····················· 345

（二）水资源一级区入河湖排污口基本情况 ························ 346

5-4-3 按污水主要来源分的入河湖排污口数量 ······················· 346

5-4-4 按入河湖排污方式分的入河湖排污口数量 ····················· 347

第六章　水土流失与治理情况 ······························ 349

一、土壤侵蚀基本情况 ·· 351

6-1-1 土壤侵蚀面积 ·· 351

6-1-2 按侵蚀强度分的水力侵蚀面积 ································· 352

6-1-3 按侵蚀强度分的风力侵蚀面积 ································· 353

6-1-4 按侵蚀强度分的冻融侵蚀面积 ································· 354

二、侵蚀沟道基本情况 ·· 355

6-2-1 按沟道长度分的西北黄土高原区侵蚀沟道数量 ················· 355

6-2-2 按沟道长度分的西北黄土高原区侵蚀沟道长度 ················· 356

6-2-3 按沟道长度分的西北黄土高原区侵蚀沟道面积 ················· 357

6-2-4 按沟道类型分的东北黑土区侵蚀沟道数量 ····················· 358

6-2-5 按沟道类型分的东北黑土区侵蚀沟道长度 ····················· 359

6-2-6 按沟道类型分的东北黑土区侵蚀沟道面积 ····················· 360

三、水土保持措施基本情况 ·· 361

    6-3-1   按措施类型分的水土保持措施数量 ································ 361

    6-3-2   按工程类型分的水土保持措施数量 ································ 363

    6-3-3   水土保持治沟骨干工程 ·· 364

第七章　水利机构及人员情况 ·· 365

一、水利机构及从业人员基本情况 ·· 367

    7-1-1   按机构类型分的水利单位数量 ···································· 367

    7-1-2   按机构类型分的水利单位从业人员数量 ······················ 368

二、水利机关法人单位基本情况 ·· 369

    7-2-1   水利机关法人单位数量与从业人员数量 ······················ 369

    7-2-2   按学历分的机关法人单位从业人员数量 ······················ 370

    7-2-3   按专业技术职称分的机关法人单位从业人员数量 ············ 371

    7-2-4   按年龄分的机关法人单位从业人员数量 ······················ 372

三、水利事业法人单位基本情况 ·· 373

    7-3-1   水利事业法人单位数量与从业人员数量 ······················ 373

    7-3-2   按单位类型分的事业法人单位数量 ···························· 374

    7-3-3   按人员规模分的事业法人单位数量 ···························· 377

    7-3-4   按单位类型分的事业法人单位从业人员数量 ················ 378

    7-3-5   按人员规模分的事业法人单位从业人员数量 ················ 381

    7-3-6   按学历分的事业法人单位从业人员数量 ······················ 382

    7-3-7   按专业技术职称分的事业法人单位从业人员数量 ············ 383

    7-3-8   按技术等级分的事业法人单位从业人员数量 ················ 384

    7-3-9   按年龄分的事业法人单位从业人员数量 ······················ 385

四、水利企业法人单位基本情况 ·· 386

    7-4-1   水利企业法人单位数量与从业人员数量 ······················ 386

    7-4-2   按单位类型分的企业数量 ·· 387

    7-4-3   按人员规模分的企业数量 ·· 390

    7-4-4   按单位类型分的企业从业人员数量 ···························· 391

    7-4-5   按人员规模分的企业从业人员数量 ···························· 394

    7-4-6   按学历分的企业从业人员数量 ···································· 395

    7-4-7   按专业技术职称分的企业从业人员数量 ······················ 396

    7-4-8   按技术等级分的企业从业人员数量 ···························· 397

    7-4-9   按年龄分的企业从业人员数量 ···································· 398

五、社会团体法人单位基本情况 ································· 399

　　7-5-1　社会团体法人单位数量与从业人员数量 ····················· 399

　　7-5-2　按学历分的社会团体法人单位从业人员数量 ··················· 400

　　7-5-3　按专业技术职称分的社会团体法人单位从业人员数量 ·············· 401

　　7-5-4　按技术等级分的社会团体法人单位从业人员数量 ················· 402

　　7-5-5　按年龄分的社会团体法人单位从业人员数量 ··················· 403

六、乡镇水利管理单位基本情况 ································· 404

　　7-6-1　乡镇水利管理单位数量与从业人员数量 ····················· 404

　　7-6-2　按主管部门分的乡镇水利管理单位数量 ····················· 405

　　7-6-3　按机构类型分的乡镇水利管理单位从业人员数量 ················· 406

　　7-6-4　按学历分的乡镇水利管理单位从业人员数量 ··················· 407

　　7-6-5　按技术等级分的乡镇水利管理单位从业人员数量 ················· 408

附录 A　全国河流水系划分 ··································· 409

附录 B　全国水资源分区 ····································· 412

附录 C　全国重要河流 ······································· 416

第一章

水利普查对象基本情况

一、各地区水利普查对象基本情况

1-1-1　河湖基本情况普查对象数量及主要指标

地　区	50km² 及以上河流数量/条	100km² 及以上河流数量/条	1km² 及以上湖泊数量/个	湖泊水面总面积/km²
合　计	45203	22909	2865	78007.1
北　京	127	71	1	1.3
天　津	192	40	1	5.1
河　北	1386	550	23	364.8
山　西	902	451	6	80.7
内蒙古	4087	2408	428	3915.8
辽　宁	845	459	2	44.7
吉　林	912	497	152	1055.2
黑龙江	2881	1303	253	3036.9
上　海	133	19	14	68.1
江　苏	1495	714	99	5887.3
浙　江	865	490	57	99.2
安　徽	901	481	128	3505.1
福　建	740	389	1	1.5
江　西	967	490	86	3802.2
山　东	1049	553	8	1051.7
河　南	1030	560	6	17.2
湖　北	1232	623	224	2569.2
湖　南	1301	660	156	3370.7
广　东	1211	614	7	18.7
广　西	1350	678	1	1.1
海　南	197	95		
重　庆	510	274		
四　川	2816	1396	29	114.5
贵　州	1059	547	1	22.9
云　南	2095	1002	29	1115.9
西　藏	6418	3361	808	28868
陕　西	1097	601	5	41.1
甘　肃	1590	841	7	100.6
青　海	3518	1791	242	12826.5
宁　夏	406	165	15	101.3
新　疆	3484	1994	116	5919.8

注　1. 由于同一河流流经不同省（自治区、直辖市）和跨省湖泊存在重复统计，故31个省（自治区、直辖市）河流、湖泊数加总大于同标准河流、湖泊的合计数。本表合计数为剔重后的数据。

　　2. 本书中 50km²（100km²，1000km²，10000km²）及以上河流，指流域面积 50km²（100km²，1000km²，10000km²）及以上河流；1km²（10km²）及以上湖泊，指常年水面面积 1km²（10km²）及以上湖泊。

1-1-2 水利工程普查对象数量及主要指标

地 区	水库		堤防		水电站			
	数量 /座	总库容 /亿 m³	长度 /km	5级以上	数量 /座	规模以上①	装机容量 /万 kW	规模以上
合　计	97985	9323.77	413713	275531	46696	22179	33286.19	32728.05
北　京	87	52.17	1546	1408	61	29	104.35	103.73
天　津	28	26.79	2161	2161	1	1	0.58	0.58
河　北	1079	206.08	24719	10276	225	123	186.20	183.73
山　西	643	68.53	9682	5834	163	97	307.58	305.99
内蒙古	586	104.92	6720	5572	44	34	132.17	131.97
辽　宁	921	375.33	20160	11805	189	116	270.86	269.33
吉　林	1654	334.46	8086	6896	261	188	443.72	441.66
黑龙江	1148	277.90	14213	12292	87	70	130.47	130.02
上　海	4	5.49	1952	1952				
江　苏	1079	35.98	55332	49567	39	28	264.40	264.19
浙　江	4334	445.26	36524	17441	3211	1419	993.79	953.36
安　徽	5826	324.78	34804	21073	808	339	289.24	279.16
福　建	3692	200.73	7684	3751	6678	2463	1274.25	1184.23
江　西	10819	320.81	13029	7601	3692	1357	468.10	415.00
山　东	6424	219.18	30202	23239	130	47	108.51	106.81
河　南	2650	420.17	24625	18587	526	200	418.26	413.14
湖　北	6459	1262.35	26287	17465	1839	936	3690.63	3671.46
湖　南	14121	530.72	18685	11794	4467	2240	1534.81	1480.13
广　东	8408	453.07	28899	22130	9658	3397	1479.67	1330.82
广　西	4556	717.99	4278	1941	2441	1506	1614.42	1592.13
海　南	1105	111.38	570	436	332	204	79.46	76.11
重　庆	2996	120.63	1322	1109	1506	704	661.82	643.55
四　川	8146	648.78	5747	3856	4606	2736	7581.56	7541.55
贵　州	2379	468.52	3200	1362	1443	792	2040.54	2023.88
云　南	6050	751.30	7848	4702	1938	1591	5703.38	5694.90
西　藏	97	34.16	2023	693	306	110	133.48	129.72
陕　西	1125	98.98	8176	3682	719	389	324.35	317.77
甘　肃	387	108.52	4273	3192	671	572	879.96	877.35
青　海	204	370.04	657	592	254	196	1565.06	1563.67
宁　夏	323	30.39	819	769	3	3	42.59	42.59
新　疆	655	198.38	9490	2353	398	292	562.00	559.51

① 指装机容量 500kW 及以上的水电站。

1-1-2（续） 水利工程普查对象数量及主要指标

地 区	水闸		泵站		农村供水工程		塘坝		窖池	
	数量/座	规模以上①	数量/座	规模以上②	数量/万处	集中式	数量/万处	总容积/亿 m³	数量/万处	总容积/万 m³
合　计	268370	97022	424293	88970	5887.05	91.84	456.34	300.89	689.28	25141.76
北　京	1048	632	355	77	0.56	0.37	0.04	0.06	0.51	27.77
天　津	3108	1069	3266	1647	1.36	0.26	0.02	0.25	0.17	7.32
河　北	6845	3080	3082	1345	203.04	4.41	0.46	0.99	17.47	461.87
山　西	2222	730	3941	1131	28.57	2.56	0.16	0.43	26.70	940.85
内蒙古	8841	1755	965	525	143.74	1.62	0.13	0.40	4.76	168.43
辽　宁	6770	1387	3212	1822	314.19	1.76	0.53	1.12	0.23	12.10
吉　林	1576	463	1918	626	227.72	1.29	0.71	1.40	0.00	0.00
黑龙江	3854	1276	1306	910	214.47	1.84	1.42	2.71		
上　海	2196	2115	2565	1796	0.00	0.00				
江　苏	33319	17457	88887	17812	112.04	0.57	17.59	10.43	0.04	6.17
浙　江	12768	8581	48081	2854	21.74	3.13	8.82	7.56	0.96	137.10
安　徽	15560	4066	20562	7415	638.91	1.37	61.72	48.19	0.10	16.65
福　建	4267	2381	2498	433	75.93	3.40	1.37	2.15	1.99	134.53
江　西	11321	4468	19572	3087	308.41	4.44	22.97	28.91	0.84	68.25
山　东	10650	5090	9396	3080	298.33	4.23	5.15	12.30	7.90	389.56
河　南	8740	3578	4943	1401	811.08	5.31	14.64	11.97	31.49	774.74
湖　北	22571	6770	52309	10245	278.66	2.08	83.81	41.57	20.28	841.24
湖　南	34825	12017	53189	7217	508.97	6.67	166.37	73.88	4.60	369.80
广　东	15983	8312	15778	4810	191.97	4.26	4.01	8.67	0.80	60.40
广　西	4176	1549	11073	1326	214.42	7.69	4.09	6.10	23.53	1339.71
海　南	1406	416	695	78	52.81	1.15	0.18	0.70	0.00	0.10
重　庆	123	29	7883	1665	113.79	3.79	14.80	7.39	15.32	1663.30
四　川	4164	1306	30237	5544	704.14	7.91	40.00	25.20	70.23	5271.08
贵　州	164	28	9233	1411	43.43	6.64	1.98	1.97	47.88	1790.18
云　南	3408	1539	8702	2926	93.99	8.60	3.81	4.95	178.43	4405.74
西　藏	121	15	157	57	2.05	0.75	0.27	0.18	0.16	23.77
陕　西	1337	424	7071	1226	107.87	4.00	0.96	0.78	37.43	851.21
甘　肃	15112	1312	4246	2112	121.36	1.04	0.23	0.27	154.53	4017.46
青　海	660	223	822	562	5.50	0.21	0.04	0.07	7.72	192.12
宁　夏	1479	367	1082	572	36.20	0.15	0.02	0.20	35.23	1170.18
新　疆	29756	4587	7267	3258	11.82	0.33	0.04	0.10	0.00	0.14

① 指过闸流量 5m³/s 及以上的水闸工程。

② 指装机流量 1m³/s 及以上或装机功率 50kW 及以上的泵站。

1-1-3　河湖开发治理普查对象数量及主要指标

地　区	河湖取水口				治理保护河流			地表水水源地		入河湖排污口	
	数量/个	规模以上[①]	取水量/亿 m³	规模以上	有防洪任务河段长度/km	已治理河段长度/km	治理达标河段长度/km	数量/处	取水量/亿 m³	数量/个	规模以上[②]
合　计	638816	121796	4551.03	3923.41	373933	123407	64479	11656	595.78	120617	15489
北　京	343	165	8.15	8.11	2418	908	713	11	7.19	2301	290
天　津	1996	1619	10.59	9.49	1159	865	367	3	12.16	1257	93
河　北	3636	1537	44.56	43.23	17959	7592	1965	27	21.10	1021	290
山　西	2614	807	33.94	32.16	9716	3237	1808	76	3.81	1141	341
内蒙古	1469	942	109.79	109.17	18231	4011	2081	32	2.08	374	153
辽　宁	3329	1413	75.48	71.77	13181	6242	3887	84	15.05	1325	295
吉　林	6855	1356	85.18	78.21	13931	5227	2701	109	9.55	743	180
黑龙江	3229	1318	154.12	142.82	20340	7964	2865	67	7.66	667	260
上　海	6715	5162	118.96	118.14	681	517	498	3	26.46	6862	169
江　苏	61356	24118	444.38	418.53	15831	10184	8041	271	53.57	7333	1003
浙　江	58841	10000	171.16	128.38	10603	4980	3282	531	55.48	24178	729
安　徽	21938	7271	195.25	183.19	14030	7814	3158	816	17.41	2399	519
福　建	52377	2041	183.80	104.83	7247	1599	1011	723	25.17	6845	577
江　西	32538	5244	242.63	176.91	17749	2764	1499	590	16.01	1999	540
山　东	11045	4689	128.49	125.81	18259	9481	5169	277	17.66	2165	535
河　南	7040	1862	105.85	102.99	18335	8675	4391	124	12.70	2492	663
湖　北	28352	10016	261.30	244.13	20392	10553	2372	805	31.52	4205	909
湖　南	63558	10817	270.17	217.30	22222	5215	2090	740	33.24	6888	1346
广　东	45271	6514	427.71	344.85	18373	6392	3752	1035	132.67	15707	2214
广　西	48181	4277	259.07	170.38	12178	1044	788	509	14.92	4721	702
海　南	3307	724	38.48	33.26	533	173	155	77	5.26	480	86
重　庆	16828	1960	61.17	51.37	3551	593	297	777	18.25	3942	915
四　川	35934	3913	191.36	165.87	17612	2965	1875	1472	21.07	11284	1011
贵　州	28154	1299	48.74	23.72	6537	807	639	844	9.51	3408	394
云　南	70520	8021	116.28	77.57	12757	2978	1889	839	9.98	3216	545
西　藏	5776	444	22.51	12.05	10323	633	427	56	0.18	230	15
陕　西	8950	897	48.57	43.17	10841	3947	2565	333	7.63	2014	348
甘　肃	3125	887	96.00	93.30	18248	2314	1633	171	3.24	899	174
青　海	3034	603	26.30	23.86	4455	419	354	96	0.49	233	63
宁　夏	412	183	68.02	67.91	2855	767	683	26	0.22	101	52
新　疆	2093	1697	503.02	500.93	13387	2547	1525	132	4.54	187	78

① 指农业取水量 0.2m³/s 及以上的农业取水口和年取水量 15 万 m³ 及以上的其他用途取水口。

② 指入河湖废污水量 300t/d 及以上或 10 万 t/a 及以上的排污口。

1-1-4 水土保持普查对象数量及主要指标

地 区	土壤侵蚀面积		侵蚀沟道		水土保持面积 /hm²	淤地坝	
	水力 /hm²	风力 /hm²	西北黄土高原区/条	东北黑土区 /条		数量 /座	淤地面积 / hm²
合 计	1293246	1655916	666719	295663	98863762	58446	92757
北 京	3202				463001		
天 津	236				78490		
河 北	42135	4961			4531141		
山 西	70283	63	108908		5048245	18007	25751
内 蒙 古	102398	526624	39069	69957	10425628	2195	3842
辽 宁	43988	1947		47193	4171417		
吉 林	34744	13529		62978	1495446		
黑 龙 江	73251	8687		115535	2656359		
上 海	4				358		
江 苏	3177				649134		
浙 江	9907				3601313		
安 徽	13899				1492664		
福 建	12181				3064315		
江 西	26497				4710901		
山 东	27253				3279682		
河 南	23464		40941		3101957	1640	3083
湖 北	36903				5025107		
湖 南	32288				2933746		
广 东	21305				1303384		
广 西	50537				1604536		
海 南	2116				66294		
重 庆	31363				2426448		
四 川	114420	6622			7246580		
贵 州	55269				5304531		
云 南	109588				7181608		
西 藏	61602	37130			186522		
陕 西	70807	1879	140857		6505938	33252	55690
甘 肃	76112	125075	268444		6993816	1571	2389
青 海	42805	125878	51797		763691	665	72
宁 夏	13891	5728	16703		1596459	1112	1897
新 疆	87621	797793			955051	4	34

1-1-5 行业能力普查对象数量及主要指标

地 区	水利机关法人		水利事业法人		水利企业法人		水利社团法人		乡镇水利管理单位①	
	数量/个	从业人员/万人	数量/个	从业人员/万人	数量/个	从业人员/万人	数量/个	从业人员/万人	数量/个	从业人员/万人
合 计	3586	12.52	32370	72.19	7676	48.93	8815	5.42	29416	20.55
北 京	21	0.14	306	1.25	83	0.35	113	0.12	173	0.21
天 津	17	0.07	219	0.98	134	0.73	6	0.00	156	0.10
河 北	171	1.23	1071	3.13	333	1.80	105	0.06	576	0.27
山 西	128	0.47	1358	3.08	209	1.33	28	0.03	1004	0.43
内蒙古	128	0.45	972	2.21	172	1.95	235	0.16	476	0.39
辽 宁	116	0.23	986	2.59	263	2.05	39	0.00	1119	0.79
吉 林	73	0.15	1064	2.33	135	1.43	26	0.03	658	0.34
黑龙江	300	0.44	1070	2.46	151	1.52	104	0.08	968	0.80
上 海	22	0.07	210	0.57	156	0.72	13	0.00	108	0.09
江 苏	116	0.38	2134	3.77	442	2.05	113	0.01	1176	1.21
浙 江	106	0.40	1017	1.49	314	1.22	120	0.02	1065	0.94
安 徽	127	0.33	1191	2.92	249	1.32	70	0.11	1186	0.67
福 建	117	0.20	977	1.17	225	1.20	775	0.30	956	0.55
江 西	115	0.44	921	1.78	138	1.43	173	0.13	1385	0.70
山 东	160	1.08	1582	4.50	438	4.75	356	0.40	1700	0.91
河 南	176	0.84	1606	5.93	320	2.98	73	0.05	1971	1.70
湖 北	154	0.42	1523	4.52	454	3.42	348	0.18	985	0.61
湖 南	151	0.97	2333	4.12	458	3.26	342	0.06	2185	1.21
广 东	167	0.64	1584	3.80	550	3.96	74	0.02	1307	1.30
广 西	128	0.19	1474	2.23	346	2.78	726	0.10	1014	0.53
海 南	23	0.07	148	0.64	45	0.48	8	0.01	217	0.26
重 庆	61	0.20	580	0.56	281	1.15	70	0.02	898	1.09
四 川	224	0.67	1941	2.71	518	1.76	648	0.27	2573	1.53
贵 州	118	0.42	898	0.84	266	0.73	13	0.03	1359	0.43
云 南	160	0.66	1480	1.48	189	0.73	339	0.29	1347	0.56
西 藏	84	0.15	17	0.05	42	0.16	47	0.03		
陕 西	116	0.25	1361	4.07	368	1.77	208	0.22	957	0.44
甘 肃	107	0.41	979	2.94	152	0.79	2394	1.53	611	0.53
青 海	47	0.07	274	0.39	77	0.27	103	0.17	142	0.07
宁 夏	27	0.13	218	0.73	85	0.52	528	0.34	137	0.09
新 疆	126	0.34	876	2.95	83	0.35	618	0.64	1007	1.79

① 指从事乡镇一级水利综合管理及服务工作的相关机构，包括乡镇水利站、乡镇水利服务中心、乡镇水利所、乡镇农技水利服务中心、乡镇水利电力管理站、乡镇水利水产林果农技站、乡镇水利工作站，以及具备一定水利管理职能的农业综合服务中心等。

1-1-6　灌区与地下水取水井普查对象数量及主要指标

地　区	灌溉面积/万亩	灌区①		地下水取水井		地下水水源地	
		数量/个	灌溉面积/万亩	数量/个	取水量/万 m³	数量/个	取水量/万 m³
合　计	100050.0	2065672	84251.8	97479799	10812483.3	1841	859053.1
北　京	347.9	15464	300.5	80532	164127.3	83	59797.4
天　津	482.5	8701	468.1	255553	58902.2	5	3764.7
河　北	6739.2	341968	5171.1	3910828	1463808.3	179	89602.1
山　西	1981.4	43445	1862.0	508829	358411.6	140	67157.2
内蒙古	5083.1	162099	4435.8	2845110	855845.2	183	63317.8
辽　宁	1994.0	45699	1329.6	5014449	562655.6	146	112215.4
吉　林	2215.5	76564	1565.6	3517338	423511.2	38	16998.9
黑龙江	6687.1	145446	4572.9	3272567	1489604.8	103	40064.7
上　海	273.5	5891	237.4	500758	1292.0		
江　苏	5611.3	25111	4391.3	5696957	130502.0	27	11956.3
浙　江	2228.5	34920	1938.9	2364313	46142.7	3	659.1
安　徽	6447.3	161996	5094.5	9792410	337904.1	47	25918.3
福　建	1772.1	40894	1420.7	1167442	62527.0	24	4100.7
江　西	3063.5	49593	2688.2	4778872	121892.7	13	2613.1
山　东	8196.5	148203	6643.7	9195997	893195.0	212	84351.7
河　南	7661.3	371582	6095.2	13554632	1136990.7	160	57221.8
湖　北	4531.7	13843	4289.7	4118800	92465.0	5	698.0
湖　南	4686.3	73855	4208.0	6225650	161657.5	40	10512.5
广　东	3073.9	32888	2783.4	3526326	133844.4	20	4144.3
广　西	2449.0	48762	2210.1	2545289	124165.8	18	9093.7
海　南	469.1	4017	412.0	675566	33819.3		
重　庆	1038.9	25933	912.3	1203966	12643.7		
四　川	4093.7	54963	3396.9	8791611	183312.0	67	22832.2
贵　州	1339.1	29703	927.9	30286	10116.9	4	452.0
云　南	2484.6	25759	2228.6	910920	29652.3	9	2673.7
西　藏	504.1	6315	470.8	28015	13469.7	7	9178.9
陕　西	1956.3	40507	1688.2	1436791	259379.2	87	35141.5
甘　肃	2187.6	11167	2162.2	501309	331181.3	40	19986.7
青　海	389.1	1542	378.8	74930	31183.0	41	24792.9
宁　夏	862.5	2920	842.0	338612	59521.0	29	16256.0
新　疆	9199.5	15922	9125.8	615141	1228759.7	111	63551.5

① 指灌溉面积 50 亩及以上灌区。

二、一级流域（区域）*水利普查对象基本情况

1-2-1　河　流　数　量

单位：条

一级流域（区域）	50km² 及以上河流数量	100km² 及以上河流数量	1000km² 及以上河流数量	10000km² 及以上河流数量
合　计	45203	22909	2221	228
黑龙江	5110	2428	224	36
辽　河	1457	791	87	13
海　河	2214	892	59	8
黄　河	4157	2061	199	17
淮　河	2483	1266	86	7
长　江	10741	5276	464	45
浙闽诸河	1301	694	53	7
珠　江	3345	1685	169	12
西南西北外流区诸河	5150	2467	267	30
内流区诸河	9245	5349	613	53

* 见附录 A。

1-2-2 湖 泊 数 量

单位：个

一级流域（区域）	1km² 及以上湖泊数量	10km² 及以上湖泊数量	100km² 及以上湖泊数量	1000km² 及以上湖泊数量
合　计	2865	696	129	10
黑龙江	496	68	7	2
辽　河	58	1		
海　河	9	3	1	
黄　河	144	23	3	
淮　河	68	27	8	2
长　江	805	148	21	3
浙闽诸河	9			
珠　江	18	7	1	
西南西北外流区诸河	206	33	8	
内流区诸河	1052	392	80	3

三、水资源一级区*水利普查对象基本情况

1-3-1 水利工程普查对象数量及主要指标

水资源一级区	水库		规模以上水电站		规模以上水闸	规模以上泵站
	数量/座	总库容/亿 m³	数量/座	装机容量/万 kW	数量/个	数量/个
合　计	97985	9323.77	22179	32728.02	97022	88970
松花江区	2710	572.24	181	536.14	1889	1515
辽河区	1276	494.44	217	313.03	2055	1948
海河区	1854	332.70	245	546.30	6802	4233
黄河区	3339	906.34	569	2758.23	3179	6072
淮河区	9586	507.58	207	66.69	20321	17377
长江区	51655	3608.69	9934	18823.81	38196	44127
东南诸河区	7581	608.34	3637	1847.08	7337	1823
珠江区	16588	1507.85	5623	4097.97	10989	8077
西南诸河区	2370	556.27	1072	2999.10	243	450
西北诸河区	1026	229.33	494	739.68	6011	3348

* 见附录 B。

1-3-2　河湖开发治理普查对象数量及主要指标

水资源一级区	河湖取水口		地表水水源地		治理保护河流			规模以上排污口数量/个
	数量/个	取水量/亿 m³	数量/处	供水量/亿 m³	有防洪任务河段长度/km	已治理河段长度/km	治理达标河段长度/km	
合　计	638816	4551.03	11656	595.78	373933	123407	64479	15489
松花江区	8900	247.52	141	14.89	36134	13447	6107	419
辽河区	5386	93.28	120	17.37	22788	9049	4747	382
海河区	8638	86.66	113	45.73	31368	14451	4648	1003
黄河区	13440	375.36	476	22.06	36660	9526	6619	955
淮河区	39446	337.03	552	30.17	40135	21006	13139	1331
长江区	308464	1673.58	6356	229.70	118604	36246	16860	6477
东南诸河区	82381	296.59	1138	69.70	15592	5765	3636	1175
珠江区	121873	770.03	2134	157.79	36083	8830	5422	3332
西南诸河区	47170	85.62	442	3.23	12795	1710	1177	291
西北诸河区	3118	585.38	184	5.13	23774	3378	2123	124

1-3-3　灌区与地下水取水井普查对象数量及主要指标

水资源一级区	灌溉面积/亿亩	地下水取水井		地下水水源地	
		数量/个	取水量/万 m³	数量/个	取水量/万 m³
合　计	10.00	97479799	10812483.29	1841	859053.10
松花江区	0.93	6837224	1941599.57	158	62877.40
辽河区	0.41	7160865	1015755.06	182	125626.50
海河区	1.15	6479162	2251511.92	391	210025.20
黄河区	0.87	4603632	1217620.05	397	164342.00
淮河区	1.81	28043251	1598817.61	301	123240.30
长江区	2.49	33022075	738596.51	160	52185.70
东南诸河区	0.33	2929153	100977.20	17	2935.40
珠江区	0.71	7125779	307502.91	53	15970.10
西南诸河区	0.18	256370	20450.57	10	10295.90
西北诸河区	1.14	1022288	1619651.89	172	91554.60

第二章

河 湖 基 本 情 况

一、各地区河流基本情况

2-1-1 河 流 数 量

单位：条

地 区	50km² 及以上河流数量	100km² 及以上河流数量	1000km² 及以上河流数量	10000km² 及以上河流数量
合 计	45203	22909	2221	228
北 京	127	71	11	2
天 津	192	40	3	1
河 北	1386	550	49	10
山 西	902	451	53	7
内 蒙 古	4087	2408	296	40
辽 宁	845	459	48	10
吉 林	912	497	64	18
黑 龙 江	2881	1303	119	21
上 海	133	19	2	2
江 苏	1495	714	15	4
浙 江	865	490	26	3
安 徽	901	481	66	8
福 建	740	389	41	5
江 西	967	490	51	8
山 东	1049	553	39	4
河 南	1030	560	64	11
湖 北	1232	623	61	10
湖 南	1301	660	66	9
广 东	1211	614	60	6
广 西	1350	678	80	7
海 南	197	95	8	
重 庆	510	274	42	7
四 川	2816	1396	150	20
贵 州	1059	547	71	10
云 南	2095	1002	118	17
西 藏	6418	3361	331	28
陕 西	1097	601	72	12
甘 肃	1590	841	132	21
青 海	3518	1791	200	27
宁 夏	406	165	22	5
新 疆	3484	1994	257	29

注 由于同一河流流经不同省（自治区、直辖市）存在重复统计，故 31 个省（自治区、直辖市）河流数加总大于同标准河流的合计数。本表合计数为剔重后的数据。

17

2-1-2　河流总长度

单位：km

地　区	50km² 及以上河流总长度	100km² 及以上河流总长度	1000km² 及以上河流总长度	10000km² 及以上河流总长度
合　计	1508490	1114630	386584	132553
北　京	3731	2845	1035	417
天　津	3913	1714	265	102
河　北	40947	26719	6573	2575
山　西	29337	21219	7606	3000
内蒙古	144785	113572	42621	14735
辽　宁	28459	21587	7585	2869
吉　林	32765	25386	9963	5102
黑龙江	92176	65482	23959	10294
上　海	2694	758	83	83
江　苏	31197	19552	1649	672
浙　江	22474	16375	3927	975
安　徽	29401	21980	7937	1641
福　建	24629	18051	5697	1719
江　西	34382	25219	8199	2474
山　东	32496	23662	4896	1120
河　南	36965	27910	10161	3347
湖　北	40010	28949	9182	3232
湖　南	46011	33589	10441	3957
广　东	36559	25851	7668	1635
广　西	47687	35182	13011	4062
海　南	6260	4397	1199	
重　庆	16877	12727	4869	1441
四　川	95422	70465	26948	10649
贵　州	33829	25386	10261	3176
云　南	66856	48359	20245	7388
西　藏	177347	131612	43073	12042
陕　西	38469	29342	10443	4134
甘　肃	55773	41932	17434	6587
青　海	114060	81966	28073	9888
宁　夏	10120	6482	2226	926
新　疆	138961	112338	44219	16479

注　由于同一河流流经不同省（自治区、直辖市）存在重复统计，故 31 个省（自治区、直辖市）河流长度加总大于同标准河流长度的合计数。本表合计数为剔重后的数据。

2-1-3 河流密度

单位：条/万 km^2

地 区	50km^2 及以上河流密度	100km^2 及以上河流密度	1000km^2 及以上河流密度	10000km^2 及以上河流密度
合 计	48	24	2.3	0.24
北 京	77	43	6.7	1.22
天 津	163	34	2.5	0.85
河 北	74	29	2.6	0.53
山 西	58	29	3.4	0.45
内蒙古	36	21	2.6	0.35
辽 宁	57	31	3.2	0.67
吉 林	48	26	3.3	0.94
黑龙江	61	28	2.5	0.45
上 海	163	23	2.5	2.45
江 苏	143	68	1.4	0.38
浙 江	82	46	2.5	0.28
安 徽	65	34	4.7	0.57
福 建	60	31	3.3	0.40
江 西	58	29	3.1	0.48
山 东	66	35	2.5	0.25
河 南	63	34	3.9	0.66
湖 北	66	34	3.3	0.54
湖 南	62	31	3.1	0.42
广 东	68	34	3.3	0.33
广 西	57	29	3.4	0.29
海 南	57	28	2.3	
重 庆	62	33	5.1	0.85
四 川	58	29	3.1	0.41
贵 州	60	31	4.0	0.57
云 南	55	26	3.1	0.44
西 藏	53	28	2.8	0.23
陕 西	54	29	3.5	0.58
甘 肃	38	20	3.1	0.49
青 海	51	26	2.9	0.39
宁 夏	79	32	4.2	0.96
新 疆	21	12	1.6	0.18

二、一级流域（区域）河流基本情况

2-2-1　河　流　数　量

单位：条

一级流域 （区域）	50km² 及以上河流 数量	100km² 及以上河流 数量	1000km² 及以上河流 数量	10000km² 及以上河流 数量
合　计	45203	22909	2221	228
黑龙江	5110	2428	224	36
辽　河	1457	791	87	13
海　河	2214	892	59	8
黄　河	4157	2061	199	17
淮　河	2483	1266	86	7
长　江	10741	5276	464	45
浙闽诸河	1301	694	53	7
珠　江	3345	1685	169	12
西南西北外流 区诸河	5150	2467	267	30
内流区诸河	9245	5349	613	53

2-2-2 河 流 总 长 度

单位：万 km

一级流域 （区域）	50km² 及以上河流总长度	100km² 及以上河流总长度	1000km² 及以上河流总长度	10000km² 及以上河流总长度
合　计	1508490	1114630	386584	132553
黑龙江	169319	123512	47575	20944
辽　河	54945	42967	16954	6753
海　河	69072	46204	11502	4461
黄　河	142674	103073	35528	13256
淮　河	76919	55054	14139	2948
长　江	358005	260140	88640	30906
浙闽诸河	42292	31158	9049	2799
珠　江	113818	83154	29069	7898
西南西北外流区诸河	152081	110912	44145	16763
内流区诸河	329365	258454	89984	25824

2-2-3　河　流　密　度

一级流域 （区域）	50km² 及以上河流 密度 /（条/万 km²）	100km² 及以上河流 密度 /（条/万 km²）	1000km² 及以上河流 密度 /（条/万 km²）	10000km² 及以上 河流密度 /（条/万 km²）
合　计	48.0	24.0	2.3	0.24
黑龙江	55.0	26.0	2.4	0.39
辽　河	46.0	25.0	2.8	0.41
海　河	70.0	28.0	1.9	0.25
黄　河	51.0	25.0	2.4	0.21
淮　河	75.0	38.0	2.6	0.21
长　江	60.0	29.0	2.6	0.25
浙闽诸河	63.0	34.0	2.6	0.34
珠　江	58.0	29.0	2.9	0.21
西南西北外流 区诸河	54.0	25.0	2.8	0.31
内流区诸河	29.0	17.0	1.9	0.16

2-2-4 按长度分的流域面积 50km² 及以上河流数量及比重

一级流域（区域）	10km 以下河流数量/条	10km 以下河流比重/%	20km 以下河流数量/条	20km 以下河流比重/%	100km 以下河流数量/条	100km 以下河流比重/%
合　计	1747	3.9	18669	41.3	43568	96.4
黑龙江	202	4.0	2382	47.0	4923	96.0
辽　河	7	0.5	527	36.0	1381	95.0
海　河	165	7.0	1074	49.0	2137	97.0
黄　河	80	2.0	1435	35.0	4031	97.0
淮　河	223	9.0	1125	45.0	2393	96.0
长　江	467	4.0	4371	41.0	10361	96.0
浙闽诸河	67	5.0	482	37.0	1256	97.0
珠　江	124	4.0	1224	37.0	3226	96.0
西南西北外流区诸河	227	4.0	2763	54.0	5004	97.0
内流区诸河	185	2.0	3286	36.0	8856	96.0

2-2-5　按比降分的流域面积 100km² 及以上河流数量及比重

一级流域 （区域）	5‰以下河流 数量/条	5‰以下河流 比重/%	20‰以下河流 数量/条	20‰以下河流 比重/%
合　计	6969	33.0	16628	78.9
黑龙江	1310	59.2	2200	99.7
辽　河	432	56.5	761	99.7
海　河	173	30.2	528	92.2
黄　河	389	19.0	1728	84.7
淮　河	725	93.4	777	100.0
长　江	1759	37.2	3564	75.4
浙闽诸河	219	37.2	559	95.1
珠　江	825	51.8	1507	94.8
西南西北外流 区诸河	134	5.5	1069	43.2
内流区诸河	1003	18.6	3935	73.4

注　表中流域面积 100km² 及以上的河流数据为山地河流的统计数据。

2-2-6 河流水文站和水位站

一级流域（区域）	水文站和水位站总数/个	水位站总数/个	站网密度/（站/万 km²）	有测站的 100km² 及以上河流数量/条	有测站的 1000km² 及以上河流数量/条
合　计	4795	1236	5.1	1778	1091
黑龙江	350	60	3.8	146	112
辽　河	193	14	6.1	103	64
海　河	466	23	14.7	111	52
黄　河	446	65	5.5	197	116
淮　河	672	162	20.4	145	75
长　江	1525	529	8.5	546	319
浙闽诸河	323	189	15.7	115	48
珠　江	481	175	8.3	199	132
西南西北外流区诸河	167	14	1.7	118	95
内流区诸河	172	5	0.5	98	78

2-2-7　调查和实测历史洪水

一级流域 （区域）	历史洪水总数 /次	有历史洪水记录的流域面积 100km^2 及以上河流数量 /条	有历史洪水记录的流域面积 1000km^2 及以上河流数量 /条
合　计	9452	2807	1246
黑龙江	725	190	118
辽　河	274	126	69
海　河	628	160	57
黄　河	1488	465	140
淮　河	600	144	71
长　江	3109	862	356
浙闽诸河	622	144	51
珠　江	1183	269	137
西南西北外流区诸河	471	191	98
内流区诸河	352	256	149

2-2-8　按多年平均年降水深分的流域面积 100km² 及以上河流比重

%

一级流域 （区域）	400mm 以下河流 比重	400（含）～800mm 河流 比重	800mm 及以上河流 比重
合　计	33.15	31.99	34.86
黑龙江	12.59	85.82	1.59
辽　河	26.70	57.20	16.10
海　河	9.76	90.07	0.17
黄　河	34.09	64.49	1.42
淮　河	0.00	50.32	49.68
长　江	6.03	17.84	76.13
浙闽诸河	0.00	0.00	100.00
珠　江	0.00	0.00	100.00
西南西北外流区诸河	27.40	33.73	38.87
内流区诸河	89.64	9.61	0.75

2-2-9　按多年平均年径流深分的流域面积 100km² 及以上河流比重

%

一级流域 （区域）	50mm 以下河流 比重	50（含）～200mm 河流 比重	200mm 及以上河流 比重
合　计	28.62	24.20	47.18
黑龙江	15.04	53.17	31.79
辽　河	36.26	36.25	27.49
海　河	35.19	59.06	5.75
黄　河	50.83	36.61	12.56
淮　河	0.00	53.41	46.59
长　江	3.26	7.58	89.16
浙闽诸河	0.00	0.00	100.00
珠　江	0.00	0.94	99.06
西南西北外流区诸河	9.85	22.33	67.82
内流区诸河	70.84	22.92	6.24

三、各地区湖泊基本情况

2-3-1 湖泊数量和水面总面积

地 区	1km² 及以上湖泊数量 /个	1km² 及以上湖泊水面总面积 /km²	10km² 及以上湖泊数量 /个	10km² 及以上湖泊水面总面积 /km²
合 计	2865	78007.1	696	71276.7
北 京	1	1.3		
天 津	1	5.1		
河 北	23	364.8	5	318
山 西	6	80.7	3	72.8
内蒙古	428	3915.8	28	2854
辽 宁	2	44.7	1	42.7
吉 林	152	1055.2	19	648
黑龙江	253	3036.9	42	2409
上 海	14	68.1	2	48
江 苏	99	5887.3	22	5653
浙 江	57	99.2	1	3.58
安 徽	128	3505.1	42	3229
福 建	1	1.5		
江 西	86	3802.2	15	3593
山 东	8	1051.7	2	1025
河 南	6	17.2		
湖 北	224	2569.2	53	2027
湖 南	156	3370.7	17	2963
广 东	7	18.7		
广 西	1	1.1		
海 南				
重 庆				
四 川	29	114.5	2	52.3
贵 州	1	22.9	1	22.9
云 南	29	1115.9	12	1055
西 藏	808	28868	311	27074
陕 西	5	41.1	1	33.4
甘 肃	7	100.6	3	97.1
青 海	242	12826.5	88	12345
宁 夏	15	101.3	2	54.9
新 疆	116	5919.8	43	5656

注 由于跨省（自治区、直辖市）湖泊存在重复统计，故 31 个省（自治区、直辖市）湖泊加总数量大于合计数量。本表合计数为剔重后的数据。

2-3-2 咸淡水湖泊数量

单位：个

地 区	合计	淡水湖	咸水湖	盐湖	其他[①]
合 计	2865	1594	945	166	160
北 京	1	1			
天 津	1	1			
河 北	23	6	13	4	
山 西	6	4	2		
内蒙古	428	86	268	73	1
辽 宁	2	2			
吉 林	152	27	39	67	19
黑龙江	253	241	12		
上 海	14	14			
江 苏	99	99			
浙 江	57	57			
安 徽	128	128			
福 建	1	1			
江 西	86	86			
山 东	8	7	1		
河 南	6	6			
湖 北	224	224			
湖 南	156	156			
广 东	7	6	1		
广 西	1	1			
海 南					
重 庆					
四 川	29	29			
贵 州	1	1			
云 南	29	29			
西 藏	808	251	434	14	109
陕 西	5		5		
甘 肃	7	3	3	1	
青 海	242	104	125	8	5
宁 夏	15	11	4		
新 疆	116	44	44	2	26

① 指因地处高原无人区等原因，目前尚无资料确定其咸淡水属性的湖泊。

四、一级流域（区域）湖泊基本情况

2-4-1 湖 泊 数 量

单位：个

一级流域 （区域）	1km² 及以上湖泊 数量	10km² 及以上湖泊 数量	100km² 及以上湖泊 数量	1000km² 及以上湖泊 数量
合　计	2865	696	129	10
黑龙江	496	68	7	2
辽　河	58	1		
海　河	9	3	1	
黄　河	144	23	3	
淮　河	68	27	8	2
长　江	805	142	21	3
浙闽诸河	9			
珠　江	18	7	1	
西南西北外流 区诸河	206	33	8	
内流区诸河	1052	392	80	3

2-4-2 湖泊水面总面积

单位：km²

一级流域（区域）	1km²及以上湖泊水面总面积	10km²及以上湖泊水面总面积	100km²及以上湖泊水面总面积	1000km²及以上湖泊水面总面积
合 计	78007.1	71276.7	53230.3	21869.0
黑龙江	6319.4	5129.7	3590.7	2915.0
辽 河	171.7	43.0		
海 河	277.7	260.0	170.0	
黄 河	2082.3	1745.0	1302.0	
淮 河	4913.7	4775.0	3930.0	2528.0
长 江	17615.7	15624.4	11986.0	7966.0
浙闽诸河	19.5			
珠 江	407.0	378.0	219.0	
西南西北外流区诸河	4362.0	3863.6	3088.6	
内流区诸河	41838.1	39458.0	28944.0	8460.0

2-4-3 咸淡水湖泊数量

单位：个

一级流域（区域）	合计	淡水湖	咸水湖	盐湖	其他
合　计	2865	1594	945	166	160
黑龙江	496	302	105	70	19
辽　河	58	13	38	7	
海　河	9	8	1		
黄　河	144	61	61	21	1
淮　河	68	67	1		
长　江	805	748	55	2	
浙闽诸河	9	9			
珠　江	18	17	1		
西南西北外流区诸河	206	142	20		44
内流区诸河	1052	227	663	66	96

第三章

水利工程基础设施情况

一、水库

（一）各地区水库基本情况

3-1-1　水　库　主　要　指　标

地　区	数量/座	总库容/亿 m³	兴利库容/亿 m³	防洪库容/亿 m³	设计供水量/亿 m³	2011 年实际供水量/亿 m³	设计灌溉面积/亿亩
合　计	97985	9323.77	4699.01	1778.01	2860.68	1750.65	4.95
北　京	87	52.17	40.40	12.25	20.13	5.78	0.06
天　津	28	26.79	12.69	11.62	20.98	12.33	0.01
河　北	1079	206.08	84.92	52.11	96.67	41.51	0.17
山　西	643	68.53	27.28	25.12	40.54	14.73	0.10
内蒙古	586	104.92	37.92	20.65	34.19	11.69	0.11
辽　宁	921	375.33	180.12	46.32	70.34	42.74	0.10
吉　林	1654	334.46	169.36	74.36	58.10	25.91	0.08
黑龙江	1148	277.90	154.41	54.43	99.09	39.01	0.14
上　海	4	5.49	2.14		34.27	20.07	
江　苏	1079	35.98	18.33	10.84	23.60	10.78	0.05
浙　江	4334	445.26	226.90	63.77	108.63	76.63	0.16
安　徽	5826	324.78	99.61	56.17	101.23	74.37	0.30
福　建	3692	200.73	115.87	16.60	66.16	41.19	0.06
江　西	10819	320.81	169.57	69.12	175.55	146.43	0.19
山　东	6424	219.18	113.48	52.96	70.73	36.81	0.22
河　南	2650	420.17	147.92	160.44	89.10	47.42	0.24
湖　北	6459	1262.35	630.61	363.44	248.77	88.15	0.39
湖　南	14121	530.72	300.41	106.02	189.06	117.84	0.33
广　东	8408	453.07	242.75	88.93	237.97	192.04	0.23
广　西	4556	717.99	290.30	129.48	197.95	104.97	0.20
海　南	1105	111.38	71.65	1.56	64.37	31.05	0.07
重　庆	2996	120.63	54.28	12.91	30.61	16.52	0.09
四　川	8146	648.78	331.79	102.47	200.22	161.25	0.45
贵　州	2379	468.52	247.31	9.69	48.49	19.49	0.07
云　南	6050	751.30	412.90	82.03	94.96	45.22	0.18
西　藏	97	34.16	14.18	11.73	5.28	2.15	0.02
陕　西	1125	98.98	50.49	7.63	47.46	22.92	0.11
甘　肃	387	108.52	65.63	45.09	59.75	48.56	0.10
青　海	204	370.04	242.82	62.81	19.07	6.53	0.02
宁　夏	323	30.39	4.14	10.62	74.15	67.48	0.07
新　疆	655	198.38	138.84	16.84	233.28	179.09	0.64

3-1-2　按工程规模分的水库工程数量

单位：座

地　区	合计	大型水库		中型水库	小型水库	
		大（1）型	大（2）型		小（1）型	小（2）型
合　　计	97985	127	629	3941	17947	75341
北　京	87	1	2	17	18	49
天　津	28	1	2	13	9	3
河　北	1079	7	16	47	204	805
山　西	643		12	67	272	292
内蒙古	586	2	13	93	269	209
辽　宁	921	5	31	77	291	517
吉　林	1654	6	14	109	344	1181
黑龙江	1148	3	27	103	487	528
上　海	4		1	1	1	1
江　苏	1079		6	47	279	747
浙　江	4334	5	28	158	729	3414
安　徽	5826	5	11	113	634	5063
福　建	3692	3	18	185	747	2739
江　西	10819	4	26	263	1508	9018
山　东	6424	2	35	207	950	5230
河　南	2650	7	18	123	593	1909
湖　北	6459	10	67	282	1235	4865
湖　南	14121	8	39	372	1990	11712
广　东	8408	7	32	343	1563	6463
广　西	4556	9	52	231	1172	3092
海　南	1105	2	8	76	308	711
重　庆	2996	3	13	97	481	2402
四　川	8146	10	40	219	1227	6650
贵　州	2379	9	17	114	551	1688
云　南	6050	6	33	249	1032	4730
西　藏	97	1	6	11	18	61
陕　西	1125	1	12	85	300	727
甘　肃	387	1	8	44	176	158
青　海	204	6	8	14	71	105
宁　夏	323		4	44	147	128
新　疆	655	3	30	137	341	144

注　大（1）型水库：总库容≥10亿 m^3；大（2）型水库：1亿 m^3 ≤总库容<10亿 m^3；中型水库：0.1
亿 m^3 ≤总库容<1亿 m^3；小（1）型水库：0.01亿 m^3 ≤总库容<0.1亿 m^3；小（2）型水库：0.001
亿 m^3 ≤总库容<0.01亿 m^3。

3-1-3 按工程任务分的水库工程数量

单位：座

地 区	合计①	防洪	发电	供水	灌溉	航运	养殖	其他
合 计	97985	49849	7520	69446	88350	202	30579	2369
北 京	87	81	8	67	48		5	6
天 津	28	10	1	16	15		3	8
河 北	1079	982	38	637	974		114	15
山 西	643	569	28	323	413	2	63	18
内蒙古	586	446	22	356	336		240	93
辽 宁	921	843	51	378	703	1	447	31
吉 林	1654	1072	98	1091	1265	1	1082	37
黑龙江	1148	855	36	145	926	1	665	72
上 海	4			4				
江 苏	1079	946	9	580	1024		434	15
浙 江	4334	1448	923	2228	3572	12	969	58
安 徽	5826	3178	258	5047	5635	9	2237	123
福 建	3692	743	1343	2130	2401	2	275	87
江 西	10819	5957	634	9040	10479	13	5356	126
山 东	6424	5772	44	3083	5350	1	1595	146
河 南	2650	2155	65	1843	2286	4	986	166
湖 北	6459	94	316	5437	6172	18	2989	55
湖 南	14121	10050	737	13316	13692	50	6298	68
广 东	8408	3313	1075	3887	7397	21	774	240
广 西	4556	1768	394	2169	4307	24	1817	31
海 南	1105	2	34	1066	1068	1	107	10
重 庆	2996	1860	143	2577	2792	7	962	113
四 川	8146	6448	473	6274	7638	24	2623.5	535
贵 州	2379	105	344	735	2014	3	42	29
云 南	6050	432	167	5596	5779	5	191.5	53
西 藏	97	39	30	60	71			4
陕 西	1125	31	79	735	815	2	210	169
甘 肃	387	172	71	276	286	1	14	19
青 海	204	35	48	11	135		8	27
宁 夏	323	290	4	128	153		1	6
新 疆	655	153	47	211	604		71	9

① 水库一般具有多种功能，具有防洪、发电、供水、灌溉、航运、养殖、其他等任务的水库之间有重复计算，所以分项加总数量大于合计数量。

3-1-4　按水库类型分的水库工程数量

单位：座

地　区	合计	山丘水库①	平原水库②
合　计	97985	70536	27449
北　京	87	81	6
天　津	28	9	19
河　北	1079	874	205
山　西	643	551	92
内蒙古	586	319	267
辽　宁	921	681	240
吉　林	1654	160	1494
黑龙江	1148	161	987
上　海	4		4
江　苏	1079	531	548
浙　江	4334	4294	40
安　徽	5826	3111	2715
福　建	3692	3534	158
江　西	10819	6130	4689
山　东	6424	5997	427
河　南	2650	2232	418
湖　北	6459	3043	3416
湖　南	14121	6903	7218
广　东	8408	6805	1603
广　西	4556	3602	954
海　南	1105	772	333
重　庆	2996	2996	
四　川	8146	7799	347
贵　州	2379	2379	
云　南	6050	5613	437
西　藏	97	57	40
陕　西	1125	968	157
甘　肃	387	243	144
青　海	204	198	6
宁　夏	323	279	44
新　疆	655	214	441

① 指用拦河坝横断河谷、拦截河川径流、抬高水位形成的水库，包括山谷水库和丘陵区水库。

② 指在平原地区，利用天然湖泊、洼淀、河道，通过修建围堤和控制闸等建筑物形成的蓄水库，包含滨海区水库。

3-1-5　已建和在建水库工程数量

单位：座

地　区	合计	已建	在建
合　计	97985	97229	756
北　京	87	86	1
天　津	28	28	
河　北	1079	1079	
山　西	643	619	24
内蒙古	586	567	19
辽　宁	921	917	4
吉　林	1654	1641	13
黑龙江	1148	1133	15
上　海	4	4	
江　苏	1079	1072	7
浙　江	4334	4303	31
安　徽	5826	5783	43
福　建	3692	3663	29
江　西	10819	10785	34
山　东	6424	6408	16
河　南	2650	2640	10
湖　北	6459	6442	17
湖　南	14121	14086	35
广　东	8408	8388	20
广　西	4556	4537	19
海　南	1105	1104	1
重　庆	2996	2957	39
四　川	8146	8071	75
贵　州	2379	2308	71
云　南	6050	5930	120
西　藏	97	93	4
陕　西	1125	1102	23
甘　肃	387	372	15
青　海	204	192	12
宁　夏	323	315	8
新　疆	655	604	51

3-1-6　按建设时间分的水库工程数量

单位：座

地　区	合计	1949年以前	50年代	60年代	70年代	80年代	90年代	2000年至时点
合　计	97985	348	23071	22252	32652	7438	5482	6742
北　京	87	13	18	39	10	3	4	
天　津	28	2	1	10	8	3	4	
河　北	1079	142	87	714	119	9	8	
山　西	643	93	110	357	24	12	47	
内蒙古	586	45	62	207	93	60	119	
辽　宁	921	19	161	115	448	49	93	36
吉　林	1654	5	573	266	484	147	86	93
黑龙江	1148	8	114	152	422	157	133	162
上　海	4					1	2	1
江　苏	1079	3	379	265	340	51	24	17
浙　江	4334	8	901	1112	1117	390	285	521
安　徽	5826	20	899	1307	2475	441	305	379
福　建	3692	3	463	475	720	699	438	894
江　西	10819	16	2782	4200	2669	359	321	472
山　东	6424	1	764	2335	2014	411	620	279
河　南	2650	1	574	576	1231	120	34	114
湖　北	6459	3	985	1736	3018	375	152	190
湖　南	14121	10	5138	2899	4198	736	693	447
广　东	8408	41	3025	2089	1790	404	409	650
广　西	4556	26	1968	1142	1085	112	73	150
海　南	1105	3	263	275	382	83	68	31
重　庆	2996	4	516	421	1550	318	41	146
四　川	8146	2	1435	1045	4158	789	342	375
贵　州	2379	2	326	288	788	405	172	398
云　南	6050	161	1206	949	1299	865	919	651
西　藏	97		1		20	7	10	59
陕　西	1125	4	165	128	620	90	25	93
甘　肃	387	7	62	43	138	22	25	90
青　海	204		11	16	61	42	19	55
宁　夏	323		9	43	151	15	36	69
新　疆	655	1	56	97	147	96	70	188

3-1-7　按水库调节性能分的水库工程数量

单位：座

地　区	合计	日调节	周调节	季调节	年调节	多年调节	无调节①
合　计	97985	2965	1410	11646	62115	16204	3645
北　京	87	3		5	34	16	29
天　津	28			1	27		
河　北	1079			206	304	7	562
山　西	643	11	1	90	392	65	84
内蒙古	586	2		14	457	107	6
辽　宁	921	8	1	24	478	403	7
吉　林	1654	37		32	1452	117	16
黑龙江	1148	12	2	45	702	351	36
上　海	4	1	1				2
江　苏	1079	6	9	185	816	37	26
浙　江	4334	239	137	674	1791	1385	108
安　徽	5826	19	15	1732	3045	996	19
福　建	3692	623	262	725	1477	206	399
江　西	10819	180	72	377	9485	619	86
山　东	6424	3	1	181	4074	1876	289
河　南	2650	20	9	303	1938	174	206
湖　北	6459	83	15	248	2449	3535	129
湖　南	14121	214	160	2331	10407	849	160
广　东	8408	518	370	1706	3954	1477	383
广　西	4556	188	49	457	3445	238	179
海　南	1105	172	157	74	260	95	347
重　庆	2996	36	35	311	1013	1595	6
四　川	8146	260	21	303	6464	1005	93
贵　州	2379	147	34	242	1426	437	93
云　南	6050	54	35	876	4628	406	51
西　藏	97	6	2	45	33	2	9
陕　西	1125	42	12	155	610	172	134
甘　肃	387	25	1	78	183	18	82
青　海	204	23	1	45	100	6	29
宁　夏	323	2		20	281	1	19
新　疆	655	31	8	161	390	9	56

① 指对水库水量无调节能力的水库。

3-1-8　按坝高分的水库工程数量

单位：座

地　区	合　计	高坝	中坝	低坝
合　计	97671	506	5979	91186
北　京	85	1	25	59
天　津	10		2	8
河　北	1074	8	66	1000
山　西	642	6	123	513
内蒙古	586	2	29	555
辽　宁	905	6	41	858
吉　林	1651	6	31	1614
黑龙江	1147	1	17	1129
上　海	4			4
江　苏	1075	2	2	1071
浙　江	4328	35	472	3821
安　徽	5825	10	83	5732
福　建	3653	34	511	3108
江　西	10802	13	282	10507
山　东	6414		68	6346
河　南	2650	17	187	2446
湖　北	6451	43	462	5946
湖　南	14105	24	694	13387
广　东	8327	18	460	7849
广　西	4544	25	318	4201
海　南	1105	3	32	1070
重　庆	2995	29	165	2801
四　川	8115	49	373	7694
贵　州	2370	40	272	2058
云　南	6047	64	691	5293
西　藏	93	4	10	79
陕　西	1122	17	257	848
甘　肃	387	9	103	275
青　海	204	16	43	145
宁　夏	323	1	91	231
新　疆	632	25	69	538

注　高坝水库：主坝坝高≥70m 的水库；中坝水库：30m≤主坝坝高＜70m 的水库；低坝水库：主坝坝高＜30m 的水库。部分水库的主要挡水建筑物是挡水闸，高、中、低坝水库合计数小于水库总数。

3-1-9　按主坝材料分的水库工程数量

单位：座

地　区	合计	混凝土坝	浆砌石坝	土坝	堆石坝	其他
合　计	97671	2440	5972	87900	1000	359
北　京	85	12	35	35	1	2
天　津	10	1		3		6
河　北	1074	28	159	796	47	44
山　西	642	13	85	525	14	5
内蒙古	586	4	20	552	6	4
辽　宁	905	28	25	841	10	1
吉　林	1651	38	30	1564	14	5
黑龙江	1147	4	9	1117	17	
上　海	4		1	2		1
江　苏	1075	3	1	1067	4	
浙　江	4328	295	364	3542	117	10
安　徽	5825	29	248	5499	47	2
福　建	3653	321	1257	1955	72	48
江　西	10802	180	311	10268	26	17
山　东	6414	10	191	6197	1	15
河　南	2650	25	165	2432	22	6
湖　北	6451	109	108	6182	47	5
湖　南	14105	287	440	13289	73	16
广　东	8327	117	522	7653	22	13
广　西	4544	146	210	4153	24	11
海　南	1105	9	30	1066		
重　庆	2995	76	224	2629	56	10
四　川	8115	216	750	7035	90	24
贵　州	2370	228	501	1521	74	46
云　南	6047	94	184	5667	77	25
西　藏	93	30	21	25	17	
陕　西	1122	35	62	994	24	7
甘　肃	387	40	6	299	22	20
青　海	204	32	3	149	17	3
宁　夏	323	7	1	312	1	2
新　疆	632	23	9	531	58	11

3-1-10　按主坝结构分的水库工程数量

单位：座

地　区	合计	重力坝	拱坝	均质坝	心墙坝	斜墙坝	其他
合　计	97671	4364	3954	66335	20400	1557	1061
北　京	85	26	22	10	8	19	
天　津	10	2		3	4		1
河　北	1074	109	64	414	235	198	54
山　西	642	84	17	491	28	11	11
内蒙古	586	20	4	486	61	10	5
辽　宁	905	44	5	286	530	30	10
吉　林	1651	60	3	1411	148	14	15
黑龙江	1147	30		1038	59	17	3
上　海	4	1			3		
江　苏	1075	30	1	1030	4	2	8
浙　江	4328	230	429	910	2389	255	115
安　徽	5825	94	177	4559	863	83	49
福　建	3653	409	1146	1610	328	55	105
江　西	10802	330	149	7557	2416	302	48
山　东	6414	122	75	2764	3429	9	15
河　南	2650	134	54	1914	473	55	20
湖　北	6451	118	92	2809	3327	66	39
湖　南	14105	485	211	10446	2805	90	68
广　东	8327	526	116	7571	59	16	39
广　西	4544	268	70	3237	888	33	48
海　南	1105	33	5	1064		2	1
重　庆	2995	118	177	2541	97	13	49
四　川	8115	366.5	585.5	6107	928	61	67
贵　州	2370	298	431	1409	119	41	72
云　南	6047	212.5	63.5	4839	776	79	77
西　藏	93	41		13	19	9	11
陕　西	1122	54	42	759	219	37	11
甘　肃	387	43	4	222	67	17	34
青　海	204	29	6	112	35	4	18
宁　夏	323	5	1	301	8	1	7
新　疆	632	42	4	422	75	28	61

3-1-11　按工程规模分的水库工程总库容

单位：亿 m³

地　区	合计	大型水库		中型水库	小型水库	
		大（1）型	大（2）型		小（1）型	小（2）型
合　计	9323.77	5665.07	1834.27	1121.23	496.35	206.85
北　京	52.17	43.75	2.58	4.96	0.68	0.20
天　津	26.79	15.59	6.80	3.98	0.40	0.01
河　北	206.08	138.30	43.36	16.54	5.71	2.17
山　西	68.53		39.65	19.50	8.41	0.97
内蒙古	104.92	38.13	23.04	33.43	9.50	0.82
辽　宁	375.33	244.41	98.99	21.86	8.31	1.75
吉　林	334.46	250.72	38.85	30.96	10.17	3.76
黑龙江	277.90	146.14	79.33	35.05	15.15	2.23
上　海	5.49		5.27	0.12	0.10	0.01
江　苏	35.98		12.58	12.73	7.84	2.82
浙　江	445.26	311.00	59.15	46.40	19.05	9.66
安　徽	324.78	221.11	42.09	31.13	16.50	13.95
福　建	200.73	64.59	58.15	49.02	21.32	7.66
江　西	320.81	125.35	64.55	64.73	42.35	23.83
山　东	219.18	53.84	75.31	53.46	24.01	12.56
河　南	420.17	290.95	73.03	35.30	15.01	5.89
湖　北	1262.35	968.78	166.40	78.93	34.03	14.20
湖　南	530.72	247.27	114.48	98.33	44.82	25.82
广　东	453.07	225.35	68.67	94.45	45.92	18.68
广　西	717.99	419.16	182.39	68.05	36.78	11.62
海　南	111.38	50.55	25.91	22.45	9.76	2.70
重　庆	120.63	46.83	28.56	26.73	11.96	6.55
四　川	648.78	403.09	134.77	63.96	30.09	16.87
贵　州	468.52	350.04	62.95	33.76	16.59	5.17
云　南	751.30	516.08	133.26	63.31	26.57	12.09
西　藏	34.16	12.30	16.64	4.37	0.66	0.19
陕　西	98.98	25.85	29.66	31.18	9.72	2.57
甘　肃	108.52	57.00	29.91	15.28	5.70	0.64
青　海	370.04	329.91	33.76	3.80	2.30	0.26
宁　夏	30.39		13.95	10.42	5.33	0.69
新　疆	198.38	68.99	70.24	47.03	11.59	0.52

3-1-12　按工程任务分的水库工程总库容

单位：亿 m³

地　区	防洪	发电	供水	灌溉	航运	养殖	其他
合　计	7011.20	7179.19	4303.55	4163.59	2316.16	2768.72	1231.85
北　京	52.05	46.43	49.91	48.06		1.83	1.21
天　津	16.00	15.59	22.75	6.41		5.41	3.59
河　北	194.47	107.12	198.30	168.82		58.22	2.95
山　西	67.21	23.35	58.66	47.82	0.93	16.20	4.21
内蒙古	96.94	51.73	92.82	82.82		69.61	9.90
辽　宁	365.92	312.05	204.95	165.23	34.60	311.01	18.64
吉　林	268.43	263.43	85.30	91.77	109.88	259.13	1.78
黑龙江	204.15	203.70	143.46	188.08	86.10	230.01	27.32
上　海			5.49				
江　苏	32.15	6.82	28.85	33.00		21.13	8.42
浙　江	413.35	411.51	142.51	122.59	27.49	59.32	3.74
安　徽	302.49	146.08	169.01	290.74	4.93	144.86	26.02
福　建	114.34	166.18	57.09	56.40	34.70	17.97	1.61
江　西	264.00	209.58	259.58	260.81	90.94	185.35	15.67
山　东	198.29	71.23	189.61	196.59		105.16	4.56
河　南	414.52	332.08	303.68	296.14	16.33	101.95	142.84
湖　北	1025.78	1110.80	634.94	600.92	882.95	163.49	465.72
湖　南	460.96	427.26	193.09	191.84	183.34	212.66	54.25
广　东	390.49	364.90	352.07	235.07	39.23	41.70	27.50
广　西	411.04	426.54	323.36	326.75	249.03	120.05	35.19
海　南	4.82	70.10	93.07	99.26	33.45	38.57	0.09
重　庆	64.29	94.98	47.46	44.36	28.47	26.90	18.04
四　川	460.21	581.18	197.99	162.39	150.71	145.69	21.45
贵　州	106.47	442.26	63.83	47.79	17.67	1.31	4.06
云　南	450.13	659.90	112.86	116.36	265.33	66.92	2.02
西　藏	18.78	14.00	24.46	24.73			0.09
陕　西	42.45	60.11	48.46	42.49	3.10	24.68	10.40
甘　肃	97.19	92.20	93.52	84.21	57.00	61.22	57.66
青　海	322.56	363.43	32.33	5.71		257.51	257.63
宁　夏	29.11	7.63	16.27	15.85		0.03	0.08
新　疆	122.61	97.01	57.85	110.60		20.84	5.18

3-1-13　按水库类型分的水库工程总库容

单位：亿 m³

地　区	合　计	山丘水库	平原水库
合　计	9323.77	8588.25	735.52
北　京	52.17	51.26	0.91
天　津	26.79	15.99	10.80
河　北	206.08	183.04	23.03
山　西	68.53	60.28	8.25
内蒙古	104.92	76.29	28.63
辽　宁	375.33	362.67	12.65
吉　林	334.46	282.15	52.31
黑龙江	277.90	212.70	65.20
上　海	5.49		5.49
江　苏	35.98	20.09	15.89
浙　江	445.26	441.87	3.39
安　徽	324.78	186.37	138.41
福　建	200.73	198.69	2.04
江　西	320.81	295.55	25.26
山　东	219.18	159.11	60.06
河　南	420.17	373.92	46.25
湖　北	1262.35	1230.89	31.46
湖　南	530.72	479.13	51.59
广　东	453.07	418.02	35.05
广　西	717.99	698.65	19.34
海　南	111.38	102.77	8.61
重　庆	120.63	120.63	
四　川	648.78	645.96	2.82
贵　州	468.52	468.52	
云　南	751.30	748.10	3.20
西　藏	34.16	29.89	4.27
陕　西	98.98	93.66	5.32
甘　肃	108.52	103.13	5.39
青　海	370.04	369.91	0.12
宁　夏	30.39	27.61	2.77
新　疆	198.38	131.39	66.99

3-1-14　已建和在建水库工程总库容

单位：亿 m³

地　区	合计	已建	在建
合　计	9323.77	8104.35	1219.42
北　京	52.17	52.15	0.02
天　津	26.79	26.79	
河　北	206.08	206.08	
山　西	68.53	60.24	8.29
内蒙古	104.92	98.34	6.58
辽　宁	375.33	358.85	16.48
吉　林	334.46	325.24	9.22
黑龙江	277.90	262.62	15.28
上　海	5.49	5.49	
江　苏	35.98	34.81	1.17
浙　江	445.26	442.03	3.23
安　徽	324.78	319.19	5.59
福　建	200.73	198.04	2.69
江　西	320.81	302.82	17.99
山　东	219.18	215.97	3.20
河　南	420.17	418.85	1.32
湖　北	1262.35	1203.44	58.91
湖　南	530.72	496.98	33.74
广　东	453.07	443.70	9.37
广　西	717.99	663.97	54.02
海　南	111.38	104.76	6.62
重　庆	120.63	108.56	12.07
四　川	648.78	290.14	358.64
贵　州	468.52	431.56	36.96
云　南	751.30	337.88	413.42
西　藏	34.16	20.83	13.33
陕　西	98.98	88.51	10.47
甘　肃	108.52	105.36	3.16
青　海	370.04	308.36	61.67
宁　夏	30.39	29.74	0.64
新　疆	198.38	143.04	55.34

3-1-15　按建设时间分的水库工程总库容

单位：亿 m³

地　区	合　计	1949 年以前	50 年代	60 年代	70 年代	80 年代	90 年代	2000 年至时点
合　计	9323.77	271.63	643.86	1717.39	1311.29	625.65	960.52	3793.43
北　京	52.17		2.77	45.83	1.41	1.65	0.04	0.47
天　津	26.79		0.08	15.59	2.84	5.96	0.78	1.54
河　北	206.08		55.91	72.88	26.31	38.25	9.83	2.89
山　西	68.53		5.05	24.12	15.87	0.69	1.61	21.18
内蒙古	104.92		9.36	32.36	14.57	6.04	15.30	27.29
辽　宁	375.33	153.57	35.37	27.78	77.64	15.35	27.84	37.76
吉　林	334.46	110.18	31.28	69.52	29.18	6.97	64.58	22.76
黑龙江	277.90	2.13	9.35	13.97	24.10	15.52	69.23	143.59
上　海	5.49					0.12	0.10	5.27
江　苏	35.98	0.01	15.47	13.62	5.15	0.21	0.08	1.44
浙　江	445.26	0.69	6.92	249.17	49.72	30.08	15.06	93.62
安　徽	324.78	1.11	68.65	20.00	83.53	6.47	2.56	142.47
福　建	200.73	0.01	13.60	11.87	25.46	24.99	44.58	80.23
江　西	320.81	0.05	39.55	67.93	117.89	9.06	44.24	42.09
山　东	219.18		34.58	138.07	21.57	6.91	7.68	10.35
河　南	420.17		72.66	137.56	30.50	9.79	20.78	148.88
湖　北	1262.35	0.02	25.27	137.88	438.49	16.03	44.06	600.61
湖　南	530.72	0.01	35.74	84.59	83.18	20.22	180.88	126.10
广　东	453.07	0.25	61.96	227.72	58.86	27.72	45.15	31.40
广　西	717.99	0.11	39.85	137.48	32.35	18.86	54.59	434.76
海　南	111.38	0.10	7.38	45.02	22.85	2.62	19.95	13.46
重　庆	120.63	0.03	13.44	6.96	12.34	3.73	6.18	77.95
四　川	648.78	0.01	9.36	9.84	48.62	28.71	85.08	467.16
贵　州	468.52	0.03	5.38	10.85	7.91	31.16	125.57	287.62
云　南	751.30	1.27	20.94	17.35	10.58	21.69	32.80	646.67
西　藏	34.16		0.01		0.32	0.08	2.83	30.93
陕　西	98.98	0.15	1.94	5.02	34.35	5.44	26.86	25.22
甘　肃	108.52	1.18	3.18	69.82	11.07	1.98	1.32	19.98
青　海	370.04		0.09	0.23	0.90	247.95	3.42	117.45
宁　夏	30.39		5.10	11.90	5.85	0.52	1.07	5.95
新　疆	198.38	0.72	13.62	12.45	17.90	20.89	6.46	126.34

3-1-16　按坝高分的水库工程总库容

单位：亿 m³

地　区	合　计	高坝	中坝	低坝
合　计	9248.26	5309.40	2203.75	1735.11
北　京	51.69	0.09	48.02	3.59
天　津	16		0.29	15.71
河　北	203.78	44.37	137.25	22.16
山　西	68.52	15.43	33.16	19.92
内蒙古	104.92	0.22	56.84	47.86
辽　宁	373.51	211.93	120.97	40.60
吉　林	333.77	214.32	39.15	80.30
黑龙江	277.89	41.80	120.25	115.85
上　海	5.49			5.49
江　苏	35.51	0.19	0.09	35.23
浙　江	445.13	331.83	76.78	36.52
安　徽	324.77	90.37	51.66	182.74
福　建	197.55	116.10	52.57	28.89
江　西	318.56	18.75	187.46	112.36
山　东	218.58		27.69	190.90
河　南	420.17	244.72	100.72	74.74
湖　北	1253.53	969.23	202.15	82.16
湖　南	528.62	254.53	153.14	120.95
广　东	432.93	189.49	141.55	101.89
广　西	708.37	332.98	292.26	83.13
海　南	111.38	47.86	32.08	31.43
重　庆	120.63	64.74	33.78	22.10
四　川	642.81	484.79	76.20	81.82
贵　州	467.69	403.87	47.06	16.75
云　南	750.50	651.09	53.52	45.88
西　藏	34.15	15.74	6.18	12.23
陕　西	98.63	44.73	44.14	9.76
甘　肃	108.52	81.82	17.87	8.84
青　海	370.04	336.64	3.88	29.51
宁　夏	30.39	2.49	19.34	8.55
新　疆	194.22	99.27	27.73	67.23

3-1-17　按主坝材料分的水库工程总库容

单位：亿 m³

地　区	合计	混凝土坝	浆砌石坝	土坝	堆石坝	其他
合　计	9248.26	4719.14	304.23	2949.25	1207.79	67.85
北　京	51.69	1.26	0.16	50.24	0.02	0.01
天　津	16.00	0.27		15.67		0.06
河　北	203.78	47.67	4.43	149.62	1.46	0.60
山　西	68.52	13.54	2.64	46.66	5.44	0.24
内蒙古	104.92	0.74	1.94	94.40	5.91	1.92
辽　宁	373.51	262.36	5.83	102.28	2.58	0.46
吉　林	333.77	217.12	1.18	106.76	8.25	0.47
黑龙江	277.89	18.47	2.10	226.89	30.44	
上　海	5.49		0.01	0.22		5.27
江　苏	35.51	0.01	0.01	35.21	0.28	
浙　江	445.13	287.51	12.45	65.73	79.18	0.26
安　徽	324.77	91.18	3.65	220.00	9.92	0.02
福　建	197.55	107.21	27.04	33.83	27.41	2.05
江　西	318.56	73.16	22.40	213.71	8.04	1.25
山　东	218.58	0.09	1.79	215.11	0.01	1.58
河　南	420.17	110.96	6.23	166.95	134.40	1.64
湖　北	1253.53	885.25	3.82	246.94	114.51	3.01
湖　南	528.62	346.65	28.17	136.89	16.44	0.47
广　东	432.93	216.23	15.53	181.86	18.96	0.36
广　西	708.37	483.86	34.48	151.97	6.69	31.37
海　南	111.38	27.34	9.33	74.70		
重　庆	120.63	65.58	7.30	22.55	25.05	0.14
四　川	642.81	412.22	27.63	71.58	125.56	5.82
贵　州	467.69	220.31	67.50	12.77	166.78	0.33
云　南	750.50	355.55	3.35	91.46	298.45	1.69
西　藏	34.15	19.74	7.04	3.45	3.92	
陕　西	98.63	43.56	3.47	48.30	1.09	2.20
甘　肃	108.52	63.35	0.38	29.10	11.25	4.45
青　海	370.04	280.08	0.21	27.88	61.67	0.19
宁　夏	30.39	7.79	3.05	19.49	0.02	0.03
新　疆	194.22	60.08	1.11	87.00	44.06	1.98

3-1-18　按主坝结构分的水库工程总库容

单位：亿 m³

地　区	合计	重力坝	拱坝	均质坝	心墙坝	斜墙坝	其他
合　计	9248.26	4055.92	872.39	1549.66	1617.21	281.10	871.98
北　京	51.69	0.99	0.44	1.58	0.07	48.62	
天　津	16.00	0.02		15.67	0.04		0.27
河　北	203.78	50.43	0.91	58.19	47.82	45.12	1.32
山　西	68.52	16.04	0.45	44.63	1.15	4.81	1.45
内蒙古	104.92	1.94	0.75	64.61	21.84	15.38	0.40
辽　宁	373.51	233.50	0.05	13.25	72.15	19.13	35.41
吉　林	333.77	156.68	59.28	57.04	45.61	5.55	9.60
黑龙江	277.89	32.15		57.72	129.31	16.89	41.82
上　海	5.49	0.01			5.49		
江　苏	35.51	0.26	0.01	34.23	0.40	0.34	0.27
浙　江	445.13	272.59	28.07	7.66	45.55	13.36	77.91
安　徽	324.77	31.93	40.24	177.32	40.29	2.41	32.58
福　建	197.55	106.38	24.98	13.26	21.80	1.49	29.65
江　西	318.56	84.32	13.45	66.72	141.31	7.51	5.25
山　东	218.58	1.25	0.58	107.26	109.21	0.15	0.13
河　南	420.17	116.36	1.26	71.53	191.02	33.17	6.83
湖　北	1253.53	873.02	15.25	69.06	156.72	24.17	115.31
湖　南	528.62	246.72	109.43	86.95	49.12	4.55	31.85
广　东	432.93	220.80	10.99	173.96	6.99	14.13	6.08
广　西	708.37	496.80	10.14	84.70	66.86	1.05	48.82
海　南	111.38	36.08	0.59	74.38		0.33	0.01
重　庆	120.63	57.09	14.31	19.45	5.15	0.49	24.14
四　川	642.81	274.27	164.56	43.72	55.62	5.29	99.35
贵　州	467.69	176.69	111.16	10.88	0.76	11.44	156.77
云　南	750.50	129.15	228.88	62.58	279.40	2.82	47.66
西　藏	34.15	13.66		3.12	16.41	0.11	0.84
陕　西	98.63	41.77	5.26	46.17	4.27	0.45	0.71
甘　肃	108.52	66.87	0.02	11.96	16.81	1.06	11.81
青　海	370.04	250.14	30.15	1.03	27.06	0.22	61.43
宁　夏	30.39	3.23	0.00	14.92	4.53	0.02	7.68
新　疆	194.22	64.79	1.19	56.13	54.43	1.04	16.63

3-1-19　按工程规模分的水库工程设计供水量

单位：亿 m³

地　区	合计	大型水库		中型水库	小型水库	
		大（1）型	大（2）型		小（1）型	小（2）型
合　计	2860.68	548.07	823.65	839.40	435.58	213.97
北　京	20.13	15.12	3.10	1.82	0.07	0.02
天　津	20.98	10.00	3.82	6.97	0.18	0.00
河　北	96.67	43.11	42.57	7.55	2.50	0.95
山　西	40.54		24.21	9.44	5.98	0.91
内蒙古	34.19	7.93	11.57	10.39	4.02	0.28
辽　宁	70.34	21.12	37.40	6.76	4.26	0.79
吉　林	58.10	8.77	26.11	12.97	6.81	3.45
黑龙江	99.09	42.98	27.06	16.79	10.71	1.54
上　海	34.27		26.24	1.83	4.75	1.46
江　苏	23.60		8.18	6.20	7.19	2.03
浙　江	108.63	6.10	36.14	39.98	16.31	10.10
安　徽	101.23	28.53	33.88	18.37	9.84	10.61
福　建	66.16		18.63	17.70	20.01	9.82
江　西	175.55	2.32	20.50	82.60	41.48	28.65
山　东	70.73	2.66	20.43	32.60	11.30	3.75
河　南	89.10	40.07	20.52	18.48	6.89	3.13
湖　北	248.77	128.47	44.05	44.09	20.33	11.84
湖　南	189.06		43.40	78.22	40.14	27.30
广　东	237.97	32.79	43.07	80.99	48.62	32.49
广　西	197.95	12.84	64.82	63.48	38.66	18.16
海　南	64.37	16.10	15.55	19.12	10.04	3.55
重　庆	30.61	0.05	2.54	13.65	8.70	5.66
四　川	200.22	120.68	24.75	25.47	17.71	11.61
贵　州	48.49	5.76	4.47	17.37	13.65	7.23
云　南	94.96		12.86	47.32	23.56	11.21
西　藏	5.28	2.01	0.97	1.09	0.49	0.72
陕　西	47.46		16.08	14.13	14.76	2.50
甘　肃	59.75	0.62	16.42	30.97	10.06	1.68
青　海	19.07	0.01	10.35	4.44	3.80	0.47
宁　夏	74.15		61.20	12.25	0.56	0.13
新　疆	233.28	0.03	102.75	96.36	32.20	1.93

3-1-20 已建和在建水库工程设计供水量

单位：亿 m³

地　区	合计	已建	在建
合　计	2860.68	2725.36	135.32
北　京	20.13	20.11	0.02
天　津	20.98	20.98	
河　北	96.67	96.67	
山　西	40.54	35.00	5.54
内蒙古	34.19	31.99	2.20
辽　宁	70.34	68.18	2.16
吉　林	58.10	38.50	19.60
黑龙江	99.09	94.05	5.03
上　海	34.27	34.27	
江　苏	23.60	20.51	3.08
浙　江	108.63	107.35	1.27
安　徽	101.23	100.96	0.27
福　建	66.16	63.65	2.51
江　西	175.55	173.85	1.70
山　东	70.73	65.46	5.28
河　南	89.10	87.96	1.14
湖　北	248.77	248.61	0.17
湖　南	189.06	187.69	1.37
广　东	237.97	233.72	4.25
广　西	197.95	197.95	0.00
海　南	64.37	60.31	4.06
重　庆	30.61	24.80	5.81
四　川	200.22	173.70	26.52
贵　州	48.49	38.32	10.17
云　南	94.96	85.52	9.43
西　藏	5.28	3.26	2.02
陕　西	47.46	42.58	4.88
甘　肃	59.75	59.39	0.36
青　海	19.07	11.27	7.79
宁　夏	74.15	74.12	0.03
新　疆	233.28	224.63	8.65

3-1-21 按工程规模分的水库工程 2011 年实际供水量

单位：亿 m³

地 区	合计	大型水库		中型水库	小型水库	
		大（1）型	大（2）型		小（1）型	小（2）型
合 计	1750.65	268.30	508.37	553.05	271.47	149.46
北 京	5.78	3.74	0.97	0.99	0.07	0.00
天 津	12.33	6.15	0.14	6.03	0.01	0.00
河 北	41.51	20.05	17.73	3.01	0.47	0.24
山 西	14.73		7.79	4.48	1.97	0.50
内蒙古	11.69	3.31	4.09	3.28	0.91	0.11
辽 宁	42.74	15.48	20.54	4.04	2.19	0.49
吉 林	25.91	7.79	3.96	8.41	3.90	1.84
黑龙江	39.01	0.00	20.31	10.86	6.79	1.04
上 海	20.07		12.31	0.91	5.22	1.64
江 苏	10.78		4.21	3.05	2.42	1.11
浙 江	76.63	5.48	27.61	25.85	10.82	6.88
安 徽	74.37	23.93	25.25	11.05	6.43	7.71
福 建	41.19	0.00	8.30	12.16	13.83	6.91
江 西	146.43	2.02	13.28	73.16	33.83	24.13
山 东	36.81	2.18	11.90	15.49	5.02	2.22
河 南	47.42	21.75	12.08	9.49	2.60	1.51
湖 北	88.15	23.24	23.56	22.80	11.23	7.32
湖 南	117.84	0.00	29.35	44.91	24.76	18.82
广 东	192.04	21.77	29.06	76.84	38.96	25.41
广 西	104.97	4.56	26.86	35.76	24.81	12.98
海 南	31.05	5.20	4.07	13.36	6.13	2.30
重 庆	16.52	0.05	0.22	6.48	5.74	4.03
四 川	161.25	101.18	23.10	18.80	10.66	7.51
贵 州	19.49	0.00	1.78	7.63	6.87	3.21
云 南	45.22	0.00	5.47	21.11	11.96	6.68
西 藏	2.15	0.00	0.54	0.71	0.38	0.52
陕 西	22.92	0.00	7.99	7.70	6.03	1.20
甘 肃	48.56	0.38	11.40	28.11	7.32	1.34
青 海	6.53	0.01	0.06	2.77	3.32	0.37
宁 夏	67.48		60.72	6.55	0.18	0.02
新 疆	179.09	0.03	93.73	67.26	16.67	1.41

3-1-22　已建和在建水库工程 2011 年实际供水量

单位：亿 m³

地　区	合计	已建	在建
合　计	1750.65	1728.51	22.14
北　京	5.78	5.78	0.00
天　津	12.33	12.33	0.00
河　北	41.51	41.51	0.00
山　西	14.73	14.20	0.53
内蒙古	11.69	11.34	0.35
辽　宁	42.74	42.67	0.07
吉　林	25.91	25.48	0.43
黑龙江	39.01	36.06	2.94
上　海	20.07	20.07	0.00
江　苏	10.78	10.78	0.00
浙　江	76.63	76.60	0.03
安　徽	74.37	74.28	0.10
福　建	41.19	39.09	2.11
江　西	146.43	146.05	0.38
山　东	36.81	36.12	0.69
河　南	47.42	47.28	0.14
湖　北	88.15	88.15	0.00
湖　南	117.84	117.28	0.56
广　东	192.04	191.80	0.24
广　西	104.97	104.97	0.00
海　南	31.05	31.05	0.00
重　庆	16.52	16.27	0.24
四　川	161.25	154.48	6.78
贵　州	19.49	19.47	0.02
云　南	45.22	44.66	0.56
西　藏	2.15	2.15	0.00
陕　西	22.92	22.86	0.06
甘　肃	48.56	48.55	0.00
青　海	6.53	6.51	0.02
宁　夏	67.48	67.48	0.00
新　疆	179.09	173.19	5.90

（二）水资源一级区水库基本情况

3-1-23　水库主要指标

水资源一级区	数量/座	总库容/亿 m³	兴利库容/亿 m³	防洪库容/亿 m³	设计供水量/亿 m³	2011 年实际供水量/亿 m³	设计灌溉面积/亿亩
合　计	97985	9323.77	4699.01	1778.01	2860.68	1750.65	4.95
松花江区	2710	572.24	302.24	128.42	159.79	66.26	0.23
辽河区	1276	494.44	233.07	60.80	95.47	51.21	0.18
海河区	1854	332.70	159.22	93.32	164.20	71.81	0.30
黄河区	3339	906.34	446.52	251.98	212.24	130.64	0.33
淮河区	9586	507.58	183.24	107.32	154.85	88.14	0.56
长江区	51655	3608.69	1857.77	763.84	1042.77	635.78	1.74
东南诸河区	7581	608.34	323.69	73.83	167.32	112.37	0.21
珠江区	16588	1507.85	732.21	226.30	529.29	345.15	0.57
西南诸河区	2370	556.27	304.36	44.57	42.17	20.18	0.09
西北诸河区	1026	229.33	156.68	27.62	292.57	229.11	0.74

3-1-24　按工程规模分的水库工程数量

单位：座

水资源一级区	合计	大型水库		中型水库	小型水库	
		大（1）型	大（2）型		小（1）型	小（2）型
合　计	97985	127	629	3941	17947	75341
松花江区	2710	8	42	202	820	1638
辽河区	1276	8	40	134	408	686
海河区	1854	9	27	155	422	1241
黄河区	3339	12	35	247	1073	1972
淮河区	9586	6	52	292	1478	7758
长江区	51655	48	235	1541	7929	41902
东南诸河区	7581	7	41	319	1384	5830
珠江区	16588	21	98	753	3494	12222
西南诸河区	2370	5	24	115	447	1779
西北诸河区	1026	3	35	183	492	313

3-1-25 按工程任务分的水库工程数量

单位：座

水资源一级区	合计	防洪	发电	供水	灌溉	航运	养殖	其他
合　计	97985	49849	7520	69446	88350	202	30579	2369
松花江区	2710	1882	97	1225	2146	2	1721	112
辽河区	1276	1072	102	553	903	1	647	94
海河区	1854	1563	71	1082	1416	2	207	72
黄河区	3339	2076	125	1297	2178	1	656	366
淮河区	9586	7115	164	6223	8722	10	2817	78
长江区	51655	28027	2854	43143	49205	123	20420	1136
东南诸河区	7581	2183	2071	4263	5702	13	1219	139
珠江区	16588	5354	1827	9025	14979	48	2749	329
西南诸河区	2370	239	125	2174	2227	2	41	15
西北诸河区	1026	338	84	461	872		102	28

3-1-26　按水库类型分的水库工程数量

单位：座

水资源一级区	合计	山丘水库	平原水库
合　计	97985	70536	27449
松花江区	2710	342	2368
辽河区	1276	802	474
海河区	1854	1441	413
黄河区	3339	2857	482
淮河区	9586	7082	2504
长江区	51655	34711	16944
东南诸河区	7581	7398	183
珠江区	16588	13347	3241
西南诸河区	2370	2189	181
西北诸河区	1026	367	659

3-1-27　已建和在建水库工程数量

单位：座

水资源一级区	合计	已建	在建
合　计	97985	97229	756
松花江区	2710	2680	30
辽河区	1276	1267	9
海河区	1854	1831	23
黄河区	3339	3277	62
淮河区	9586	9543	43
长江区	51655	51334	321
东南诸河区	7581	7526	55
珠江区	16588	16510	78
西南诸河区	2370	2298	72
西北诸河区	1026	963	63

3-1-28 按建设时间分的水库工程数量

单位：座

水资源一级区	总计	1949年以前	50年代	60年代	70年代	80年代	90年代	2000年至时点
合　计	97985	348	23071	22252	32652	7438	5482	6742
松花江区	2710	13	639	401	857	307	248	245
辽河区	1276	19	226	153	581	84	110	103
海河区	1854	1	279	183	1048	178	81	84
黄河区	3339	5	378	631	1335	232	347	411
淮河区	9586	7	1386	2937	3908	541	461	346
长江区	51655	187	12586	12107	18524	3642	2158	2451
东南诸河区	7581	11	1333	1503	1786	1008	678	1262
珠江区	16588	87	5802	3873	3764	947	883	1232
西南诸河区	2370	10	318	312	597	365	420	348
西北诸河区	1026	8	124	152	252	134	96	260

3-1-29　按水库调节性能分的水库工程数量

单位：座

水资源一级区	合计	日调节	周调节	季调节	年调节	多年调节	无调节
合　计	97985	2965	1410	11646	62115	16204	3645
松花江区	2710	41	2	72	2088	458	49
辽河区	1276	18	1	38	767	436	16
海河区	1854	21	3	325	676	78	751
黄河区	3339	48	5	336	2122	410	418
淮河区	9586	2	11	893	5918	2620	142
长江区	51655	956	349	5155	36034	8477	684
东南诸河区	7581	757	371	1483	2997	1537	436
珠江区	16588	1045	638	2620	9352	1926	1007
西南诸河区	2370	35	22	477	1582	219	35
西北诸河区	1026	42	8	247	579	43	107

3-1-30　按坝高分的水库工程数量

单位：座

水资源一级区	合计	高坝	中坝	低坝
合　计	97671	506	5979	91186
松花江区	2708	6	40	2662
辽河区	1258	7	58	1193
海河区	1829	17	154	1658
黄河区	3335	45	576	2714
淮河区	9572	7	149	9416
长江区	51573	225	2543	48805
东南诸河区	7539	66	927	6546
珠江区	16491	64	1048	15379
西南诸河区	2363	40	375	1948
西北诸河区	1003	29	109	865

3-1-31 按主坝材料分的水库工程数量

单位：座

水资源一级区	合计	混凝土坝	浆砌石坝	土坝	堆石坝	其他
合 计	97671	2440	5972	87900	1000	359
松花江区	2708	20	27	2627	29	5
辽河区	1258	51	45	1145	15	2
海河区	1829	51	306	1346	69	57
黄河区	3335	84	226	2944	53	28
淮河区	9572	28	231	9286	19	8
长江区	51573	1127	2484	47414	421	127
东南诸河区	7539	601	1423	5283	181	51
珠江区	16491	368	1140	14843	95	45
西南诸河区	2363	72	70	2164	47	10
西北诸河区	1003	38	20	848	71	26

3-1-32　按主坝结构分的水库工程数量

单位：座

水资源一级区	合计	重力坝	拱坝	均质坝	心墙坝	斜墙坝	其他
合　计	97671	4364	3954	66335	20400	1557	1061
松花江区	2708	57	2	2397	206	29	17
辽河区	1258	85	7	578	543	34	11
海河区	1829	251	95	881	276	254	72
黄河区	3335	200	109	2494	436	41	55
淮河区	9572	133	115	5693	3561	26	44
长江区	51573	1825	1747	35803	11094	718	386
东南诸河区	7539	577	1431	2466	2568	298	199
珠江区	16491	1066	416	13526	1245	92	146
西南诸河区	2363	103	27	1843	320	25	45
西北诸河区	1003	67	5	654	151	40	86

3-1-33 按工程规模分的水库工程总库容

单位：亿 m³

水资源一级区	合计	大型水库		中型水库	小型水库	
		大（1）型	大（2）型		小（1）型	小（2）型
合　计	9323.77	5665.07	1834.27	1121.23	496.35	206.85
松花江区	572.24	352.52	123.00	65.95	24.99	5.78
辽河区	494.44	326.88	112.70	40.05	12.48	2.33
海河区	332.70	197.64	73.80	44.27	13.51	3.49
黄河区	906.34	674.15	114.24	77.42	34.14	6.40
淮河区	507.58	214.22	156.33	80.57	35.91	20.54
长江区	3608.69	2202.97	679.28	414.67	204.06	107.71
东南诸河区	608.34	355.24	109.27	89.46	38.05	16.31
珠江区	1507.85	850.43	299.35	214.98	104.75	38.34
西南诸河区	556.27	422.03	86.04	31.47	11.94	4.79
西北诸河区	229.33	68.99	80.26	62.40	16.52	1.16

3-1-34　按工程任务分的水库工程总库容

单位：亿 m³

水资源一级区	防洪	发电	供水	灌溉	航运	养殖	其他
合　计	7011.20	7179.19	4303.55	4163.59	2316.16	2768.72	1231.85
松花江区	471.53	422.61	226.70	280.05	195.98	482.28	31.99
辽河区	440.20	405.41	278.97	233.48	34.60	379.84	24.74
海河区	301.88	176.42	310.52	258.09	0.93	83.58	10.07
黄河区	804.19	717.64	424.91	367.79	57.00	386.96	453.28
淮河区	476.92	214.19	346.73	482.45	21.21	200.64	24.89
长江区	2731.84	3023.12	1576.60	1482.59	1372.44	923.02	611.10
东南诸河区	496.93	544.01	190.93	167.27	62.18	73.72	5.34
珠江区	834.57	1059.28	806.38	702.92	323.41	200.27	63.54
西南诸河区	304.13	507.19	59.48	58.69	248.42	10.87	1.43
西北诸河区	149.01	109.32	82.34	130.26		27.54	5.47

3-1-35　已建和在建水库工程总库容

单位：亿 m³

水资源一级区	合计	已建	在建
合　计	9323.77	8104.35	1219.42
松花江区	572.24	546.64	25.59
辽河区	494.44	473.05	21.39
海河区	332.70	329.22	3.49
黄河区	906.34	828.29	78.05
淮河区	507.58	500.86	6.72
长江区	3608.69	2943.44	665.25
东南诸河区	608.34	603.54	4.80
珠江区	1507.85	1433.06	74.79
西南诸河区	556.27	272.79	283.48
西北诸河区	229.33	173.47	55.86

3-1-36　按建设时间分的水库工程总库容

单位：亿 m³

水资源一级区	合计	1949年以前	50年代	60年代	70年代	80年代	90年代	2000年至时点
合　计	9323.77	271.63	643.86	1717.39	1311.29	625.65	960.52	3793.43
松花江区	572.24	112.31	20.70	42.86	53.27	21.99	146.94	174.17
辽河区	494.44	153.57	62.91	97.95	83.99	17.53	28.97	49.51
海河区	332.70	0.00	61.55	149.52	41.89	46.83	14.77	18.14
黄河区	906.34	0.16	14.80	256.24	51.82	260.59	19.67	303.07
淮河区	507.58	1.06	154.75	124.85	58.60	12.18	11.09	145.06
长江区	3608.69	0.66	169.98	351.51	799.47	121.25	415.64	1750.18
东南诸河区	608.34	0.69	20.11	256.45	74.38	52.02	57.74	146.95
珠江区	1507.85	0.48	119.23	415.37	118.98	53.79	233.79	566.20
西南诸河区	556.27	0.80	2.59	4.22	5.37	14.30	21.61	507.38
西北诸河区	229.33	1.90	17.24	18.43	23.52	25.17	10.30	132.78

3-1-37　按坝高分的水库工程总库容

单位：亿 m³

水资源一级区	合计	高坝	中坝	低坝
合　计	9248.26	5309.40	2203.75	1735.11
松花江区	572.23	217.17	155.09	199.96
辽河区	491.93	250.88	174.56	66.49
海河区	319.14	52.53	200.39	66.23
黄河区	905.90	675.23	110.55	120.12
淮河区	506.91	62.32	92.54	352.06
长江区	3588.63	2269.81	793.75	525.08
东南诸河区	605.04	427.27	118.05	59.72
珠江区	1477.83	752.97	488.22	236.64
西南诸河区	555.45	500.74	32.78	21.93
西北诸河区	225.18	100.48	37.82	86.87

3-1-38　按主坝材料分的水库工程总库容

单位：亿 m³

水资源一级区	合计	混凝土坝	浆砌石坝	土坝	堆石坝	其他
合　计	9248.26	4719.14	304.23	2949.25	1207.79	67.85
松花江区	572.23	194.84	3.13	334.57	39.21	0.48
辽河区	491.93	303.27	6.68	172.62	7.06	2.3
海河区	319.14	49.73	8.71	250.38	9.62	0.7
黄河区	905.90	472.73	8.56	219.13	201.17	4.31
淮河区	506.91	63.92	3.97	437.39	0.11	1.52
长江区	3588.63	2164.43	160.40	866.34	377.72	19.74
东南诸河区	605.04	373.25	35.68	88.48	105.38	2.25
珠江区	1477.83	800.01	66.77	435.19	142.58	33.28
西南诸河区	555.45	235.20	8.87	35.00	276.33	0.05
西北诸河区	225.18	61.75	1.45	110.16	48.61	3.21

3-1-39　按主坝结构分的水库工程总库容

单位：亿 m³

水资源一级区	合计	重力坝	拱坝	均质坝	心墙坝	斜墙坝	其他
合　计	9248.26	4055.92	872.39	1549.66	1617.21	281.10	871.98
松花江区	572.23	147.96	59.26	116.47	163.88	33.60	51.05
辽河区	491.93	275.08	0.24	61.18	98.91	20.74	35.79
海河区	319.14	55.83	2.04	106.97	49.53	96.12	8.67
黄河区	905.90	441.44	32.54	157.82	175.04	21.14	77.92
淮河区	506.91	7.55	37.63	270.57	149.73	18.58	22.85
长江区	3588.63	1818.65	491.43	373.69	502.02	55.79	347.05
东南诸河区	605.04	354.17	51.74	19.58	57.88	14.52	107.15
珠江区	1477.83	821.77	32.04	354.00	83.42	18.12	168.47
西南诸河区	555.45	66.68	164.27	23.84	268.47	0.37	31.83
西北诸河区	225.18	66.81	1.20	65.55	68.32	2.11	21.20

3-1-40　按工程规模分的水库工程设计供水量

单位：亿 m³

水资源一级区	合计	大型水库		中型水库	小型水库	
		大（1）型	大（2）型		小（1）型	小（2）型
合　计	2860.68	548.07	823.65	839.40	435.58	213.97
松花江区	159.79	54.17	55.84	28.21	16.76	4.81
辽河区	95.47	26.63	44.86	15.30	7.57	1.12
海河区	164.20	68.23	53.72	31.87	8.53	1.85
黄河区	212.24	27.53	110.74	45.52	25.36	3.09
淮河区	154.85	29.53	56.00	40.47	19.06	9.79
长江区	1042.77	272.10	207.27	293.16	163.95	106.28
东南诸河区	167.32	6.10	52.45	55.09	34.95	18.72
珠江区	529.29	61.74	122.66	179.45	106.31	59.13
西南诸河区	42.17	2.01	2.00	21.34	11.31	5.52
西北诸河区	292.57	0.03	118.12	128.98	41.78	3.67

3-1-41　已建和在建水库工程设计供水量

单位：亿 m³

水资源一级区	合计	已建	在建
合　计	2860.68	2725.36	135.32
松花江区	159.79	134.76	25.03
辽河区	95.47	91.54	3.93
海河区	164.20	159.39	4.81
黄河区	212.24	194.83	17.41
淮河区	154.85	149.61	5.24
长江区	1042.77	994.77	47.99
东南诸河区	167.32	163.83	3.49
珠江区	529.29	517.59	11.70
西南诸河区	42.17	35.27	6.91
西北诸河区	292.57	283.77	8.81

3-1-42　按工程规模分的水库工程 2011 年实际供水量

单位：亿 m^3

水资源一级区	合计	大型水库		中型水库	小型水库	
		大（1）型	大（2）型		小（1）型	小（2）型
合　计	1750.65	268.30	508.37	553.05	271.47	149.46
松花江区	66.26	8.68	26.86	18.05	9.82	2.85
辽河区	51.21	17.91	21.95	7.37	3.42	0.57
海河区	71.81	29.95	20.94	17.43	2.83	0.65
黄河区	130.64	19.67	74.83	24.61	10.20	1.32
淮河区	88.14	22.09	33.46	19.38	7.34	5.87
长江区	635.78	132.97	130.33	188.66	108.14	75.69
东南诸河区	112.37	5.48	34.37	35.67	23.86	12.98
珠江区	345.15	31.53	59.77	135.85	74.84	43.17
西南诸河区	20.18		1.17	9.07	6.41	3.53
西北诸河区	229.11	0.03	104.69	96.96	24.61	2.82

3-1-43 已建和在建水库工程 2011 年实际供水量

单位：亿 m³

水资源一级区	合计	已建	在建
合　计	1750.65	1728.51	22.14
松花江区	66.26	62.89	3.37
辽河区	51.21	50.79	0.42
海河区	71.81	71.05	0.76
黄河区	130.64	130.02	0.61
淮河区	88.14	88.03	0.10
长江区	635.78	627.57	8.21
东南诸河区	112.37	110.25	2.12
珠江区	345.15	344.88	0.27
西南诸河区	20.18	19.83	0.35
西北诸河区	229.11	223.19	5.93

（三）重要河流*水库工程基本情况

3-1-44　水库工程主要指标

河流名称	数量/座	总库容/亿 m³	兴利库容/亿 m³	防洪库容/亿 m³	设计灌溉面积/亿亩	设计供水量/亿 m³	2011年实际供水量/亿 m³
松花江	42	104.60	68.79	31.38	0.05	48.06	2.54
洮儿河	11	14.84	11.77	3.35	0.01	5.59	3.30
霍林河	9	2.64	1.71	0.17	0.00	0.44	0.27
雅鲁河	2	0.04	0.02	0.02	0.00	0.03	0.00
诺敏河							
第二松花江	47	180.67	93.02	38.71	0.03	19.14	0.04
呼兰河	35	2.26	1.42	0.61	0.00	2.81	2.16
拉林河	21	5.36	3.30	0.36	0.00	3.37	2.81
牡丹江	30	43.05	15.67	0.32	0.00	0.29	0.11
辽河	17	7.32	2.86	1.43	0.01	3.91	0.04
乌力吉木仁河	6	1.69	0.59	0.48	0.00	0.94	0.84
老哈河	5	25.68	3.18	0.00	0.02	3.23	0.10
东辽河	26	19.67	7.86	4.72	0.00	3.27	2.79
绕阳河	7	0.66	0.27	0.00	0.00	0.09	0.03
浑河	17	23.94	13.82	8.14	0.02	12.01	14.09
大凌河	17	19.92	10.58	3.93	0.01	3.39	0.76
滦河	43	35.35	22.62	7.66	0.00	42.04	13.43
潮白河	6	45.74	36.32	9.99	0.05	16.56	4.77
潮白新河	4	1.51	1.06	0.00	0.00	0.08	0.06
永定河	30	48.70	3.54	2.18	0.01	2.11	1.40
洋河	3	1.75	0.77	0.67	0.01	1.06	0.87
唐河	16	11.55	5.27	3.23	0.01	3.84	1.62
拒马河	3	0.02	0.01	0.00	0.00	0.00	0.00
滹沱河	34	17.76	8.13	5.76	0.00	5.98	4.67
滏阳河	8	1.64	1.46	0.01	0.00	1.43	1.22
漳河	23	4.67	1.27	3.42	0.00	1.19	0.46
卫河	2	0.26	0.19	0.10	0.00	0.08	0.05
黄河	140	624.90	330.22	189.76	0.08	112.93	90.47
洮河	18	10.21	5.92	1.45	0.00	2.64	0.32
湟水-大通河	22	17.65	6.71	1.81	0.00	7.73	0.03
湟水	1	0.29	0.17	0.12	0.00	0.00	0.00

* 见附录 C。

续表

河流名称	数量/座	总库容/亿 m³	兴利库容/亿 m³	防洪库容/亿 m³	设计灌溉面积/亿亩	设计供水量/亿 m³	2011年实际供水量/亿 m³
无定河	19	9.98	3.65	0.15	0.00	2.07	0.08
汾 河	17	9.38	3.34	1.42	0.03	5.95	5.00
渭 河	27	0.20	0.14	0.00	0.00	0.15	0.06
泾 河	19	0.68	0.39	0.23	0.02	9.78	3.57
北洛河	12	0.14	0.07	0.00	0.00	0.03	0.01
洛 河	12	12.10	5.23	4.78	0.00	1.59	0.00
沁 河	9	4.53	3.34	0.69	0.00	2.69	0.48
大汶河	121	40.89	11.91	15.63	0.00	1.64	0.38
淮河干流洪泽湖以上段	138	123.08	0.94	0.31	0.00	0.92	0.46
洪汝河	8	23.61	4.42	10.54	0.01	3.17	0.67
史 河	146	23.16	9.97	5.08	0.04	12.80	9.45
淠 河	153	13.52	5.81	4.07	0.03	12.07	9.45
沙颍河	9	16.41	4.72	6.57	0.02	5.53	3.88
茨淮新河							
涡 河							
怀洪新河	7	0.04	0.01	0.02	0.00	0.02	0.01
淮河入海水道							
入江水道白马湖-高宝湖淮河区段	10	0.02	0.01	0.00	0.00	0.02	0.01
沂 河	70	6.88	3.58	1.36	0.01	0.29	0.34
沭 河	119	5.77	3.56	1.55	0.01	1.53	0.87
长 江	582	693.58	323.95	287.07	0.01	36.29	20.19
雅砻江	7	144.31	83.11	1.18	0.00	0.69	0.66
岷江-大渡河	63	91.88	47.42	7.38	0.00	0.75	0.66
岷 江	62	17.19	9.14	1.74	0.14	100.39	100.21
嘉陵江	417	106.16	26.57	15.90	0.04	15.29	0.72
渠 江	295	7.64	4.59	0.67	0.00	9.74	9.42
涪 江	230	13.36	6.95	2.84	0.03	8.48	6.33
乌江-六冲河	119	192.63	93.72	10.26	0.00	0.54	0.27
汉 江	239	388.70	189.00	114.60	0.07	117.39	17.00
丹 江	24	1.93	0.85	0.01	0.00	0.34	0.08
唐白河	77	14.03	8.01	3.02	0.02	7.97	0.48
湘 江	625	48.18	19.50	4.76	0.01	8.73	6.73
资 水	448	44.33	24.66	10.78	0.00	1.64	1.06

续表

河流名称	数量 /座	总库容 /亿 m³	兴利库容 /亿 m³	防洪库容 /亿 m³	设计灌溉 面积 /亿亩	设计 供水量 /亿 m³	2011 年 实际供水量 /亿 m³
沅　江	282	127.59	58.30	18.70	0.00	2.16	1.21
赣　江	291	39.33	13.08	16.65	0.01	2.96	1.96
抚　河	237	6.50	2.66	3.17	0.02	43.26	45.01
信　江	290	6.82	4.09	1.36	0.01	4.05	2.26
钱塘江	139	9.90	1.55	1.09	0.00	3.89	2.19
新安江	83	216.55	102.85	9.51	0.00	0.17	0.09
瓯　江	53	16.97	6.11	0.02	0.00	0.55	0.23
闽　江	90	36.82	14.22	1.21	0.00	1.22	1.23
富屯溪-金溪	30	11.60	7.14	0.71	0.00	0.08	0.06
建　溪	39	2.70	1.50	0.06	0.00	0.31	0.16
九龙江	58	7.21	3.65	0.21	0.00	0.19	0.13
西　江	273	400.75	194.57	71.88	0.02	19.68	2.24
北盘江	41	46.03	23.45	0.41	0.00	1.22	1.08
柳　江	68	45.75	4.19	2.40	0.00	2.88	0.44
郁　江	180	144.07	38.57	21.54	0.01	4.14	1.03
桂　江	68	11.30	1.50	1.02	0.00	2.11	1.32
贺　江	83	9.75	5.17	0.85	0.00	10.64	3.94
北　江	198	33.95	6.73	18.21	0.00	5.64	1.76
东　江	266	26.46	16.35	3.00	0.00	8.11	6.79
韩　江	163	1.85	1.24	0.08	0.01	5.74	1.30
南渡江	55	35.47	22.00	0.00	0.02	16.65	7.32
石羊河	3	1.33	0.84	0.75	0.01	3.62	3.36
黑　河	35	2.13	1.90	0.22	0.01	2.02	1.77
疏勒河	15	4.16	2.40	2.56	0.02	14.00	11.49
柴达木河 格尔木河	5	3.05	1.63	1.98	0.00	1.50	0.00
奎屯河	14	0.27	0.22	0.02	0.00	0.70	0.45
玛纳斯河	15	6.97	5.09	1.10	0.09	13.93	10.99
孔雀河	6	1.50	0.87	0.02	0.01	2.50	1.66
开都河	5	2.83	0.81	0.92	0.00	0.00	0.00
塔里木河	38	15.19	13.55	0.01	0.08	30.38	23.38
木扎尔特河- 渭干河	5	8.32	4.71	3.31	0.04	23.01	29.89
和田河	11	4.49	3.29	0.23	0.03	16.13	15.97

二、5 级及以上堤防

（一）各地区堤防基本情况

3-2-1 堤 防 主 要 指 标

单位：km

地 区	堤防长度	达标长度
合 计	275531	169773
北 京	1408	1293
天 津	2161	677
河 北	10276	4079
山 西	5834	4171
内蒙古	5572	3687
辽 宁	11805	9353
吉 林	6896	3556
黑龙江	12292	3661
上 海	1952	1628
江 苏	49567	39193
浙 江	17441	13804
安 徽	21073	11823
福 建	3751	2919
江 西	7601	3211
山 东	23239	15796
河 南	18587	11741
湖 北	17465	4696
湖 南	11794	3460
广 东	22130	11962
广 西	1941	1056
海 南	436	375
重 庆	1109	812
四 川	3856	3298
贵 州	1362	1240
云 南	4702	3332
西 藏	693	574
陕 西	3682	2707
甘 肃	3192	2622
青 海	592	514
宁 夏	769	734
新 疆	2353	1799

3-2-2　按堤防类型分的堤防长度

单位：km

地　区	合　计	河（江）堤	湖堤	海堤	围（圩、圈）堤
合　　计	275531	229378	5631	10124	30398
北　京	1408	1408			
天　津	2161	2045		116	
河　北	10276	9789	191	248	47
山　西	5834	5772	60		2
内蒙古	5572	5441	126		5
辽　宁	11805	11270		502	33
吉　林	6896	6804			92
黑龙江	12292	12184	70		37
上　海	1952	1399	30	524	
江　苏	49567	26441	1224	959	20942
浙　江	17441	13029	61	2695	1656
安　徽	21073	17879	981		2214
福　建	3751	2356		1392	3
江　西	7601	6232	570		798
山　东	23239	22153	210	649	227
河　南	18587	18444			144
湖　北	17465	15107	1272		1087
湖　南	11794	10341	779		675
广　东	22130	17494		2525	2112
广　西	1941	1358		379	205
海　南	436	286		137	12
重　庆	1109	1098			11
四　川	3856	3845	7		4
贵　州	1362	1362			
云　南	4702	4651	51		
西　藏	693	693			
陕　西	3682	3682			
甘　肃	3192	3192			
青　海	592	592			
宁　夏	769	741			28
新　疆	2353	2289			64

3-2-3　按堤防级别分的堤防长度

单位：km

地　区	合　计	1 级	2 级	3 级	4 级	5 级
合　　计	275531	10792	27267	32671	95524	109277
北　京	1408	122	394	156	638	99
天　津	2161	385	865	159	751	
河　北	10276	625	2114	1902	2494	3140
山　西	5834	161	381	499	2354	2440
内蒙古	5572	283	1381	1578	1599	731
辽　宁	11805	737	1566	482	2270	6749
吉　林	6896	186	1241	776	3075	1617
黑龙江	12292	188	751	1210	5763	4380
上　海	1952	841	62	458	549	42
江　苏	49567	1259	3917	5177	12122	27092
浙　江	17441	277	750	2245	10310	3859
安　徽	21073	1101	1625	2627	7364	8357
福　建	3751	126	92	728	1677	1128
江　西	7601	67	282	239	2831	4182
山　东	23239	1337	3330	1543	11661	5368
河　南	18587	933	784	326	6528	10016
湖　北	17465	542	2746	2706	4013	7458
湖　南	11794	446	1734	2170	3121	4324
广　东	22130	563	2110	5005	8054	6399
广　西	1941		149	22	836	935
海　南	436	30	5	47	186	166
重　庆	1109	1	38	155	457	458
四　川	3856	84	94	568	1734	1377
贵　州	1362	104	71	96	346	744
云　南	4702	38	34	379	1242	3009
西　藏	693	13	65	373	95	148
陕　西	3682	255	242	614	1174	1397
甘　肃	3192	86	207	44	685	2170
青　海	592		127	89	287	89
宁　夏	769			82	553	134
新　疆	2353	2	108	217	755	1271

注　1 级：防洪（潮）（重现期）≥100 年；2 级：50 年≤防洪（潮）（重现期）<100 年；3 级：30年≤防洪（潮）（重现期）<50 年；4 级：20 年≤防洪（潮）（重现期）<30 年；5 级：10 年≤防洪（潮）（重现期）<20 年；5 级以下：防洪（潮）（重现期）<10 年。

3-2-4 已建和在建堤防长度

单位：km

地 区	合 计	已 建	在 建
合 计	275531	267568	7963
北 京	1408	1408	
天 津	2161	2159	2
河 北	10276	10118	158
山 西	5834	5700	135
内蒙古	5572	5219	353
辽 宁	11805	11557	248
吉 林	6896	6728	168
黑龙江	12292	12001	291
上 海	1952	1952	
江 苏	49567	49325	242
浙 江	17441	16323	1117
安 徽	21073	20888	186
福 建	3751	3553	198
江 西	7601	7178	423
山 东	23239	22532	707
河 南	18587	18417	170
湖 北	17465	17317	148
湖 南	11794	11503	291
广 东	22130	20916	1214
广 西	1941	1525	416
海 南	436	403	32
重 庆	1109	903	206
四 川	3856	3695	160
贵 州	1362	1242	120
云 南	4702	4517	185
西 藏	693	681	12
陕 西	3682	3459	223
甘 肃	3192	2934	258
青 海	592	507	85
宁 夏	769	749	20
新 疆	2353	2159	194

3-2-5　按建设时间分的堤防长度

单位：km

地　区	合计	1949 年以前	50 年代	60 年代	70 年代	80 年代	90 年代	2000 年至时点
合　计	275531	12580	43138	36734	52313	22348	33463	74955
北　京	1408			74	123	99	523	588
天　津	2161	573	375	259	609	33	138	172
河　北	10276	884	1806	2469	2383	700	472	1561
山　西	5834	83	263	335	994	586	1400	2173
内蒙古	5572	459	1008	638	338	221	865	2042
辽　宁	11805	628	1090	472	761	2149	2313	4392
吉　林	6896	750	1250	1251	676	632	500	1837
黑龙江	12292	447	1039	1838	1364	2081	2649	2873
上　海	1952					29	465	1458
江　苏	49567	1509	7886	7008	12187	4182	8541	8253
浙　江	17441	331	592	725	1106	996	3400	10291
安　徽	21073	1145	5261	3297	4940	1314	2003	3112
福　建	3751	85	273	527	600	237	447	1581
江　西	7601	207	1402	1886	1763	533	356	1453
山　东	23239	1286	3421	3919	6328	2011	2320	3954
河　南	18587	546	3025	3314	4137	2377	1554	3636
湖　北	17465	2514	4066	3088	5807	519	440	1033
湖　南	11794	32	3919	1615	2515	947	1013	1753
广　东	22130	832	5834	3162	3800	1020	914	6568
广　西	1941	78	233	111	266	68	144	1042
海　南	436	2	4	20	70	25	65	250
重　庆	1109	2	1	2		23	82	999
四　川	3856		9	49	512	298	691	2298
贵　州	1362		15	12	2	14	189	1129
云　南	4702	173	218	353	400	440	648	2470
西　藏	693				7	1	82	603
陕　西	3682		39	204	440	386	394	2219
甘　肃	3192	13	78	33	104	143	280	2541
青　海	592				7	4	58	524
宁　夏	769				25	7	55	681
新　疆	2353		31	73	45	274	463	1466

3-2-6　按堤防材料分的堤防长度

单位：km

地　区	合计①	土堤	砌石堤	土石混合堤	钢筋混凝土防洪墙
合　计	275531	212241	38860	35925	8344
北　京	1408	1135	123	187	10
天　津	2161	1792	343	90	32
河　北	10276	8785	1327	656	307
山　西	5834	1863	3775	745	141
内蒙古	5572	4778	278	398	154
辽　宁	11805	8155	1786	2044	346
吉　林	6896	5749	744	577	53
黑龙江	12292	12150	50	89	111
上　海	1952	737	569	529	247
江　苏	49567	44817	3018	4026	1131
浙　江	17441	7939	5262	8137	978
安　徽	21073	19742	449	1020	319
福　建	3751	1660	1145	1132	153
江　西	7601	6524	587	694	319
山　东	23239	21026	1598	1203	131
河　南	18587	17417	846	422	67
湖　北	17465	16592	518	991	232
湖　南	11794	9991	1768	793	237
广　东	22130	16409	2866	4116	1957
广　西	1941	1093	431	552	163
海　南	436	163	186	127	27
重　庆	1109	17	744	247	177
四　川	3856	156	2115	1467	338
贵　州	1362	18	1193	138	25
云　南	4702	1173	2553	1351	81
西　藏	693		486	142	174
陕　西	3682	962	2178	563	61
甘　肃	3192	578	603	2059	35
青　海	592	25	385	129	69
宁　夏	769	346	170	250	
新　疆	2353	448	763	1054	272

① 一些堤防由多种材料构成，因此土堤、砌石堤、土石混合堤、钢筋混凝土墙等之间有重复计算，分项加总数量大于合计数量。

3-2-7 按堤防类型分的堤防达标长度

单位：km

地　区	合计	河（江）堤	湖堤	海堤	围（圩、圈）堤
合　计	169773	137702	2371	6950	22750
北　京	1293	1293			
天　津	677	677			
河　北	4079	3927		128	24
山　西	4171	4129	40		2
内蒙古	3687	3686			1
辽　宁	9353	8955		365	33
吉　林	3556	3532			23
黑龙江	3661	3587	45		29
上　海	1628	1314	30	284	
江　苏	39193	20397	1023	832	16941
浙　江	13804	9580	61	2568	1595
安　徽	11823	10350	358		1115
福　建	2919	1931		985	3
江　西	3211	2600	139		473
山　东	15796	14980	210	507	98
河　南	11741	11649			91
湖　北	4696	4105	223		368
湖　南	3460	3091	188		181
广　东	11962	9334		1018	1610
广　西	1056	855		136	65
海　南	375	247		127	1
重　庆	812	812			
四　川	3298	3288	7		4
贵　州	1240	1240			
云　南	3332	3283	49		
西　藏	574	574			
陕　西	2707	2707			
甘　肃	2622	2622			
青　海	514	514			
宁　夏	734	707			28
新　疆	1799	1735			64

3-2-8 按堤防级别分的堤防达标长度

单位：km

地 区	合计	1级	2级	3级	4级	5级
合 计	169773	8801	20390	21263	58077	61242
北 京	1293	120	394	156	526	98
天 津	677	223	311	8	135	
河 北	4079	244	1252	952	805	827
山 西	4171	145	307	426	1544	1749
内蒙古	3687	228	905	1116	1091	348
辽 宁	9353	729	1465	418	1586	5155
吉 林	3556	172	1103	136	1227	917
黑龙江	3661	138	590	234	1734	964
上 海	1628	602	62	399	542	23
江 苏	39193	1158	3630	4076	8773	21556
浙 江	13804	269	689	2002	8201	2644
安 徽	11823	1054	1537	1899	3914	3418
福 建	2919	126	85	571	1339	799
江 西	3211	67	266	98	1781	999
山 东	15796	1073	2738	1207	7372	3407
河 南	11741	786	556	285	4540	5574
湖 北	4696	295	1020	938	1069	1374
湖 南	3460	296	774	649	784	957
广 东	11962	487	1739	3377	4605	1754
广 西	1056		119	22	433	482
海 南	375	30	5	43	169	128
重 庆	812	1	34	98	302	378
四 川	3298	84	89	522	1465	1136
贵 州	1240	104	65	89	309	673
云 南	3332	28	34	307	994	1967
西 藏	574	13	64	316	85	96
陕 西	2707	241	165	561	758	983
甘 肃	2622	86	192	36	635	1673
青 海	514		103	66	261	83
宁 夏	734			82	538	114
新 疆	1799	2	97	174	560	966

3-2-9 按建设时间分的堤防达标长度

单位：km

地　区	合计	1949年以前	50年代	60年代	70年代	80年代	90年代	2000年至时点
合　计	169773	6438	21575	17736	26176	12797	23911	61140
北　京	1293				122	90	415	666
天　津	677	145	59	100	148	33	60	130
河　北	4079	477	596	941	714	217	176	958
山　西	4171	47	84	141	673	369	946	1911
内蒙古	3687	188	656	436	96	119	550	1642
辽　宁	9353	352	193	240	674	1749	2139	4005
吉　林	3556	239	671	424	249	145	348	1480
黑龙江	3661	130	352	320	390	241	689	1539
上　海	1628					29	465	1134
江　苏	39193	1142	6206	5158	9020	3082	7250	7335
浙　江	13804	277	454	361	617	784	2723	8590
安　徽	11823	392	3061	1567	2206	597	1411	2589
福　建	2919	50	227	314	368	165	333	1463
江　西	3211	97	442	760	647	259	127	879
山　东	15796	939	2531	2407	3813	1515	1457	3134
河　南	11741	375	1457	1961	2563	1591	1096	2697
湖　北	4696	951	909	697	1025	219	277	618
湖　南	3460		852	333	585	95	429	1166
广　东	11962	528	2523	1170	1345	581	626	5189
广　西	1056	4	97	42	30	14	103	767
海　南	375	2	4	18	51	24	55	223
重　庆	812	2	1	2		16	57	735
四　川	3298		9	42	408	211	559	2069
贵　州	1240		5	12	2	14	183	1022
云　南	3332	89	112	112	150	248	437	2184
西　藏	574				7	1	76	491
陕　西	2707		7	114	157	204	253	1974
甘　肃	2622	13	63	32	66	87	219	2142
青　海	514				1	4	58	451
宁　夏	734				23	7	23	681
新　疆	1799		5	35	24	88	371	1277

3-2-10　按堤防材料分的堤防达标长度

单位：km

地　区	合计	土堤	砌石堤	土石混合堤	钢筋混凝土防洪墙
合　计	169773	119265	30279	26197	6967
北　京	1293	1044	105	182	10
天　津	677	413	255	90	4
河　北	4079	3270	661	221	143
山　西	4171	1022	2909	399	99
内蒙古	3687	3058	228	278	138
辽　宁	9353	6119	1644	1672	316
吉　林	3556	2635	592	439	52
黑龙江	3661	3620	29	11	99
上　海	1628	705	516	289	247
江　苏	39193	34850	2842	3573	984
浙　江	13804	5662	3943	6578	899
安　徽	11823	11080	283	521	286
福　建	2919	1060	1062	949	150
江　西	3211	2683	281	278	221
山　东	15796	14254	1049	829	131
河　南	11741	10743	719	318	45
湖　北	4696	4143	317	384	207
湖　南	3460	2356	817	357	133
广　东	11962	7692	2179	2745	1558
广　西	1056	484	297	321	138
海　南	375	134	154	109	20
重　庆	812	14	573	159	112
四　川	3298	91	1810	1226	307
贵　州	1240	9	1100	122	20
云　南	3332	617	2013	882	70
西　藏	574		373	142	167
陕　西	2707	545	1747	402	57
甘　肃	2622	432	579	1618	30
青　海	514	2	365	93	69
宁　夏	734	327	170	235	
新　疆	1799	202	669	774	254

（二）重要河流堤防基本情况

3-2-11 堤防主要指标

单位：km

河流名称	堤防长度	1级堤防	2级堤防	3级堤防	达标长度
松花江	2248	124	583	41	1284
洮儿河	521	6	17	345	108
霍林河	150		68	68	143
雅鲁河	274		34	12	181
诺敏河	115				83
第二松花江	670	95	488	10	580
呼兰河	392		5	128	135
拉林河	360			185	
牡丹江	164	19	20	41	77
辽 河	1428	456	612	302	1063
乌力吉木仁河	328			241	214
老哈河	122				40
东辽河	476			252	170
绕阳河	334		254	47	276
浑 河	720	110	488	13	648
大凌河	173	5	18		61
滦 河	262		43	97	119
潮白河	225		180		193
潮白新河	202		202		53
永定河	611	377	106	44	484
洋 河	172		71	2	117
唐 河	179			48	17
拒马河					
滹沱河	620	117	143	47	415
滏阳河	594	17	9	160	141
漳 河	221		100	102	212
卫 河	536		353		332
黄 河	4038	1850	482	720	3505
洮 河	53				49
湟水-大通河	3				3
湟 水	147		54	19	145
无定河	41			12	37

续表

河流名称	堤防长度	1级堤防	2级堤防	3级堤防	达标长度
汾　河	1004	96	151	74	834
渭　河	791	162	171	81	650
泾　河	122		46	11	117
北洛河	47		8	37	47
洛　河	231	49	29		186
沁　河	234	59	123	3	175
大汶河	387	81	47	18	297
淮河干流洪泽湖以上段	1320	346	144	273	1213
洪汝河	669			58	648
史　河	223			56	108
潢　河	331		40	64	80
沙颍河	973	136	250		956
茨淮新河	266		266		266
涡　河	940	218		236	862
怀洪新河	329		262	27	312
淮河入海水道	444	213	100		434
入江水道白马湖-高宝湖淮河区段	129	1	60	35	124
沂　河	423		237	91	335
沭　河	385		229	80	337
长　江	6266	1136	2475	931	4680
雅砻江	11			2	9
岷江-大渡河	146		2	9	146
岷　江	311		19	42	201
嘉陵江	137		13	28	113
渠　江	31			15	30
涪　江	218		34	80	203
乌江-六冲河	28			7	17
汉　江	1523	113	991	123	326
丹　江	71			16	68
唐白河	339			85	199
湘　江	770	269	111	114	324
资　水	148		39	14	52

续表

河流名称	堤防长度	1级堤防	2级堤防	3级堤防	达标长度
沅 江	307	20	53	12	125
赣 江	886	45	160	61	574
抚 河	396		26		249
信 江	521		15	18	312
钱塘江	1151	158	192	74	981
新安江	60			12	60
瓯 江	239		36	89	220
闽 江	176	39	3	35	168
富屯溪-金溪	15			6	15
建 溪	55		7	6	53
九龙江	143	4		80	62
西 江	826	4	73	224	621
北盘江	33			20	15
柳 江	52		25	5	50
郁 江	192		65		110
桂 江	43			7	39
贺 江	61			5	19
北 江	353	58	104	79	320
东 江	410		34	233	197
韩 江	360	12	37	25	241
南渡江	55	15		27	50
石羊河	36		1		34
黑 河	154		13	11	56
疏勒河	48		1		38
柴达木河	44				44
格尔木河	24		24		
奎屯河	53		24	3	51
玛纳斯河	36			31	28
孔雀河	20		11		20
开都河	36				36
塔里木河	420			3	396
木扎尔特河-渭干河	29			3	24
和田河	93			2	33

三、规模以上水电站

（一）各地区水电站基本情况

3-3-1　水电站主要指标

地　　区	数量 /座	装机容量 /万 kW	多年平均发电量 /（亿 kW·h）	2011 年实际发电量 /（亿 kW·h）
合　　计	22179	32728.05	11566.35	6572.96
北　　京	29	103.73	5.84	4.36
天　　津	1	0.58	0.10	0.13
河　　北	123	183.73	15.87	12.21
山　　西	97	305.99	67.14	46.09
内 蒙 古	34	131.97	2.66	1.67
辽　　宁	116	269.33	65.35	43.06
吉　　林	188	441.66	83.50	80.25
黑 龙 江	70	130.02	27.96	15.34
上　　海				
江　　苏	28	264.19	13.42	12.45
浙　　江	1419	953.36	182.78	146.75
安　　徽	339	279.16	53.13	24.96
福　　建	2463	1184.23	353.78	266.66
江　　西	1357	415.00	110.22	77.83
山　　东	47	106.81	2.50	3.04
河　　南	200	413.14	77.19	99.36
湖　　北	936	3671.46	1347.35	1177.85
湖　　南	2240	1480.13	462.45	316.05
广　　东	3397	1330.82	330.30	209.97
广　　西	1506	1592.13	584.31	412.87
海　　南	204	76.11	19.88	22.07
重　　庆	704	643.55	207.24	127.32
四　　川	2736	7541.55	3310.02	1304.76
贵　　州	792	2023.88	714.90	355.58
云　　南	1591	5694.90	2371.74	969.04
西　　藏	110	129.72	27.12	19.26
陕　　西	389	317.77	100.10	89.19
甘　　肃	572	877.35	355.31	269.62
青　　海	196	1563.67	492.99	331.28
宁　　夏	3	42.59	15.02	17.71
新　　疆	292	559.51	166.18	116.23

3-3-2 按工程规模分的水电站工程数量

单位：座

地　区	合计	大型水电站		中型水电站	小型水电站	
		大（1）型	大（2）型		小（1）型	小（2）型
合　计	22179	56	86	477	1684	19876
北　京	29		1	2	1	25
天　津	1					1
河　北	123		1	2	8	112
山　西	97	1	2	1	4	89
内蒙古	34	1			4	29
辽　宁	116	1	1	7	7	100
吉　林	188	1	1	6	14	166
黑龙江	70		1	3	14	52
上　海						
江　苏	28	1	1	1		25
浙　江	1419	2	5	6	77	1329
安　徽	339		2	4	15	318
福　建	2463	2	3	21	129	2308
江　西	1357		3	3	45	1306
山　东	47		1			46
河　南	200	2	1	3	6	188
湖　北	936	5	4	19	81	827
湖　南	2240	2	5	36	109	2088
广　东	3397	3	1	13	81	3299
广　西	1506	2	6	25	82	1391
海　南	204			3	3	198
重　庆	704	1	3	13	54	633
四　川	2736	10	16	136	344	2230
贵　州	792	4	11	20	64	693
云　南	1591	11	5	76	354	1145
西　藏	110		1	5	4	100
陕　西	389		1	4	33	351
甘　肃	572	1	4	35	79	453
青　海	196	6	2	8	31	149
宁　夏	3		1	1		1
新　疆	292		3	24	41	224

注　大（1）型水电站：装机容量≥120万kW；大（2）型水电站：30万kW≤装机容量<120万kW；
　　中型水电站：5万kW≤装机容量<30万kW；小（1）型水电站：1万kW≤装机容量<5万kW；
　　小（2）型水电站：装机容量<1万kW。

3-3-3 按水电站类型分的水电站工程数量

单位：座

地 区	合计	闸坝式	引水式	混合式	抽水蓄能
合 计	22179	3310	16403	2438	28
北 京	29	2	24	1	2
天 津	1	1			
河 北	123	30	86	5	2
山 西	97	14	74	8	1
内蒙古	34	15	18		1
辽 宁	116	52	56	7	1
吉 林	188	57	111	20	
黑龙江	70	32	33	5	
上 海					
江 苏	28	20	3	2	3
浙 江	1419	133	794	489	3
安 徽	339	78	176	82	3
福 建	2463	322	1588	552	1
江 西	1357	222	950	185	
山 东	47	29	13	4	1
河 南	200	40	154	4	2
湖 北	936	216	653	65	2
湖 南	2240	440	1681	118	1
广 东	3397	531	2445	418	3
广 西	1506	311	1125	70	
海 南	204	42	125	37	
重 庆	704	71	532	101	
四 川	2736	233	2424	78	1
贵 州	792	149	604	39	
云 南	1591	122	1409	60	
西 藏	110	22	87		1
陕 西	389	40	320	29	
甘 肃	572	30	519	23	
青 海	196	34	153	9	
宁 夏	3	2	1		
新 疆	292	20	245	27	

3-3-4　已建和在建水电站工程数量

单位：座

地　区	合　计	已　建	在　建
合　计	22179	20855	1324
北　京	29	29	
天　津	1	1	
河　北	123	110	13
山　西	97	76	21
内蒙古	34	30	4
辽　宁	116	105	11
吉　林	188	155	33
黑龙江	70	61	9
上　海			
江　苏	28	25	3
浙　江	1419	1388	31
安　徽	339	327	12
福　建	2463	2451	12
江　西	1357	1326	31
山　东	47	44	3
河　南	200	195	5
湖　北	936	894	42
湖　南	2240	2143	97
广　东	3397	3363	34
广　西	1506	1425	81
海　南	204	194	10
重　庆	704	636	68
四　川	2736	2461	275
贵　州	792	725	67
云　南	1591	1416	175
西　藏	110	106	4
陕　西	389	313	76
甘　肃	572	437	135
青　海	196	174	22
宁　夏	3	3	
新　疆	292	242	50

3-3-5　按建设时间分的水电站工程数量

单位：座

地　区	合计	1949 年以前	50 年代	60 年代	70 年代	80 年代	90 年代	2000 年至时点
合　计	22179	13	99	409	2100	2823	3553	13182
北　京	29		1	2	11	14	1	
天　津	1					1		
河　北	123		1	3	26	33	21	39
山　西	97		1	4	18	21	15	38
内蒙古	34		2	1	7	3	8	13
辽　宁	116	1	2	2	25	17	18	51
吉　林	188	1	2	4	33	43	18	87
黑龙江	70	1	1	3	13	20	9	23
上　海								
江　苏	28		3	3	7	5	4	6
浙　江	1419		6	37	104	143	325	804
安　徽	339		4	5	9	34	57	230
福　建	2463	1	1	16	178	283	466	1518
江　西	1357	2	11	31	140	138	129	906
山　东	47			1	19	9	3	15
河　南	200		2	6	43	29	26	94
湖　北	936		3	23	119	217	159	415
湖　南	2240		11	40	241	212	200	1536
广　东	3397		12	39	383	556	761	1646
广　西	1506		3	32	154	158	159	1000
海　南	204		1	6	45	44	21	87
重　庆	704	4	3	23	56	105	87	426
四　川	2736	2	14	62	153	306	497	1702
贵　州	792		2	20	70	96	82	522
云　南	1591		7	20	129	200	246	989
西　藏	110			1	5	20	25	59
陕　西	389		3	5	23	19	85	254
甘　肃	572		2	8	36	21	35	470
青　海	196	1		3	11	16	35	130
宁　夏	3			1		1		1
新　疆	292		1	8	42	59	61	121

3-3-6 按水头等级分的水电站工程数量

单位：座

地　区	合　计	高水头电站	中水头电站	低水头电站
合　计	22179	3258	10293	8628
北　京	29	1	5	23
天　津	1			1
河　北	123	1	33	89
山　西	97	4	31	62
内蒙古	34	1	4	29
辽　宁	116	1	5	110
吉　林	188	5	40	143
黑龙江	70		13	57
上　海				
江　苏	28	2	1	25
浙　江	1419	247	711	461
安　徽	339	19	154	166
福　建	2463	286	1303	874
江　西	1357	102	563	692
山　东	47	1		46
河　南	200	5	54	141
湖　北	936	143	510	283
湖　南	2240	275	968	997
广　东	3397	470	1702	1225
广　西	1506	278	611	617
海　南	204	15	82	107
重　庆	704	161	356	187
四　川	2736	724	1190	822
贵　州	792	78	358	356
云　南	1591	382	911	298
西　藏	110	5	44	61
陕　西	389	21	204	164
甘　肃	572	22	258	292
青　海	196	2	69	125
宁　夏	3			3
新　疆	292	7	113	172

注　高水头电站：额定水头≥200m 的水电站；中水头电站：40m≤额定水头<200m 的水电站；低水头
电站：额定水头<40m 的水电站。

3-3-7　按工程规模分的水电站装机容量

单位：万 kW

地　区	合　计	大型水电站		中型水电站	小型水电站	
		大（1）型	大（2）型		小（1）型	小（2）型
合　计	32728.05	15485.50	5178.46	5242.00	3461.38	3360.68
北　京	103.73		80.00	17.27	3.75	2.71
天　津	0.58					0.58
河　北	183.73		100.00	43.96	18.33	21.44
山　西	305.99	120.00	150.00	12.80	6.33	16.86
内蒙古	131.97	120.00			4.99	6.98
辽　宁	269.33	120.00	31.50	81.95	19.41	16.47
吉　林	441.66	180.00	100.25	97.00	32.20	32.20
黑龙江	130.02		55.00	37.60	28.38	9.04
上　海						
江　苏	264.19	150.00	100.00	10.00		4.19
浙　江	953.36	300.00	243.50	61.38	150.96	197.53
安　徽	279.16		160.00	34.00	38.50	46.66
福　建	1184.23	260.00	120.00	182.40	280.86	340.97
江　西	415.00		131.30	19.20	93.00	171.50
山　东	106.81		100.00			6.81
河　南	413.14	300.00	41.00	32.00	7.50	32.64
湖　北	3671.46	2947.50	234.00	169.00	176.63	144.33
湖　南	1480.13	240.00	345.25	371.44	213.04	310.40
广　东	1330.82	608.00	35.50	119.50	172.71	395.12
广　西	1592.13	611.00	319.70	253.10	152.97	255.36
海　南	76.11			40.00	5.10	31.01
重　庆	643.55	175.00	140.00	115.30	109.17	104.08
四　川	7541.55	3773.00	1005.74	1587.85	728.89	446.06
贵　州	2023.88	677.00	832.30	240.15	135.63	138.80
云　南	5694.90	3571.00	296.50	819.28	694.31	313.81
西　藏	129.72		51.00	53.45	9.08	16.19
陕　西	317.77		85.25	74.70	71.96	85.86
甘　肃	877.35	135.00	139.57	329.48	150.65	122.66
青　海	1563.67	1198.00	138.00	133.05	62.64	31.98
宁　夏	42.59		30.20	12.03		0.36
新　疆	559.51		112.90	294.10	94.40	58.11

3-3-8 按水电站类型分的水电站装机容量

单位：万 kW

地　区	合计	闸坝式	引水式	混合式	抽水蓄能
合　计	32728.05	18086.60	8197.95	3910.97	2532.50
北　京	103.73	0.14	13.14	0.40	90.05
天　津	0.58	0.58			
河　北	183.73	26.32	23.89	5.51	128.00
山　西	305.99	164.82	16.37	4.79	120.00
内蒙古	131.97	5.89	6.09		120.00
辽　宁	269.33	93.60	42.94	12.80	120.00
吉　林	441.66	143.75	27.05	270.86	
黑龙江	130.02	46.99	74.32	8.71	
上　海					
江　苏	264.19	2.91	0.27	1.00	260.00
浙　江	953.36	292.86	174.96	177.54	308.00
安　徽	279.16	46.58	37.56	27.03	168.00
福　建	1184.23	436.42	266.03	361.78	120.00
江　西	415.00	243.41	124.92	46.66	
山　东	106.81	3.59	2.80	0.42	100.00
河　南	413.14	73.32	206.95	0.87	132.00
湖　北	3671.46	3312.52	164.21	67.74	127.00
湖　南	1480.13	866.05	411.28	82.80	120.00
广　东	1330.82	308.58	330.24	84.00	608.00
广　西	1592.13	1318.34	240.53	33.25	
海　南	76.11	49.12	21.90	5.10	
重　庆	643.55	200.08	120.89	322.58	
四　川	7541.55	3526.32	3045.03	970.00	0.20
贵　州	2023.88	1358.08	429.65	236.15	
云　南	5694.90	3816.36	1396.80	481.74	
西　藏	129.72	97.89	20.57		11.25
陕　西	317.77	179.66	101.61	36.51	
甘　肃	877.35	356.74	428.03	92.58	
青　海	1563.67	1025.77	207.93	329.97	
宁　夏	42.59	42.23	0.36		
新　疆	559.51	47.68	261.64	250.19	

3-3-9 已建和在建水电站装机容量

单位：万 kW

地　区	合计	已建	在建
合　计	32728.05	21735.84	10992.27
北　京	103.73	103.73	
天　津	0.58	0.58	
河　北	183.73	181.16	2.57
山　西	305.99	179.15	126.84
内蒙古	131.97	10.53	121.44
辽　宁	269.33	129.57	139.76
吉　林	441.66	414.68	26.97
黑龙江	130.02	95.29	34.73
上　海			
江　苏	264.19	114.04	150.15
浙　江	953.36	934.23	19.13
安　徽	279.16	174.59	104.57
福　建	1184.23	1056.49	127.75
江　西	415.00	359.22	55.77
山　东	106.81	106.27	0.53
河　南	413.14	411.40	1.74
湖　北	3671.46	3505.82	165.64
湖　南	1480.13	1299.54	180.60
广　东	1330.82	1165.57	165.25
广　西	1592.13	1499.82	92.30
海　南	76.11	73.45	2.67
重　庆	643.55	577.45	66.09
四　川	7541.55	3225.15	4316.39
贵　州	2023.88	1701.79	322.08
云　南	5694.90	2426.06	3268.84
西　藏	129.72	62.37	67.35
陕　西	317.77	266.73	51.04
甘　肃	877.35	677.71	199.64
青　海	1563.67	646.52	917.15
宁　夏	42.59	42.59	
新　疆	559.51	294.34	265.17

3-3-10 按水头等级分的水电站装机容量

单位：万 kW

地　区	合计	高水头电站	中水头电站	低水头电站
合　计	32728.05	6886.49	20306.24	5535.29
北　京	103.73	80.00	21.47	2.26
天　津	0.58			0.58
河　北	183.73	100.00	60.83	22.90
山　西	305.99	120.68	119.47	65.84
内蒙古	131.97	120.00	1.49	10.48
辽　宁	269.33	120.00	24.74	124.59
吉　林	441.66	4.50	364.97	72.18
黑龙江	130.02		78.52	51.50
上　海				
江　苏	264.19	250.00	10.00	4.19
浙　江	953.36	379.55	400.07	173.74
安　徽	279.16	2.49	241.12	35.56
福　建	1184.23	226.12	635.50	322.62
江　西	415.00	18.44	110.17	286.39
山　东	106.81	100.00		6.81
河　南	413.14	133.22	197.19	82.72
湖　北	3671.46	66.14	3188.51	416.81
湖　南	1480.13	179.93	675.69	624.51
广　东	1330.82	687.57	314.73	328.53
广　西	1592.13	74.67	842.72	674.75
海　南	76.11	4.43	44.55	27.13
重　庆	643.55	68.36	381.16	194.03
四　川	7541.55	2342.65	4333.83	865.07
贵　州	2023.88	68.75	1837.36	117.76
云　南	5694.90	1177.75	4303.64	213.50
西　藏	129.72	12.59	103.68	13.44
陕　西	317.77	15.37	176.77	125.64
甘　肃	877.35	14.98	477.97	384.40
青　海	1563.67	424.80	983.12	155.74
宁　夏	42.59			42.59
新　疆	559.51	93.50	376.97	89.04

3-3-11 按工程规模分的水电站多年平均发电量

单位：亿 kW·h

地 区	合计	大型水电站		中型水电站	小型水电站	
		大（1）型	大（2）型		小（1）型	小（2）型
合 计	11566.35	5682.62	1577.46	1866.63	1273.50	1166.14
北 京	5.84		4.04	1.23	0.04	0.53
天 津	0.10					0.10
河 北	15.87		2.31	4.21	5.06	4.28
山 西	67.14	18.05	40.52	4.80	0.85	2.92
内 蒙 古	2.66	0.00			1.08	1.58
辽 宁	65.35	18.00	20.65	18.15	4.19	4.36
吉 林	83.50	24.05	14.00	27.70	7.87	9.88
黑 龙 江	27.96		7.97	10.14	7.33	2.52
上 海						
江 苏	13.42		10.65	1.96		0.81
浙 江	182.78	41.18	40.87	14.26	36.92	49.55
安 徽	53.13		26.18	5.47	9.67	11.81
福 建	353.78	49.50	28.40	56.21	98.36	121.31
江 西	110.22		22.06	5.47	29.03	53.66
山 东	2.50		1.47			1.04
河 南	77.19	47.68	10.44	8.26	1.61	9.21
湖 北	1347.35	1118.91	69.02	51.71	57.89	49.81
湖 南	462.45	69.77	81.22	131.65	71.16	108.65
广 东	330.30	108.24	8.25	35.70	59.45	118.67
广 西	584.31	213.30	133.59	96.56	57.48	83.38
海 南	19.88			8.40	1.53	9.94
重 庆	207.24	63.51	39.81	37.83	31.81	34.28
四 川	3310.02	1704.67	428.81	661.87	324.54	190.13
贵 州	714.90	264.39	271.29	83.25	45.29	50.68
云 南	2371.74	1518.93	137.32	305.84	279.85	129.80
西 藏	27.12			18.48	3.50	5.13
陕 西	100.10		28.00	22.64	21.52	27.94
甘 肃	355.31	55.38	62.29	132.96	55.78	48.90
青 海	492.99	367.08	47.75	37.30	27.94	12.91
宁 夏	15.02		8.89	6.06		0.08
新 疆	166.18		31.67	78.53	33.74	22.24

3-3-12 按水电站类型分的水电站多年平均发电量

单位：亿 kW·h

地　区	合计	闸坝式	引水式	混合式	抽水蓄能
合　计	11566.35	6765.91	3112.03	1418.03	270.38
北　京	5.84	0.01	0.64	0.02	5.18
天　津	0.10	0.10			
河　北	15.87	3.68	3.99	3.57	4.62
山　西	67.14	45.71	2.31	1.07	18.05
内蒙古	2.66	1.49	1.17		
辽　宁	65.35	32.08	10.88	4.39	18.00
吉　林	83.50	22.38	8.95	52.16	
黑龙江	27.96	12.77	13.01	2.18	
上　海					
江　苏	13.42	0.65	0.08	0.08	12.61
浙　江	182.78	58.31	41.13	40.74	42.61
安　徽	53.13	10.91	9.06	6.84	26.31
福　建	353.78	146.64	95.32	111.82	
江　西	110.22	57.96	38.80	13.45	
山　东	2.50	0.52	0.48	0.04	1.47
河　南	77.19	20.20	53.89	0.22	2.89
湖　北	1347.35	1258.19	58.15	20.08	10.92
湖　南	462.45	288.48	131.92	25.99	16.06
广　东	330.30	96.23	100.24	25.60	108.24
广　西	584.31	491.25	82.80	10.26	
海　南	19.88	11.12	7.31	1.45	
重　庆	207.24	55.02	36.86	115.37	
四　川	3310.02	1536.54	1336.50	436.96	0.02
贵　州	714.90	448.38	156.14	110.38	
云　南	2371.74	1608.64	557.22	205.88	
西　藏	27.12	17.85	5.86		3.40
陕　西	100.10	54.55	33.60	11.94	
甘　肃	355.31	154.09	166.77	34.45	
青　海	492.99	301.24	83.06	108.69	
宁　夏	15.02	14.95	0.08		
新　疆	166.18	15.96	75.81	74.41	

3-3-13　已建和在建水电站多年平均发电量

单位：亿 kW·h

地　区	合计	已建	在建
合　计	11566.35	7544.08	4022.27
北　京	5.84	5.84	
天　津	0.10	0.10	
河　北	15.87	15.40	0.47
山　西	67.14	48.59	18.55
内蒙古	2.66	2.66	
辽　宁	65.35	45.77	19.58
吉　林	83.50	78.05	5.45
黑龙江	27.96	19.23	8.73
上　海			
江　苏	13.42	13.42	
浙　江	182.78	177.91	4.87
安　徽	53.13	34.43	18.69
福　建	353.78	353.45	0.33
江　西	110.22	104.72	5.50
山　东	2.50	2.42	0.09
河　南	77.19	77.17	0.02
湖　北	1347.35	1306.74	40.61
湖　南	462.45	419.02	43.43
广　东	330.30	297.01	33.29
广　西	584.31	560.08	24.23
海　南	19.88	19.47	0.41
重　庆	207.24	193.16	14.09
四　川	3310.02	1414.57	1895.45
贵　州	714.90	608.90	106.00
云　南	2371.74	1017.84	1353.90
西　藏	27.12	21.10	6.02
陕　西	100.10	86.11	13.99
甘　肃	355.31	284.96	70.35
青　海	492.99	217.95	275.04
宁　夏	15.02	15.02	
新　疆	166.18	102.99	63.19

注　在建水电站由于未能完全发挥效益，故多年平均发电量数据为设计发电量。

3-3-14 按水头等级分的水电站多年平均发电量

单位：亿 kW·h

地 区	合计	高水头电站	中水头电站	低水头电站
合 计	11566.35	2093.12	7420.54	2052.69
北 京	5.84	4.04	1.28	0.52
天 津	0.10			0.10
河 北	15.87	2.31	10.12	3.44
山 西	67.14	18.10	29.25	19.80
内 蒙 古	2.66		0.42	2.25
辽 宁	65.35	18.00	5.63	41.71
吉 林	83.50	1.43	65.32	16.75
黑 龙 江	27.96		13.63	14.33
上 海				
江 苏	13.42	10.65	1.96	0.81
浙 江	182.78	60.58	77.77	44.43
安 徽	53.13	0.71	42.75	9.67
福 建	353.78	32.93	207.29	113.57
江 西	110.22	5.36	32.41	72.46
山 东	2.50	1.47		1.04
河 南	77.19	3.31	50.48	23.40
湖 北	1347.35	20.47	1121.42	205.46
湖 南	462.45	37.00	203.88	221.57
广 东	330.30	133.73	91.16	105.40
广 西	584.31	26.75	289.60	267.96
海 南	19.88	1.24	11.33	7.30
重 庆	207.24	23.07	127.60	56.58
四 川	3310.02	1026.45	1890.81	392.76
贵 州	714.90	28.53	646.26	40.11
云 南	2371.74	500.36	1779.90	91.49
西 藏	27.12	3.91	18.34	4.86
陕 西	100.10	5.06	58.58	36.46
甘 肃	355.31	6.50	188.27	160.54
青 海	492.99	104.74	340.49	47.76
宁 夏	15.02			15.02
新 疆	166.18	16.45	114.58	35.15

3-3-15　按工程规模分的水电站 2011 年实际发电量

单位：亿 kW·h

地　区	合计	大型水电站		中型水电站	小型水电站	
		大（1）型	大（2）型		小（1）型	小（2）型
合　计	6572.96	2630.42	990.66	1207.93	875.52	868.43
北　京	4.36		4.00	0.20	0.03	0.13
天　津	0.13					0.13
河　北	12.21		2.77	1.64	4.43	3.37
山　西	46.09	3.81	34.25	5.40	0.75	1.89
内蒙古	1.67				0.83	0.84
辽　宁	43.06		19.35	15.55	3.94	4.22
吉　林	80.25	19.05	18.00	31.79	3.73	7.67
黑龙江	15.34		5.56	4.38	3.60	1.81
上　海						
江　苏	12.45		9.87	1.84		0.74
浙　江	146.75	28.07	41.54	10.35	28.73	38.05
安　徽	24.96		5.14	3.93	7.42	8.46
福　建	266.66	35.99	19.20	46.33	74.56	90.59
江　西	77.83		14.18	4.17	18.11	41.36
山　东	3.04		2.03			1.01
河　南	99.36	65.38	15.56	9.44	1.61	7.38
湖　北	1177.85	1002.54	49.98	40.59	44.59	40.14
湖　南	316.05	53.75	42.36	89.20	52.01	78.73
广　东	209.97	45.07	7.74	26.29	46.38	84.49
广　西	412.87	155.67	101.95	66.79	33.77	54.69
海　南	22.07			10.19	2.07	9.82
重　庆	127.32	41.00	16.72	22.74	21.94	24.92
四　川	1304.76	312.00	224.65	408.24	203.92	155.94
贵　州	355.58	148.94	115.82	32.03	29.35	29.44
云　南	969.04	420.04	72.34	191.09	189.18	96.40
西　藏	19.26			10.81	3.42	5.03
陕　西	89.19		31.00	22.47	14.26	21.46
甘　肃	269.62	55.39	58.74	87.05	37.35	31.09
青　海	331.28	243.71	32.27	21.68	22.42	11.20
宁　夏	17.71		12.02	5.63		0.06
新　疆	116.23		33.60	38.13	27.13	17.38

3-3-16　按水电站类型分的水电站2011年实际发电量

单位：亿 kW·h

地　区	合计	闸坝式	引水式	混合式	抽水蓄能
合　计	6572.96	3708.91	1761.32	969.31	133.42
北　京	4.36	0.00	0.25	0.00	4.11
天　津	0.13	0.13			
河　北	12.21	1.89	3.24	3.53	3.56
山　西	46.09	39.80	1.73	0.75	3.81
内蒙古	1.67	0.96	0.71		
辽　宁	43.06	29.32	9.93	3.81	0.00
吉　林	80.25	25.31	6.56	48.38	
黑龙江	15.34	4.52	9.90	0.92	
上　海					
江　苏	12.45	0.62	0.08	0.04	11.71
浙　江	146.75	53.63	32.53	31.08	29.51
安　徽	24.96	8.26	7.01	4.41	5.27
福　建	266.66	107.93	74.99	83.74	
江　西	77.83	37.35	30.71	9.77	
山　东	3.04	0.39	0.60	0.01	2.03
河　南	99.36	25.78	69.34	0.19	4.04
湖　北	1177.85	1114.51	48.62	11.93	2.80
湖　南	316.05	186.86	92.81	19.60	16.78
广　东	209.97	75.24	75.41	14.24	45.07
广　西	412.87	356.87	51.07	4.93	
海　南	22.07	12.93	7.51	1.64	
重　庆	127.32	25.48	28.49	73.36	
四　川	1304.76	384.89	562.93	356.94	0.00
贵　州	355.58	230.72	67.52	57.35	
云　南	969.04	479.29	379.89	109.86	
西　藏	19.26	8.92	5.59		4.74
陕　西	89.19	55.84	23.67	9.67	
甘　肃	269.62	139.44	97.06	33.12	
青　海	331.28	270.80	32.04	28.45	
宁　夏	17.71	17.65	0.06		
新　疆	116.23	13.59	41.07	61.57	

3-3-17 已建和在建水电站 2011 年实际发电量

单位：亿 kW·h

地　区	合计	已建	在建
合　计	6572.96	6239.99	332.97
北　京	4.36	4.36	
天　津	0.13	0.13	
河　北	12.21	12.07	0.14
山　西	46.09	42.27	3.82
内蒙古	1.67	1.67	
辽　宁	43.06	43.01	0.04
吉　林	80.25	79.79	0.46
黑龙江	15.34	14.75	0.59
上　海			
江　苏	12.45	12.45	
浙　江	146.75	146.54	0.21
安　徽	24.96	24.96	
福　建	266.66	266.66	
江　西	77.83	77.79	0.03
山　东	3.04	3.04	
河　南	99.36	99.36	
湖　北	1177.85	1175.32	2.53
湖　南	316.05	314.67	1.38
广　东	209.97	207.32	2.65
广　西	412.87	412.66	0.21
海　南	22.07	21.79	0.28
重　庆	127.32	127.32	
四　川	1304.76	1294.11	10.65
贵　州	355.58	355.58	
云　南	969.04	799.11	169.93
西　藏	19.26	19.26	
陕　西	89.19	87.43	1.76
甘　肃	269.62	269.62	
青　海	331.28	210.90	120.38
宁　夏	17.71	17.71	
新　疆	116.23	98.33	17.91

3-3-18 按水头等级分的水电站 2011 年实际发电量

单位：亿 kW·h

地 区	合 计	高水头电站	中水头电站	低水头电站
合 计	6572.96	1034.71	3932.52	1605.73
北 京	4.36	4.00	0.23	0.13
天 津	0.13			0.13
河 北	12.21	2.77	6.94	2.50
山 西	46.09	3.85	24.07	18.18
内蒙古	1.67		0.23	1.44
辽 宁	43.06		4.27	38.78
吉 林	80.25	1.24	66.42	12.59
黑龙江	15.34		9.57	5.78
上 海				
江 苏	12.45	9.87	1.84	0.74
浙 江	146.75	43.44	68.81	34.50
安 徽	24.96	0.48	16.71	7.77
福 建	266.66	26.44	158.67	81.55
江 西	77.83	4.49	24.03	49.31
山 东	3.04	2.03		1.01
河 南	99.36	4.33	67.10	27.93
湖 北	1177.85	13.00	963.71	201.13
湖 南	316.05	31.39	127.46	157.20
广 东	209.97	64.38	66.45	79.14
广 西	412.87	15.93	190.22	206.72
海 南	22.07	1.16	12.30	8.61
重 庆	127.32	14.63	82.67	30.02
四 川	1304.76	282.09	730.92	291.75
贵 州	355.58	16.24	314.26	25.08
云 南	969.04	388.75	513.54	66.75
西 藏	19.26	5.40	9.43	4.42
陕 西	89.19	4.81	51.95	32.42
甘 肃	269.62	0.82	133.46	135.34
青 海	331.28	92.81	204.03	34.44
宁 夏	17.71			17.71
新 疆	116.23	0.35	83.22	32.66

（二）水资源一级区水电站基本情况

3-3-19 水电站主要指标

水资源一级区	数量/座	装机容量/万 kW	多年平均发电量/（亿 kW·h）	2011 年实际发电量/（亿 kW·h）
合 计	22179	32728.02	11566.35	6572.96
松花江区	181	536.14	93.32	75.45
辽河区	217	313.03	85.40	64.17
海河区	245	546.30	44.57	25.28
黄河区	569	2758.23	827.97	671.85
淮河区	207	66.69	13.44	10.88
长江区	9934	18823.81	7209.73	3533.01
东南诸河区	3637	1847.08	482.38	371.46
珠江区	5623	4097.97	1347.31	876.26
西南诸河区	1072	2999.10	1230.16	780.12
西北诸河区	494	739.68	232.08	164.49

3-3-20　按工程规模分的水电站工程数量

单位：座

水资源一级区	合计	大型水电站		中型水电站	小型水电站	
		大（1）型	大（2）型		小（1）型	小（2）型
合　计	22179	56	86	477	1684	19876
松花江区	181	1	2	8	27	143
辽河区	217	1	1	8	10	197
海河区	245	2	2	4	11	226
黄河区	569	9	10	23	75	452
淮河区	207			2	8	197
长江区	9934	28	44	262	806	8794
东南诸河区	3637	3	7	27	194	3406
珠江区	5623	7	12	63	242	5299
西南诸河区	1072	5	5	46	247	769
西北诸河区	494		3	34	64	393

3-3-21 按水电站类型分的水电站工程数量

单位：座

水资源一级区	合计	闸坝式	引水式	混合式	抽水蓄能
合 计	22179	3310	16403	2438	28
松花江区	181	75	84	22	
辽河区	217	76	130	10	1
海河区	245	53	178	8	6
黄河区	569	88	459	20	2
淮河区	207	77	105	24	1
长江区	9934	1396	7835	692	11
东南诸河区	3637	419	2220	995	3
珠江区	5623	1013	4017	590	3
西南诸河区	1072	74	962	35	1
西北诸河区	494	39	413	42	

3-3-22 已建和在建水电站工程数量

单位：座

水资源一级区	合计	已建	在建
合　计	22179	20855	1324
松花江区	181	151	30
辽河区	217	192	25
海河区	245	220	25
黄河区	569	501	68
淮河区	207	196	11
长江区	9934	9173	761
东南诸河区	3637	3591	46
珠江区	5623	5475	148
西南诸河区	1072	950	122
西北诸河区	494	406	88

3-3-23　按水头等级分的水电站工程数量

单位：座

水资源一级区	合计	高水头电站	中水头电站	低水头电站
合　计	22179	3258	10293	8628
松花江区	181		30	151
辽河区	217	6	32	179
海河区	245	8	62	175
黄河区	569	11	189	369
淮河区	207	4	52	151
长江区	9934	1715	4588	3631
东南诸河区	3637	514	1917	1206
珠江区	5623	718	2635	2270
西南诸河区	1072	274	593	205
西北诸河区	494	8	195	291

3-3-24　按工程规模分的水电站装机容量

单位：万 kW

水资源一级区	合计	大型水电站		中型水电站	小型水电站	
		大（1）型	大（2）型		小（1）型	小（2）型
合　计	32728.05	15485.50	5178.46	5242.00	3461.38	3360.68
松花江区	536.14	180.00	155.25	114.60	58.21	28.08
辽河区	313.03	120.00	31.50	101.95	24.11	35.48
海河区	546.30	240.00	180.00	61.23	25.08	39.99
黄河区	2758.23	1633.00	568.77	305.83	149.11	101.52
淮河区	66.69			13.00	20.86	32.83
长江区	18823.81	9979.50	2816.04	2844.79	1667.91	1515.57
东南诸河区	1847.08	380.00	303.50	243.78	410.16	509.64
珠江区	4097.97	1471.00	723.00	643.95	489.23	770.79
西南诸河区	2999.10	1482.00	287.50	533.63	484.92	211.05
西北诸河区	739.68		112.90	379.23	131.81	115.74

3-3-25　按水电站类型分的水电站装机容量

单位：万 kW

水资源一级区	合计	闸坝式	引水式	混合式	抽水蓄能
合　计	32728.05	18086.60	8197.95	3910.97	2532.50
松花江区	536.14	188.41	88.39	259.35	
辽河区	313.03	99.50	60.51	33.02	120.00
海河区	546.30	30.52	51.65	6.08	458.05
黄河区	2758.23	1612.87	555.73	369.63	220.00
淮河区	66.69	23.32	23.36	12.01	8.00
长江区	18823.81	11267.98	4757.81	1938.81	859.20
东南诸河区	1847.08	717.67	418.81	462.60	248.00
珠江区	4097.97	2172.50	949.77	367.70	608.00
西南诸河区	2999.10	1912.39	914.48	160.98	11.25
西北诸河区	739.68	61.44	377.44	300.80	

3-3-26 已建和在建水电站装机容量

单位：万 kW

水资源一级区	合计	已建	在建
合　计	32728.05	21735.84	10992.27
松花江区	536.14	476.79	59.35
辽河区	313.03	170.53	142.50
海河区	546.30	418.72	127.58
黄河区	2758.23	1684.20	1074.03
淮河区	66.69	64.88	1.81
长江区	18823.81	11228.97	7594.83
东南诸河区	1847.08	1699.29	147.79
珠江区	4097.97	3678.69	419.28
西南诸河区	2999.10	1894.28	1104.82
西北诸河区	739.68	419.49	320.19

3-3-27　按水头等级分的水电站装机容量

单位：万 kW

水资源一级区	合计	高水头电站	中水头电站	低水头电站
合　计	32728.05	6886.49	20306.24	5535.29
松花江区	536.14		417.76	118.38
辽河区	313.03	124.50	51.96	136.57
海河区	546.30	421.52	89.16	35.61
黄河区	2758.23	647.40	1489.36	621.47
淮河区	66.69	0.74	36.89	29.06
长江区	18823.81	3343.82	12735.31	2744.67
东南诸河区	1847.08	422.37	954.28	470.42
珠江区	4097.97	870.88	2089.95	1137.14
西南诸河区	2999.10	952.75	1931.83	114.51
西北诸河区	739.68	102.50	509.74	127.44

3-3-28 按工程规模分的水电站多年平均发电量

单位：亿 kW·h

水资源一级区	合计	大型水电站		中型水电站	小型水电站	
		大（1）型	大（2）型		小（1）型	小（2）型
合　计	11566.35	5682.62	1577.46	1866.63	1273.50	1166.14
松花江区	93.32	24.05	21.97	24.71	14.17	8.43
辽河区	85.40	18.00	20.65	31.29	5.83	9.63
海河区	44.57	19.74	6.35	5.44	5.48	7.55
黄河区	827.97	468.45	156.73	111.39	55.32	36.08
淮河区	13.44			1.19	5.08	7.18
长江区	7209.73	4020.08	918.26	1074.68	635.59	561.12
东南诸河区	482.38	70.68	54.07	70.47	127.43	159.73
珠江区	1347.31	448.55	258.94	221.28	175.05	243.49
西南诸河区	1230.16	613.08	108.83	216.79	201.86	89.59
西北诸河区	232.08		31.67	109.41	47.66	43.34

3-3-29 按水电站类型分的水电站多年平均发电量

单位：亿 kW·h

水资源一级区	合计	闸坝式	引水式	混合式	抽水蓄能
合　计	11566.35	6765.91	3112.03	1418.03	270.38
松花江区	93.32	34.58	17.58	41.16	
辽河区	85.40	33.48	16.35	17.57	18.00
海河区	44.57	4.60	6.82	3.60	29.54
黄河区	827.97	517.07	185.57	123.86	1.47
淮河区	13.44	5.37	5.39	2.55	0.13
长江区	7209.73	4401.05	1932.89	788.80	86.99
东南诸河区	482.38	200.54	127.59	131.64	22.61
珠江区	1347.31	770.49	321.14	147.44	108.24
西南诸河区	1230.16	777.02	380.07	69.67	3.40
西北诸河区	232.08	21.71	118.63	91.74	

3-3-30　已建和在建水电站多年平均发电量

单位：亿 kW·h

水资源一级区	合计	已建	在建
合　计	11566.35	7544.08	4022.27
松花江区	93.32	79.65	13.67
辽河区	85.40	65.32	20.08
海河区	44.57	25.80	18.77
黄河区	827.97	544.19	283.78
淮河区	13.44	13.14	0.31
长江区	7209.73	4126.30	3083.43
东南诸河区	482.38	477.02	5.36
珠江区	1347.31	1246.04	101.27
西南诸河区	1230.16	816.43	413.72
西北诸河区	232.08	150.20	81.89

3-3-31　按水头等级分的水电站多年平均发电量

单位：亿 kW・h

水资源一级区	合计	高水头电站	中水头电站	低水头电站
合　计	11566.35	2093.12	7420.54	2052.69
松花江区	93.32		63.68	29.64
辽河区	85.40	19.43	21.32	44.66
海河区	44.57	26.52	12.29	5.76
黄河区	827.97	106.92	497.55	223.50
淮河区	13.44	0.23	6.55	6.66
长江区	7209.73	1226.06	4905.02	1078.65
东南诸河区	482.38	72.34	261.76	148.28
珠江区	1347.31	209.24	721.39	416.68
西南诸河区	1230.16	412.19	768.51	49.46
西北诸河区	232.08	20.21	162.48	49.40

3-3-32 按工程规模分的水电站 2011 年实际发电量

单位：亿 kW·h

水资源一级区	合计	大型水电站		中型水电站	小型水电站	
		大（1）型	大（2）型		小（1）型	小（2）型
合　计	6572.96	2630.42	990.66	1207.93	875.52	868.43
松花江区	75.45	19.05	23.56	20.57	5.97	6.30
辽河区	64.17		19.35	31.15	5.63	8.04
海河区	25.28	6.62	6.77	1.84	4.72	5.33
黄河区	671.85	361.67	144.01	95.45	41.39	29.33
淮河区	10.88			1.08	4.13	5.67
长江区	3533.01	1555.00	477.60	666.19	412.47	421.75
东南诸河区	371.46	46.77	50.02	56.68	97.84	120.15
珠江区	876.26	280.20	174.41	133.12	120.90	167.63
西南诸河区	780.12	361.12	61.34	141.75	144.06	71.86
西北诸河区	164.49		33.60	60.10	38.43	32.37

3-3-33　按水电站类型分的水电站 2011 年实际发电量

单位：亿 kW・h

水资源一级区	合计	闸坝式	引水式	混合式	抽水蓄能
合　计	6572.96	3708.91	1761.32	969.31	133.42
松花江区	75.45	28.96	12.82	33.66	
辽河区	64.17	30.52	14.20	19.45	0.00
海河区	25.28	2.28	5.17	3.54	14.28
黄河区	671.85	485.35	139.09	45.37	2.03
淮河区	10.88	4.36	4.21	2.18	0.13
长江区	3533.01	1962.62	948.18	567.25	54.95
东南诸河区	371.46	158.41	100.85	99.98	12.21
珠江区	876.26	562.37	187.63	81.18	45.07
西南诸河区	780.12	455.00	281.31	39.06	4.74
西北诸河区	164.49	19.01	67.85	77.63	

3-3-34　已建和在建水电站 2011 年实际发电量

单位：亿 kW·h

水资源一级区	合计	已建	在建
合　计	6572.96	6239.99	332.97
松花江区	75.45	74.40	1.05
辽河区	64.17	64.13	0.04
海河区	25.28	21.33	3.95
黄河区	671.85	549.95	121.90
淮河区	10.88	10.88	
长江区	3533.01	3441.12	91.89
东南诸河区	371.46	371.24	0.21
珠江区	876.26	873.08	3.18
西南诸河区	780.12	687.27	92.85
西北诸河区	164.49	146.58	17.91

3-3-35 按水头等级分的水电站 2011 年实际发电量

单位：亿 kW·h

水资源一级区	合计	高水头电站	中水头电站	低水头电站
合 计	6572.96	1034.71	3932.52	1605.73
松花江区	75.45		58.77	16.68
辽河区	64.17	1.24	21.72	41.21
海河区	25.28	13.68	7.62	3.98
黄河区	671.85	95.53	370.81	205.51
淮河区	10.88	0.16	5.38	5.34
长江区	3533.01	418.57	2292.16	822.28
东南诸河区	371.46	51.71	210.65	109.09
珠江区	876.26	101.62	456.20	318.44
西南诸河区	780.12	351.84	390.54	37.73
西北诸河区	164.49	0.35	118.66	45.48

（三）重要河流水电站基本情况

3-3-36 水电站主要指标

河流名称	数量 /座	装机容量 /kW	2011年实际 发电量 /（万kW·h）	多年平均 发电量 /（万kW·h）
松花江	2	316000	31888	89440
洮儿河	1	12800	1265.11	2664
霍林河	1	500	90	180
雅鲁河	1	1600	158.85	170
诺敏河				
第二松花江	9	3194600	430202	458751
呼兰河	2	2780	320	900
拉林河	2	1050	105	115
牡丹江	18	643100	78501	110878
辽河	9	21540	3312.87	5724.45
乌力吉木仁河				
老哈河	5	17600	172	2739
东辽河	1	8360	1472	923
绕阳河				
浑河	5	48410	5605	6032.6
大凌河	4	13720	1882.14	1939.41
滦河	15	508460	23107.74	53483.74
潮白河	16	117285	2341.42	15763.1
潮白新河				
永定河	6	145550	1633.63	1885.25
洋河	1	2000	267.8	300
唐河	11	29500	1632.7	3989.47
拒马河	2	1570	80	80
滹沱河	19	1287100	80562.94	221284.2
滏阳河	6	11780	2445.86	2542.3
漳河	22	34960	6692.91	7474.33
卫河	2	3750	430.01	376
黄河	43	22065485	5771907	7064217
洮河	49	1099495	311056.4	404554.2
湟水-大通河	39	823660	247235	314063.6
湟水	29	124320	22191.42	47625.66
无定河	7	20050	6715	7878

续表

河流名称	数量 /座	装机容量 /kW	2011 年实际 发电量 /（万 kW·h）	多年平均 发电量 /（万 kW·h）
汾 河	4	26000	4545.01	4359
渭 河	8	58940	15470.95	21461.75
泾 河	11	96490	32455.3	33368.4
北洛河	8	31800	9700	11410
洛 河	29	154640	44981.01	35727
沁 河	27	83430	11652.18	19361.37
大汶河	3	2445	230.01	200.01
淮河干流 洪泽湖以上段	1	5550	2850	2400
洪汝河	4	11200	661.01	1989.71
史 河	2	41500	8077	8780
淠 河	11	143050	32449.22	37094
沙颍河	6	11100	2511.56	3153.9
茨淮新河				
涡 河				
怀洪新河				
淮河入海水道				
入江水道白马湖 -高宝湖淮河区段				
沂 河	8	15000	3093	3259
沭 河	3	5200	621.24	1281.25
长 江	47	56317255	10063455	23865209
雅砻江	17	14726110	1658384	7194073
岷江-大渡河	58	15741970	3080810	6794373
岷 江	74	3005485	1016389	1365683
嘉陵江	21	2945760	526762.2	849181
渠 江	14	190230	65088.2	79421
涪 江	46	1279340	322454.1	571743.8
乌江-六冲河	18	10682640	1647032	3800765
汉 江	12	2711150	1066417	997550
丹 江	6	54170	3796.01	5818.01
唐白河	5	18710	3687.3	5074
湘 江	46	1026800	279119.1	344106.2
资 水	23	1568710	302189.8	456348.9

河流名称	数量/座	装机容量/kW	2011年实际发电量/（万kW·h）	多年平均发电量/（万kW·h）
沅　江	28	5013030	865976.1	1714745
赣　江	17	1036755	106956	199584
抚　河	9	67770	12496.03	21473
信　江	11	49445	15031.68	16091.4
钱塘江	24	464535	99321.53	113257.9
新安江	12	866660	189452.9	139559
瓯　江	39	733085	99698.57	156955.1
闽　江	47	1967130	531799.1	711735
富屯溪-金溪	26	427790	120856.1	177345.6
建　溪	17	112820	33590.65	44454
九龙江	50	480010	132159.6	176187
西　江	38	12298570	3540041	4923988
北盘江	15	3342890	488461.3	1030200
柳　江	14	587780	174194.9	247178.2
郁　江	28	1694250	297516.5	573272.5
桂　江	16	393280	105672.1	165082
贺　江	30	234010	64633.96	79018.51
北　江	33	455300	130326.2	165444.5
东　江	64	2944045	393761.9	642719.8
韩　江	61	347890	83559.19	112732.9
南渡江	21	59155	24415.71	19014.98
石羊河	1	2000	685.17	580
黑　河	16	734650	253534.8	256436.5
疏勒河	31	251950	49650	73193
柴达木河	1	640	125	165
格尔木河	4	76000	28917	33782.9
奎屯河				
玛纳斯河	6	215050	45415.79	73159.34
孔雀河	2	70450	29504.54	30000
开都河	5	495500	151800	142500
塔里木河	8	56100	29779.21	27310.58
木扎尔特河-渭干河	2	41100	19400	17200
和田河	9	236980	29339	33829

四、规模以上水闸*与橡胶坝

（一）各地区水闸与橡胶坝基本情况

3-4-1 水闸与橡胶坝主要指标

地 区	水 闸		橡胶坝	
	数量 /座	过闸流量 /（m³/s）	数量 /座	坝长 /m
合　计	97022	5802540.25	2685	249272
北　京	632	75448.49	145	10190
天　津	1069	53652.76	30	2358
河　北	3080	130705	261	27190
山　西	730	31569.82	128	12718
内蒙古	1755	73368.67	95	10855
辽　宁	1387	160944.15	164	19660
吉　林	463	95187.96	105	8344
黑龙江	1276	57602.91	49	2811
上　海	2115	64209.98	11	228
江　苏	17457	426704.41	59	3171
浙　江	8581	275925.79	169	11619
安　徽	4066	284752	62	5440
福　建	2381	346127.52	57	4281
江　西	4468	224741.07	47	4390
山　东	5090	498303.94	575	56657
河　南	3578	232947.68	153	23534
湖　北	6770	207582.3	58	7219
湖　南	12017	974198.75	32	2950
广　东	8312	776976.36	65	4002
广　西	1549	216803.02	30	1451
海　南	416	17341.14	6	496
重　庆	29	16311.91	13	349
四　川	1306	263072.61	49	3180
贵　州	28	838.75	28	1249
云　南	1539	66875.96	43	1615
西　藏	15	446.45	1	30
陕　西	424	16201.1	127	13628
甘　肃	1312	34903.98	52	5381
青　海	223	8787.16	38	2224
宁　夏	367	8782.35	12	963
新　疆	4587	161226.26	21	1092

* 指过闸流量 5m³/s 及以上的水闸工程。

3-4-2　按工程规模分的水闸工程数量

单位：座

地　区	合计	大型水闸		中型水闸	小型水闸	
		大（1）型	大（2）型		小（1）型	小（2）型
合　计	97022	133	727	6334	22387	67441
北　京	632	4	5	64	219	340
天　津	1069		13	55	269	732
河　北	3080	2	8	249	904	1917
山　西	730		3	53	95	579
内蒙古	1755	1	6	101	400	1247
辽　宁	1387	2	20	265	296	804
吉　林	463	4	18	62	148	231
黑龙江	1276	1	5	67	293	910
上　海	2115			61	1859	195
江　苏	17457	6	30	474	2229	14718
浙　江	8581	4	14	338	1715	6510
安　徽	4066	5	52	337	1036	2636
福　建	2381	17	34	272	871	1187
江　西	4468	6	20	230	787	3425
山　东	5090	11	75	570	1653	2781
河　南	3578	3	32	326	970	2247
湖　北	6770	7	15	156	822	5770
湖　南	12017	30	121	1123	2474	8269
广　东	8312	14	132	732	2724	4710
广　西	1549	5	44	143	316	1041
海　南	416		3	26	76	311
重　庆	29	1	2	14	2	10
四　川	1306	9	40	102	283	872
贵　州	28			2	2	24
云　南	1539		4	172	491	872
西　藏	15			2	2	11
陕　西	424	1	1	6	95	321
甘　肃	1312		4	70	215	1023
青　海	223		2	10	55	156
宁　夏	367			16	102	249
新　疆	4587		24	236	984	3343

注　大型水闸：过闸流量≥1000m³/s，其中，大（1）型水闸：过闸流量≥5000m³/s，大（2）型水闸：1000m³/s≤过闸流量＜5000m³/s；中型水闸：100m³/s≤过闸流量＜1000m³/s；小型水闸：过闸流量＜100m³/s，其中，小（1）型水闸：20m³/s≤过闸流量＜100m³/s，小（2）型水闸：过闸流量＜20m³/s。

3-4-3　按水闸类型分的水闸工程数量

单位：座

地　区	合　计	分（泄）洪闸	节制闸	排（退）水闸	引（进）水闸	挡潮闸
合　计	97022	7920	55133	17197	10968	5804
北　京	632	45	403	102	82	
天　津	1069	54	475	244	284	12
河　北	3080	255	1751	549	487	38
山　西	730	66	438	98	128	
内蒙古	1755	274	942	60	479	
辽　宁	1387	82	705	260	274	66
吉　林	463	61	230	82	90	
黑龙江	1276	244	370	380	282	
上　海	2115		1775			340
江　苏	17457	266	14518	1128	1283	262
浙　江	8581	263	4979	1414	212	1713
安　徽	4066	557	1716	1420	373	
福　建	2381	419	471	674	108	709
江　西	4468	946	1770	1193	559	
山　东	5090	279	2939	915	877	80
河　南	3578	165	1630	1232	551	
湖　北	6770	645	2910	1890	1325	
湖　南	12017	1013	9216	926	862	
广　东	8312	819	1485	3454	387	2167
广　西	1549	242	277	509	170	351
海　南	416	71	187	28	64	66
重　庆	29	4	10		15	
四　川	1306	363	661	55	227	
贵　州	28	2	2	17	7	
云　南	1539	98	1271	38	132	
西　藏	15		13		2	
陕　西	424	38	150	105	131	
甘　肃	1312	161	897	66	188	
青　海	223	1	122	24	76	
宁　夏	367	20	185	102	60	
新　疆	4587	467	2635	232	1253	

3-4-4 已建和在建水闸工程数量

单位：座

地　区	合计	已建	在建
合　计	97022	96228	794
北　京	632	625	7
天　津	1069	1069	
河　北	3080	3066	14
山　西	730	729	1
内蒙古	1755	1742	13
辽　宁	1387	1383	4
吉　林	463	458	5
黑龙江	1276	1264	12
上　海	2115	2108	7
江　苏	17457	17372	85
浙　江	8581	8386	195
安　徽	4066	4032	34
福　建	2381	2351	30
江　西	4468	4452	16
山　东	5090	5058	32
河　南	3578	3562	16
湖　北	6770	6752	18
湖　南	12017	11998	19
广　东	8312	8171	141
广　西	1549	1510	39
海　南	416	412	4
重　庆	29	28	1
四　川	1306	1296	10
贵　州	28	27	1
云　南	1539	1511	28
西　藏	15	15	
陕　西	424	423	1
甘　肃	1312	1304	8
青　海	223	208	15
宁　夏	367	367	
新　疆	4587	4549	38

3-4-5　按建设时间分的水闸工程数量

单位：座

地　区	合计	1949年以前	50年代	60年代	70年代	80年代	90年代	2000年至时点
合　计	97022	505	4926	11975	22651	14360	16380	26225
北　京	632		9	77	83	63	76	324
天　津	1069	5	22	90	428	185	123	216
河　北	3080	16	157	417	1446	403	283	358
山　西	730	9	184	91	198	55	71	122
内蒙古	1755	1	74	297	281	220	322	560
辽　宁	1387	5	49	132	322	241	248	390
吉　林	463	4	22	31	83	41	69	213
黑龙江	1276	7	31	86	172	202	303	475
上　海	2115			59	401	448	516	691
江　苏	17457	7	199	703	2440	2722	4323	7063
浙　江	8581	88	331	600	1015	933	2150	3464
安　徽	4066	2	227	522	1036	578	672	1029
福　建	2381	20	250	453	627	325	267	439
江　西	4468	9	454	766	1244	775	498	722
山　东	5090		132	639	1305	917	962	1135
河　南	3578	8	153	419	1100	493	609	796
湖　北	6770	8	262	1214	2495	1310	692	789
湖　南	12017	142	861	2454	3906	1936	1239	1479
广　东	8312	70	956	1448	1894	797	883	2264
广　西	1549	55	195	487	316	143	104	249
海　南	416		28	60	114	51	45	118
重　庆	29		1	3	6	3	2	14
四　川	1306	19	58	77	478	190	149	335
贵　州	28		2		1	3	17	5
云　南	1539	2	31	48	189	328	445	496
西　藏	15			1		1		13
陕　西	424	18	27	47	134	70	47	81
甘　肃	1312	3	47	141	308	177	192	444
青　海	223		26	12	22	13	27	123
宁　夏	367		22	42	109	52	55	87
新　疆	4587	7	116	559	498	685	991	1731

3-4-6 已建和在建橡胶坝工程数量

单位：座

地 区	合计	已建	在建
合 计	2685	2566	119
北 京	145	136	9
天 津	30	30	
河 北	261	240	21
山 西	128	125	3
内蒙古	95	77	18
辽 宁	164	157	7
吉 林	105	101	4
黑龙江	49	49	
上 海	11	11	
江 苏	59	58	1
浙 江	169	162	7
安 徽	62	62	
福 建	57	57	
江 西	47	44	3
山 东	575	563	12
河 南	153	147	6
湖 北	58	50	8
湖 南	32	32	
广 东	65	59	6
广 西	30	30	
海 南	6	6	
重 庆	13	10	3
四 川	49	49	
贵 州	28	28	
云 南	43	43	
西 藏	1	1	
陕 西	127	124	3
甘 肃	52	45	7
青 海	38	37	1
宁 夏	12	12	
新 疆	21	21	

3-4-7　按建设时间分的橡胶坝工程数量

单位：座

地　区	合计	1949年以前	50年代	60年代	70年代	80年代	90年代	2000年至时点
合　计	2685	1	5	10	14	67	256	2332
北　京	145			1		1	46	97
天　津	30					3	2	25
河　北	261			2		4	27	228
山　西	128		1		1		1	125
内蒙古	95					2	1	92
辽　宁	164				1	6	12	145
吉　林	105				2	16	11	76
黑龙江	49				1	5	6	37
上　海	11					1		10
江　苏	59			1	1	2	11	44
浙　江	169					1	19	149
安　徽	62			1	1	3	9	48
福　建	57						2	55
江　西	47		2		3	3	3	36
山　东	575					12	62	501
河　南	153	1			1	2	20	129
湖　北	58			1		1	1	55
湖　南	32			1	3	2		26
广　东	65				1		5	59
广　西	30					1		29
海　南	6							6
重　庆	13							13
四　川	49			1		2	8	38
贵　州	28					1	2	25
云　南	43						3	40
西　藏	1							1
陕　西	127					1		126
甘　肃	52							52
青　海	38						1	37
宁　夏	12							12
新　疆	21					1	4	16

3-4-8 已建和在建橡胶坝坝长

单位：m

地　区	合　计	已　建	在　建
合　计	249272	231987	17285
北　京	10190	9132	1059
天　津	2358	2358	
河　北	27190	23107	4082
山　西	12718	12282	437
内蒙古	10855	7665	3190
辽　宁	19660	18967	693
吉　林	8344	7801	543
黑龙江	2811	2811	
上　海	228	228	
江　苏	3171	3131	40
浙　江	11619	11159	459
安　徽	5440	5440	
福　建	4281	4281	
江　西	4390	3591	799
山　东	56657	55144	1512
河　南	23534	22450	1084
湖　北	7219	5502	1717
湖　南	2950	2950	
广　东	4002	3679	323
广　西	1451	1451	
海　南	496	496	
重　庆	349	196	153
四　川	3180	3180	
贵　州	1249	1249	
云　南	1615	1615	
西　藏	30	30	
陕　西	13628	13088	540
甘　肃	5381	4776	605
青　海	2224	2174	50
宁　夏	963	963	
新　疆	1092	1092	

3-4-9 按建设时间分的橡胶坝坝长

单位：m

地 区	合计	1949 年以前	50 年代	60 年代	70 年代	80 年代	90 年代	2000 年至时点
合 计	249272	90	451	1112	1016	4559	24635	217410
北 京	10190			36		34	4031	6090
天 津	2358					386	132	1840
河 北	27190			90		413	1502	25185
山 西	12718		210		110		55	12343
内蒙古	10855					60	66	10729
辽 宁	19660				183	680	1963	16834
吉 林	8344				58	740	876	6670
黑龙江	2811				60	335	353	2063
上 海	228					15		213
江 苏	3171			383	32	125	1450	1181
浙 江	11619					80	1598	9940
安 徽	5440			123	30	107	562	4618
福 建	4281						123	4158
江 西	4390		153		178	146	180	3734
山 东	56657					1000	7516	48141
河 南	23534	90			114	146	3010	20173
湖 北	7219			75		68	86	6991
湖 南	2950		52	330		123		2445
广 东	4002			75			243	3684
广 西	1451					50		1401
海 南	496							496
重 庆	349							349
四 川	3180		36		119		485	2540
贵 州	1249					17	96	1136
云 南	1615						137	1478
西 藏	30							30
陕 西	13628				133			13496
甘 肃	5381							5381
青 海	2224						20	2204
宁 夏	963							963
新 疆	1092					35	151	906

（二）水资源一级区水闸与橡胶坝基本情况

3-4-10　水闸与橡胶坝主要指标

水资源一级区	水　闸		橡胶坝	
	数量/座	过闸流量/（m³/s）	数量/座	坝长/m
合　计	97022	5802540.25	2685	249272
松花江区	1889	112295.72	148	11498
辽河区	2055	238025.6	210	24671
海河区	6802	386633.6	502	46046
黄河区	3179	147268.39	438	48681
淮河区	20321	1070571.53	573	55226
长江区	38196	2009802.62	430	36836
东南诸河区	7337	579287.99	176	13733
珠江区	10989	1051302.46	133	7713
西南诸河区	243	11257.74	20	765
西北诸河区	6011	196094.6	55	4103

3-4-11　按工程规模分的水闸工程数量

单位：座

水资源一级区	合计	大型水闸		中型水闸	小型水闸	
		大（1）型	大（2）型		小（1）型	小（2）型
合　计	97022	133	727	6334	22387	67441
松花江区	1889	1	14	176	483	1215
辽河区	2055	6	32	292	445	1280
海河区	6802	8	45	526	1998	4225
黄河区	3179	4	19	164	815	2177
淮河区	20321	18	146	1252	3512	15393
长江区	38196	56	209	2051	8187	27693
东南诸河区	7337	21	48	572	2353	4343
珠江区	10989	19	186	965	3296	6523
西南诸河区	243		1	35	73	134
西北诸河区	6011		27	301	1225	4458

3-4-12　按水闸类型分的水闸工程数量

单位：座

水资源一级区	合计	分（泄）洪闸	节制闸	排（退）水闸	引（进）水闸	挡潮闸
合　计	97022	7920	55133	17197	10968	5804
松花江区	1889	307	701	477	404	
辽河区	2055	288	988	278	435	66
海河区	6802	506	3763	1237	1234	62
黄河区	3179	193	1607	521	828	30
淮河区	20321	574	14118	3430	1924	275
长江区	38196	3607	25161	5433	3621	374
东南诸河区	7337	633	2469	1514	308	2413
珠江区	10989	1181	2499	4020	705	2584
西南诸河区	243	20	193	9	21	
西北诸河区	6011	611	3634	278	1488	

3-4-13　已建和在建水闸工程数量

单位：座

水资源一级区	合计	已建	在建
合　计	97022	96228	794
松花江区	1889	1874	15
辽河区	2055	2047	8
海河区	6802	6775	27
黄河区	3179	3151	28
淮河区	20321	20211	110
长江区	38196	37952	244
东南诸河区	7337	7210	127
珠江区	10989	10803	186
西南诸河区	243	241	2
西北诸河区	6011	5964	47

3-4-14 按建设时间分的水闸工程数量

单位：座

水资源一级区	合计	1949年以前	50年代	60年代	70年代	80年代	90年代	2000年至时点
合　计	97022	505	4926	11975	22651	14360	16380	26225
松花江区	1889	9	47	109	249	268	454	753
辽河区	2055	7	84	256	472	334	347	555
海河区	6802	31	309	827	2607	907	793	1328
黄河区	3179	14	250	400	649	513	523	830
淮河区	20321	5	495	1506	4088	3505	4579	6143
长江区	38196	200	1810	5106	9820	5760	6117	9383
东南诸河区	7337	103	573	1018	1522	1042	1103	1976
珠江区	10989	127	1194	2044	2420	1149	1219	2836
西南诸河区	243		6	13	39	41	63	81
西北诸河区	6011	9	158	696	785	841	1182	2340

3-4-15　已建和在建橡胶坝工程数量

单位：座

水资源一级区	合计	已建	在建
合　计	2685	2566	119
松花江区	148	139	9
辽河区	210	196	14
海河区	502	469	33
黄河区	438	423	15
淮河区	573	561	12
长江区	430	410	20
东南诸河区	176	172	4
珠江区	133	127	6
西南诸河区	20	20	
西北诸河区	55	49	6

3-4-16 按建设时间分的橡胶坝工程数量

单位：座

水资源一级区	合计	1949 年以前	50 年代	60 年代	70 年代	80 年代	90 年代	2000 年至时点
合　计	2685	1	5	10	14	67	256	2332
松花江区	148				2	20	17	109
辽河区	210				2	9	13	186
海河区	502		1	3	1	9	79	409
黄河区	438					3	19	416
淮河区	573	1		2	2	13	71	484
长江区	430		4	4	7	10	26	379
东南诸河区	176					1	19	156
珠江区	133			1		1	8	123
西南诸河区	20							20
西北诸河区	55					1	4	50

3-4-17　已建和在建橡胶坝坝长

单位：m

水资源一级区	合计	已建	在建
合　计	249272	231987	17285
松花江区	11498	9998	1500
辽河区	24671	22895	1776
海河区	46046	40335	5711
黄河区	48681	46223	2459
淮河区	55226	54071	1155
长江区	36836	33225	3611
东南诸河区	13733	13528	206
珠江区	7713	7390	323
西南诸河区	765	765	
西北诸河区	4103	3559	545

3-4-18　按建设时间分的橡胶坝坝长

单位：m

水资源一级区	合计	1949 年以前	50 年代	60 年代	70 年代	80 年代	90 年代	2000 年至时点
合　计	249272	90	451	1112	1016	4559	24635	217410
松花江区	11498				90	999	1229	9180
辽河区	24671				211	816	2029	21616
海河区	46046		210	126	110	897	5869	38834
黄河区	48681					100	1529	47052
淮河区	55226	90		506	146	1129	9402	43953
长江区	36836		241	405	460	453	2452	32825
东南诸河区	13733					80	1611	12042
珠江区	7713			75		50	363	7225
西南诸河区	765							765
西北诸河区	4103					35	151	3917

（三）重要河流水闸与橡胶坝基本情况

3-4-19　水闸与橡胶坝工程主要指标

河流名称	数量 /座	过闸流量 /（m³/s）	橡胶坝数量 /座	橡胶坝坝长 /m
松花江	210	4660	2	480
洮儿河	106	4484		
霍林河	12	394	9	1500
雅鲁河	28	659		
诺敏河	11	2551		
第二松花江	62	2665		
呼兰河	58	3250	1	90
拉林河	64	1306	1	36
牡丹江	12	9232	2	454
辽河	218	16828	12	1531
乌力吉木仁河	40	3369		
老哈河	100	2908	1	66
东辽河	48	7250		
绕阳河	29	3917		
浑河	320	18612	4	1290
大凌河	37	688	7	2107
滦河	50	1850	16	4622
潮白河	31	13401	21	3646
潮白新河	63	8962	2	756
永定河	134	28772	4	801
洋河	132	3543	16	2783
唐河	104	1736		
拒马河	1	25	3	244
滹沱河	97	854	6	2080
滏阳河	63	2828	7	538
漳河	96	1689	4	400
卫河	48	2340	3	61
黄河	1089	58770	2	120
洮河	11	142		
湟水-大通河	19	3263		
湟水	45	2628	11	560

河流名称	数量 /座	过闸流量 /（m³/s）	橡胶坝数量 /座	橡胶坝坝长 /m
无定河	2	15		
汾河	152	6821	7	1561
渭河	86	9030	6	1694
泾河	37	2325	3	450
北洛河	47	798		
洛河	28	588	11	6008
沁河	39	614	18	2224
大汶河	73	9083	22	4704
淮河干流 洪泽湖以上段	200	54048	6	356
洪汝河	136	4841	2	235
史河	86	3055	1	270
淠河	76	2923	2	745
沙颍河	193	38858	2	195
茨淮新河	67	10199		
涡河	156	18427		
怀洪新河	68	11700	1	22
淮河入海水道	31	10438		
入江水道白马湖 -高宝湖淮河区段	24	1017		
沂河	115	58634	12	4707
沭河	112	18164	6	2242
长江	746	36203	1	22
雅砻江				
岷江-大渡河	24	3443		
岷江	262	15609	6	134
嘉陵江				
渠江			1	300
涪江	106	98990	1	103
乌江-六冲河				
汉江	194	26475		
丹江	9	660	9	685
唐白河	83	7135	6	3019
湘江	509	17982	1	380

续表

河流名称	数量 /座	过闸流量 /（m³/s）	橡胶坝数量 /座	橡胶坝坝长 /m
资　水	79	17852		
沅　江	94	2586		
赣　江	117	5470		
抚　河	177	9708	2	768
信　江	114	40877		
钱塘江	167	14532	7	1513
新安江			2	312
瓯　江	113	3837	1	200
闽　江	49	3085	1	80
富屯溪-金溪	2	13	1	28
建　溪	1	50		
九龙江	65	66069	2	228
西　江	281	14920		
北盘江	6	402		
柳　江	28	890	1	126
郁　江	129	29758		
桂　江	12	343		
贺　江	12	145		
北　江	78	77451		
东　江	115	29073		
韩　江	120	19811	1	184
南渡江	72	1998		
石羊河	84	1057	6	545
黑　河	200	9877	1	95
疏勒河	102	3326		
柴达木河	6	101		
格尔木河	31	710		
奎屯河	19	101		
玛纳斯河	191	5560	4	107
孔雀河	68	1990	2	76
开都河	60	7967		
塔里木河	523	19409	1	50
木扎尔特河-渭干河	198	10317		
和田河	220	5200		

五、规模以上泵站

（一）各地区泵站基本情况

3-5-1 泵站主要指标

地 区	数量 /座	装机流量 /（万 m³/s）	装机功率 /万 kW
合　计	88970	16.88	2175.85
北　京	77	0.01	1.43
天　津	1647	0.62	59.39
河　北	1345	0.36	36.30
山　西	1131	0.09	65.39
内蒙古	525	0.10	19.73
辽　宁	1822	0.56	61.64
吉　林	626	0.17	27.54
黑龙江	910	0.34	42.84
上　海	1796	0.73	68.46
江　苏	17812	3.93	281.82
浙　江	2854	0.74	55.64
安　徽	7415	1.62	183.80
福　建	433	0.21	30.90
江　西	3087	0.59	68.44
山　东	3080	0.60	77.64
河　南	1401	0.13	29.54
湖　北	10245	1.95	237.01
湖　南	7217	1.04	156.20
广　东	4810	2.14	192.43
广　西	1326	0.22	47.02
海　南	78	0.01	1.85
重　庆	1665	0.04	33.29
四　川	5544	0.08	60.81
贵　州	1411	0.02	28.18
云　南	2926	0.11	39.91
西　藏	57	0.00	1.09
陕　西	1226	0.10	50.67
甘　肃	2112	0.14	102.73
青　海	562	0.01	9.88
宁　夏	572	0.11	58.99
新　疆	3258	0.09	45.27

3-5-2　按工程规模分的泵站工程数量

单位：座

地　区	数量	大型泵站		中型泵站	小型泵站	
		大（1）型	大（2）型		小（1）型	小（2）型
合　计	88970	23	276	3714	37482	47475
北　京	77			1	37	39
天　津	1647		7	190	897	553
河　北	1345		3	102	690	550
山　西	1131	3	10	82	433	603
内蒙古	525		1	43	300	181
辽　宁	1822	1	1	129	1258	433
吉　林	626		5	39	364	218
黑龙江	910		6	73	632	199
上　海	1796		12	191	813	780
江　苏	17812	4	54	356	7707	9691
浙　江	2854	1	9	128	1279	1437
安　徽	7415	2	13	375	3547	3478
福　建	433		4	72	234	123
江　西	3087		3	115	1256	1713
山　东	3080		12	121	1530	1417
河　南	1401		1	42	443	915
湖　北	10245	6	40	311	3687	6201
湖　南	7217		14	267	2845	4091
广　东	4810	3	37	476	2348	1946
广　西	1326		11	88	559	668
海　南	78			2	32	44
重　庆	1665		2	49	474	1140
四　川	5544			54	1173	4317
贵　州	1411		1	39	546	825
云　南	2926			29	874	2023
西　藏	57				29	28
陕　西	1226	3	5	64	562	592
甘　肃	2112		11	173	1146	782
青　海	562			3	336	223
宁　夏	572		13	79	265	215
新　疆	3258		1	21	1186	2050

注　大型泵站：装机流量≥50m³/s 或装机功率≥1 万 kW，其中，大（1）型泵站：装机流量≥200m³/s
　　或装机功率≥3 万 kW，大（2）型泵站：50m³/s≤装机流量<200m³/s 或 1 万 kW≤装机功率<
　　3 万 kW；中型泵站：10m³/s≤装机流量<50m³/s 或 0.1 万 kW≤装机功率<1 万 kW；小型泵站：
　　装机流量<10m³/s 或装机功率<0.1 万 kW，其中，小 （1） 型泵站：2m³/s≤装机流量<10m³/s
　　或 0.01 万 kW≤装机功率<0.1 万 kW，小（2）型泵站：装机流量<2m³/s 或装机功率<0.01 万 kW。

3-5-3　按工程任务分的泵站工程数量

单位：座

地　区	合计①	灌溉	排水	生活供水	工业供水	其他
合　计	88970	54809	37100	4087	3677	422
北　京	77	31	29		1	16
天　津	1647	983	1166	20	30	16
河　北	1345	859	638	5	78	4
山　西	1131	1016	20	113	61	3
内蒙古	525	365	96	33	50	4
辽　宁	1822	831	1115	37	64	9
吉　林	626	336	213	46	80	3
黑龙江	910	498	362	50	57	8
上　海	1796	37	1634	58	127	
江　苏	17812	8144	11718	150	194	91
浙　江	2854	691	2060	158	333	31
安　徽	7415	4286	4016	141	111	15
福　建	433	129	153	122	73	3
江　西	3087	2013	1405	114	78	15
山　东	3080	2734	763	164	151	30
河　南	1401	1133	134	67	93	23
湖　北	10245	6442	4493	242	167	13
湖　南	7217	5711	2863	245	223	22
广　东	4810	1025	3599	296	296	41
广　西	1326	808	139	219	244	4
海　南	78	35	2	30	15	6
重　庆	1665	1215	8	332	262	17
四　川	5544	4984	83	372	257	4
贵　州	1411	691	10	562	267	7
云　南	2926	2440	259	223	211	8
西　藏	57	51		3	4	
陕　西	1226	1095	32	105	43	6
甘　肃	2112	2020	7	89	52	5
青　海	562	542	1	17	5	2
宁　夏	572	508	34	37	14	7
新　疆	3258	3156	48	37	36	9

① 泵站工程一般具有多种功能，具有灌溉、排水、生活供水、工业供水、其他等任务的泵站之间有重复计算，所以分项加总数量大于合计数量。

3-5-4　按泵站类型分的泵站工程数量

单位：座

地　区	合计	排水	供水	供排结合
合　计	88970	28342	51708	8920
北　京	77	25	48	4
天　津	1647	569	469	609
河　北	1345	400	706	239
山　西	1131	20	1101	10
内蒙古	525	89	429	7
辽　宁	1822	894	704	224
吉　林	626	186	406	34
黑龙江	910	333	545	32
上　海	1796	1634	160	2
江　苏	17812	9329	6101	2382
浙　江	2854	1700	793	361
安　徽	7415	2961	3395	1059
福　建	433	152	260	21
江　西	3087	956	1672	459
山　东	3080	130	2314	636
河　南	1401	140	1223	38
湖　北	10245	3471	5753	1021
湖　南	7217	1558	4377	1282
广　东	4810	3360	1158	292
广　西	1326	142	1178	6
海　南	78	2	72	4
重　庆	1665	3	1657	5
四　川	5544	32	5489	23
贵　州	1411	7	1401	3
云　南	2926	141	2649	136
西　藏	57		57	
陕　西	1226	22	1191	13
甘　肃	2112	3	2102	7
青　海	562	1	561	
宁　夏	572	28	538	6
新　疆	3258	54	3199	5

3-5-5　已建和在建泵站工程数量

单位：座

地　区	合　计	已　建	在　建
合　计	88970	88272	698
北　京	77	75	2
天　津	1647	1644	3
河　北	1345	1338	7
山　西	1131	1108	23
内蒙古	525	511	14
辽　宁	1822	1821	1
吉　林	626	624	2
黑龙江	910	900	10
上　海	1796	1794	2
江　苏	17812	17681	131
浙　江	2854	2791	63
安　徽	7415	7370	45
福　建	433	421	12
江　西	3087	3077	10
山　东	3080	3033	47
河　南	1401	1396	5
湖　北	10245	10210	35
湖　南	7217	7186	31
广　东	4810	4697	113
广　西	1326	1291	35
海　南	78	76	2
重　庆	1665	1652	13
四　川	5544	5527	17
贵　州	1411	1372	39
云　南	2926	2916	10
西　藏	57	57	
陕　西	1226	1221	5
甘　肃	2112	2096	16
青　海	562	561	1
宁　夏	572	570	2
新　疆	3258	3256	2

3-5-6　按建设时间分的泵站工程数量

单位：座

地　区	合计	1949年以前	50年代	60年代	70年代	80年代	90年代	2000年至时点
合　计	88970	56	972	8465	22640	15742	14049	27046
北　京	77			3	14	1	14	45
天　津	1647	1	29	137	440	319	279	442
河　北	1345	3	12	138	528	229	136	299
山　西	1131		22	119	406	146	129	309
内蒙古	525		4	28	101	93	105	194
辽　宁	1822	11	11	172	870	248	221	289
吉　林	626	7	15	59	153	115	122	155
黑龙江	910	8	20	39	98	151	250	344
上　海	1796	4	7	55	313	292	352	773
江　苏	17812	6	144	1076	3494	2616	3080	7396
浙　江	2854		27	173	338	352	554	1410
安　徽	7415	1	75	614	1895	1578	1584	1668
福　建	433		5	12	73	49	97	197
江　西	3087	2	32	399	1125	710	385	434
山　东	3080		26	346	799	686	496	727
河　南	1401		39	191	332	279	198	362
湖　北	10245	1	124	912	2931	2620	1773	1884
湖　南	7217	1	115	1283	2244	1754	970	850
广　东	4810	1	51	785	1192	474	581	1726
广　西	1326	1	13	249	222	181	236	424
海　南	78		2	8	6	9	15	38
重　庆	1665	2	22	227	675	250	171	318
四　川	5544		34	639	1926	1135	694	1116
贵　州	1411		11	166	191	165	206	672
云　南	2926	5	57	313	650	615	629	657
西　藏	57				1	12	14	30
陕　西	1226	1	29	92	528	146	195	235
甘　肃	2112	1	43	178	910	320	257	403
青　海	562			29	81	97	112	243
宁　夏	572		2	21	82	69	110	288
新　疆	3258		1	2	22	31	84	3118

3-5-7　按设计扬程分的泵站工程数量

单位：座

地　　区	合　计	50m 及以上	10（含）～50m	10m 以下
合　　计	88970	13311	26893	48766
北　京	77	19	40	18
天　津	1647	6	109	1532
河　北	1345	187	207	951
山　西	1131	569	427	135
内蒙古	525	105	176	244
辽　宁	1822	87	97	1638
吉　林	626	78	184	364
黑龙江	910	42	246	622
上　海	1796	3	165	1628
江　苏	17812	45	1158	16609
浙　江	2854	101	490	2263
安　徽	7415	40	2193	5182
福　建	433	68	218	147
江　西	3087	73	1302	1712
山　东	3080	247	812	2021
河　南	1401	402	702	297
湖　北	10245	174	4714	5357
湖　南	7217	859	3191	3167
广　东	4810	87	747	3976
广　西	1326	302	907	117
海　南	78	18	56	4
重　庆	1665	1080	582	3
四　川	5544	3487	2042	15
贵　州	1411	1262	146	3
云　南	2926	1240	1362	324
西　藏	57	13	41	3
陕　西	1226	558	614	54
甘　肃	2112	1303	772	37
青　海	562	307	254	1
宁　夏	572	105	225	242
新　疆	3258	444	2714	100

3-5-8　按工程规模分的泵站装机功率

单位：万 kW

地　区	合计	大型泵站		中型泵站	小型泵站	
		大（1）型	大（2）型		小（1）型	小（2）型
合　计	2175.85	58.22	263.01	693.21	861.98	299.43
北　京	1.43			0.11	1.06	0.26
天　津	59.39		3.46	29.30	23.11	3.52
河　北	36.30		1.12	12.63	18.96	3.59
山　西	65.39	11.18	16.05	23.06	11.08	4.02
内蒙古	19.73		0.38	10.26	7.89	1.21
辽　宁	61.64	4.60	0.66	20.74	32.90	2.74
吉　林	27.54		5.23	9.84	10.99	1.49
黑龙江	42.84		7.07	15.98	18.44	1.36
上　海	68.46		14.83	32.56	16.78	4.29
江　苏	281.82	7.54	35.98	48.23	131.21	58.85
浙　江	55.64	0.80	3.85	16.83	25.22	8.94
安　徽	183.80	3.08	11.82	59.20	87.87	21.83
福　建	30.90		4.26	17.98	7.88	0.78
江　西	68.44		2.15	18.82	37.25	10.23
山　东	77.64		13.24	22.40	33.02	8.98
河　南	29.54		1.04	12.16	10.64	5.69
湖　北	237.01	11.44	36.38	60.06	90.28	38.84
湖　南	156.20		13.13	48.50	69.21	25.36
广　东	192.43	9.08	30.99	79.94	59.32	13.10
广　西	47.02		10.91	14.98	16.80	4.33
海　南	1.85			0.54	1.01	0.30
重　庆	33.29		3.64	11.33	11.14	7.18
四　川	60.81			10.69	22.66	27.46
贵　州	28.18		1.81	8.30	12.60	5.48
云　南	39.91			8.14	18.81	12.96
西　藏	1.09				0.90	0.19
陕　西	50.67	10.50	5.58	15.43	15.25	3.91
甘　肃	102.73		18.51	47.94	31.15	5.13
青　海	9.88			0.51	7.82	1.54
宁　夏	58.99		19.67	30.72	7.12	1.47
新　疆	45.27		1.26	6.03	23.61	14.38

3-5-9 按工程任务分的泵站装机功率

单位：万 kW

地 区	合计	灌溉	排水	生活供水	工业供水	其他
合 计	2175.85	1061.44	1004.54	261.30	296.24	34.94
北 京	1.43	0.50	0.43		0.06	0.45
天 津	59.39	22.32	46.92	4.47	5.03	1.79
河 北	36.30	19.91	22.20	0.19	2.70	0.31
山 西	65.39	53.25	0.63	12.64	12.36	0.61
内 蒙 古	19.73	10.87	2.12	2.67	5.00	0.19
辽 宁	61.64	21.31	37.69	9.62	4.21	0.17
吉 林	27.54	13.04	6.89	5.47	4.45	0.26
黑 龙 江	42.84	23.26	13.25	5.89	5.64	0.41
上 海	68.46	0.26	44.00	9.19	24.22	
江 苏	281.82	130.05	188.09	20.25	19.95	12.36
浙 江	55.64	10.01	34.28	11.40	11.77	1.83
安 徽	183.80	98.63	118.16	7.86	12.04	3.26
福 建	30.90	3.42	15.39	9.97	4.90	0.07
江 西	68.44	29.16	48.70	2.99	5.15	0.40
山 东	77.64	53.73	15.43	25.41	24.40	5.37
河 南	29.54	18.32	4.57	6.89	8.29	0.52
湖 北	237.01	97.92	156.19	7.70	9.06	0.28
湖 南	156.20	88.43	91.39	8.71	16.43	0.74
广 东	192.43	14.26	135.13	42.46	41.12	3.31
广 西	47.02	13.44	14.90	6.12	14.64	0.05
海 南	1.85	0.48	0.04	0.94	0.18	0.43
重 庆	33.29	10.18	0.48	15.39	15.94	0.67
四 川	60.81	43.54	1.92	9.84	10.37	0.02
贵 州	28.18	8.38	0.10	12.61	9.97	0.29
云 南	39.91	27.36	3.44	3.43	8.28	0.09
西 藏	1.09	1.02		0.05	0.05	
陕 西	50.67	47.63	0.94	2.32	1.70	0.05
甘 肃	102.73	96.92	0.10	7.11	7.27	0.08
青 海	9.88	9.49	0.01	0.31	0.16	0.03
宁 夏	58.99	54.67	0.41	6.63	6.92	0.22
新 疆	45.27	39.67	0.75	2.78	3.98	0.70

3-5-10　按泵站类型分的泵站装机功率

单位：万 kW

地　区	合　计	排水	供水	供排结合
合　计	2175.85	755.89	1164.84	255.12
北　京	1.43	0.36	1.01	0.07
天　津	59.39	28.65	10.55	20.19
河　北	36.30	13.22	14.08	9.00
山　西	65.39	0.60	64.15	0.65
内蒙古	19.73	2.00	17.61	0.12
辽　宁	61.64	28.15	23.85	9.64
吉　林	27.54	5.48	20.41	1.65
黑龙江	42.84	11.26	29.52	2.07
上　海	68.46	43.76	24.46	0.24
江　苏	281.82	132.95	93.32	55.55
浙　江	55.64	28.42	21.24	5.98
安　徽	183.80	76.67	65.61	41.52
福　建	30.90	15.05	14.68	1.16
江　西	68.44	33.12	19.61	15.72
山　东	77.64	3.53	62.33	11.78
河　南	29.54	4.65	24.56	0.33
湖　北	237.01	125.15	80.84	31.03
湖　南	156.20	54.27	65.78	36.15
广　东	192.43	128.02	55.57	8.84
广　西	47.02	14.60	32.18	0.24
海　南	1.85	0.04	1.74	0.08
重　庆	33.29	0.37	32.81	0.11
四　川	60.81	1.29	59.21	0.31
贵　州	28.18	0.08	28.08	0.02
云　南	39.91	2.30	35.94	1.67
西　藏	1.09		1.09	
陕　西	50.67	0.75	49.10	0.82
甘　肃	102.73	0.03	102.62	0.09
青　海	9.88	0.01	9.87	
宁　夏	58.99	0.34	58.59	0.06
新　疆	45.27	0.78	44.44	0.05

3-5-11　已建和在建泵站装机功率

单位：万 kW

地　区	合计	已建	在建
合　计	2175.85	2095.95	79.90
北　京	1.43	1.33	0.10
天　津	59.39	58.70	0.69
河　北	36.30	36.04	0.26
山　西	65.39	56.12	9.27
内蒙古	19.73	18.54	1.19
辽　宁	61.64	61.55	0.09
吉　林	27.54	27.34	0.19
黑龙江	42.84	38.31	4.53
上　海	68.46	68.41	0.06
江　苏	281.82	273.71	8.11
浙　江	55.64	53.42	2.22
安　徽	183.80	180.46	3.34
福　建	30.90	29.17	1.73
江　西	68.44	67.13	1.32
山　东	77.64	66.42	11.22
河　南	29.54	28.25	1.29
湖　北	237.01	231.34	5.68
湖　南	156.20	154.50	1.70
广　东	192.43	175.26	17.17
广　西	47.02	43.89	3.14
海　南	1.85	1.83	0.02
重　庆	33.29	32.36	0.93
四　川	60.81	60.66	0.15
贵　州	28.18	25.14	3.04
云　南	39.91	39.82	0.10
西　藏	1.09	1.09	
陕　西	50.67	50.49	0.18
甘　肃	102.73	102.37	0.36
青　海	9.88	9.87	0.01
宁　夏	58.99	58.42	0.56
新　疆	45.27	44.00	1.27

3-5-12　按建设时间分的泵站装机功率

单位：万 kW

地 区	合计	1949 年以前	50 年代	60 年代	70 年代	80 年代	90 年代	2000 年至时点
合　计	2175.85	3.89	28.82	188.33	522.20	313.87	362.03	756.71
北　京	1.43			0.03	0.26	0.01	0.22	0.92
天　津	59.39	0.21	2.09	5.19	16.08	12.53	6.37	16.92
河　北	36.30	0.05	0.15	5.87	15.12	4.85	3.52	6.74
山　西	65.39		1.10	5.34	20.65	7.55	6.21	24.53
内蒙古	19.73		0.48	0.87	4.57	1.53	4.21	8.08
辽　宁	61.64	1.06	0.66	7.58	25.70	6.04	6.40	14.21
吉　林	27.54	0.60	0.70	1.60	5.41	4.86	4.60	9.76
黑龙江	42.84	0.49	3.18	1.19	5.41	3.96	8.71	19.89
上　海	68.46	0.17	1.08	1.28	6.08	9.10	16.93	33.82
江　苏	281.82	0.04	1.95	19.34	50.97	37.16	43.17	129.18
浙　江	55.64		0.23	4.94	4.89	4.89	11.77	28.92
安　徽	183.80	0.01	3.32	21.41	42.96	33.06	28.47	54.57
福　建	30.90		0.14	1.03	4.63	1.84	6.77	16.49
江　西	68.44	0.04	0.43	8.38	20.72	11.02	8.68	19.17
山　东	77.64		0.60	6.68	15.51	13.45	11.49	29.91
河　南	29.54		0.33	3.66	7.03	4.59	6.57	7.36
湖　北	237.01	0.58	2.70	15.48	98.99	54.20	29.26	35.81
湖　南	156.20	0.01	1.51	25.86	42.17	27.39	29.82	29.44
广　东	192.43	0.01	1.28	19.42	22.33	10.26	25.58	113.56
广　西	47.02	0.06	0.26	6.15	4.68	4.52	8.72	22.63
海　南	1.85		0.01	0.09	0.07	0.22	0.61	0.84
重　庆	33.29	0.23	1.40	3.03	6.49	2.69	8.34	11.12
四　川	60.81		0.52	8.46	17.07	10.61	9.56	14.60
贵　州	28.18		0.35	2.83	3.29	2.90	4.53	14.29
云　南	39.91	0.19	0.91	3.31	9.24	7.48	8.73	10.05
西　藏	1.09				0.01	0.33	0.30	0.44
陕　西	50.67	0.01	0.56	2.01	14.98	15.62	13.01	4.48
甘　肃	102.73	0.15	2.26	5.34	45.10	14.09	26.70	9.10
青　海	9.88			0.59	1.05	1.37	2.13	4.74
宁　夏	58.99		0.03	0.90	9.79	4.45	18.29	25.54
新　疆	45.27		0.59	0.47	0.96	1.30	2.36	39.59

3-5-13　按设计扬程分的泵站装机功率

单位：万 kW

地　区	合计	50m 及以上	10（含）～50m	10m 以下
合　　计	2175.85	406.23	612.18	1157.54
北　京	1.43	0.32	0.86	0.27
天　津	59.39	1.24	6.11	52.04
河　北	36.30	3.97	5.12	27.21
山　西	65.39	48.72	14.47	2.21
内蒙古	19.73	6.84	6.97	5.91
辽　宁	61.64	11.06	2.29	48.29
吉　林	27.54	6.96	8.09	12.48
黑龙江	42.84	3.86	18.40	20.59
上　海	68.46	0.10	24.99	43.37
江　苏	281.82	1.13	31.90	248.79
浙　江	55.64	4.81	13.22	37.61
安　徽	183.80	1.59	49.71	132.50
福　建	30.90	4.54	13.25	13.11
江　西	68.44	1.55	19.58	47.32
山　东	77.64	9.99	19.67	47.98
河　南	29.54	10.15	13.06	6.32
湖　北	237.01	3.75	75.60	157.66
湖　南	156.20	15.10	56.15	84.94
广　东	192.43	8.68	41.57	142.19
广　西	47.02	8.66	24.90	13.46
海　南	1.85	0.27	1.46	0.12
重　庆	33.29	26.53	6.70	0.06
四　川	60.81	40.84	19.66	0.31
贵　州	28.18	24.75	3.40	0.04
云　南	39.91	20.61	15.68	3.62
西　藏	1.09	0.35	0.70	0.03
陕　西	50.67	32.26	15.69	2.71
甘　肃	102.73	61.08	41.05	0.60
青　海	9.88	6.88	2.99	0.01
宁　夏	58.99	27.38	28.22	3.39
新　疆	45.27	12.27	30.61	2.39

（二）水资源一级区泵站基本情况

3-5-14　泵站主要指标

水资源一级区	数量 /座	装机流量 /（万 m³/s）	装机功率 /万 kW
合　计	88970	16.88	2175.85
松花江区	1515	0.51	69.65
辽河区	1948	0.57	65.58
海河区	4233	1.14	124.01
黄河区	6072	0.64	309.26
淮河区	17377	3.32	303.50
长江区	44127	7.57	912.33
东南诸河区	1823	0.57	65.37
珠江区	8077	2.43	267.92
西南诸河区	450	0.02	8.07
西北诸河区	3348	0.10	50.16

3-5-15　按工程规模分的泵站工程数量

单位：座

水资源一级区	数量	大型泵站		中型泵站	小型泵站	
		大（1）型	大（2）型		小（1）型	小（2）型
合　计	88970	23	276	3714	37482	47475
松花江区	1515		11	108	992	404
辽河区	1948	1	1	140	1330	476
海河区	4233		12	342	2107	1772
黄河区	6072	6	41	463	3008	2554
淮河区	17377	2	54	370	7359	9592
长江区	44127	11	99	1517	16727	25773
东南诸河区	1823		9	153	994	667
珠江区	8077	3	48	586	3516	3924
西南诸河区	450			5	215	230
西北诸河区	3348		1	30	1234	2083

3-5-16　按工程任务分的泵站工程数量

单位：座

水资源一级区	合计	灌溉	排水	生活供水	工业供水	其他
合　计	88970	54809	37100	4087	3677	422
松花江区	1515	849	562	88	119	10
辽河区	1948	897	1138	50	94	10
海河区	4233	2928	1865	108	169	44
黄河区	6072	5438	255	381	218	44
淮河区	17377	10755	8989	234	257	68
长江区	44127	26570	19422	2056	1659	151
东南诸河区	1823	515	888	256	343	22
珠江区	8077	3287	3928	822	704	59
西南诸河区	450	336	5	53	72	1
西北诸河区	3348	3234	48	39	42	13

3-5-17 按泵站类型分的泵站工程数量

单位：座

水资源一级区	合计	排水	供水	供排结合
合　计	88970	28342	51708	8920
松花江区	1515	507	944	64
辽河区	1948	915	806	227
海河区	4233	1020	2326	887
黄河区	6072	219	5786	67
淮河区	17377	6257	8405	2715
长江区	44127	14985	24731	4411
东南诸河区	1823	783	918	122
珠江区	8077	3598	4064	415
西南诸河区	450	4	443	3
西北诸河区	3348	54	3285	9

3-5-18　已建和在建泵站工程数量

单位：座

水资源一级区	合计	已建	在建
合　计	88970	88272	698
松花江区	1515	1494	21
辽河区	1948	1947	1
海河区	4233	4189	44
黄河区	6072	6024	48
淮河区	17377	17245	132
长江区	44127	43875	252
东南诸河区	1823	1798	25
珠江区	8077	7905	172
西南诸河区	450	450	
西北诸河区	3348	3345	3

3-5-19 按建设时间分的泵站工程数量

单位：座

水资源一级区	合计	1949年以前	50年代	60年代	70年代	80年代	90年代	2000年至时点
合　计	88970	56	972	8465	22640	15742	14049	27046
松花江区	1515	11	35	92	241	257	367	512
辽河区	1948	15	12	183	897	272	247	322
海河区	4233	4	64	397	1246	841	643	1038
黄河区	6072	2	92	454	2038	892	891	1703
淮河区	17377	4	89	1100	3872	3324	3132	5856
长江区	44127	17	551	4822	12060	8747	7006	10924
东南诸河区	1823		20	146	359	272	306	720
珠江区	8077	2	97	1247	1812	1002	1217	2700
西南诸河区	450	1	7	18	85	95	112	132
西北诸河区	3348			5	6	30	40	128	3139

3-5-20 按设计扬程分的泵站工程数量

单位：座

水资源一级区	合计	50m 及以上	10（含）～50m	10m 以下
合　计	88970	13311	26893	48766
松花江区	1515	117	429	969
辽河区	1948	132	144	1672
海河区	4233	499	706	3028
黄河区	6072	2879	2301	892
淮河区	17377	274	2497	14606
长江区	44127	7367	14671	22089
东南诸河区	1823	159	630	1034
珠江区	8077	1240	2495	4342
西南诸河区	450	183	251	16
西北诸河区	3348	461	2769	118

3-5-21 按工程规模分的泵站装机功率

单位：万 kW

水资源一级区	合计	大型泵站		中型泵站	小型泵站	
		大（1）型	大（2）型		小（1）型	小（2）型
合　计	2175.85	58.22	263.01	693.21	861.98	299.43
松花江区	69.65		12.30	24.71	29.88	2.76
辽河区	65.58	4.60	0.66	22.80	34.48	3.05
海河区	124.01		6.36	51.07	55.10	11.48
黄河区	309.26	21.68	61.26	130.66	78.62	17.04
淮河区	303.50	4.78	46.94	63.35	130.33	58.10
长江区	912.33	18.08	85.14	258.26	390.15	160.71
东南诸河区	65.37		7.19	29.79	24.15	4.24
珠江区	267.92	9.08	41.90	101.50	89.49	25.95
西南诸河区	8.07			1.50	5.07	1.50
西北诸河区	50.16		1.26	9.59	24.71	14.60

3-5-22　按工程任务分的泵站装机功率

单位：万 kW

水资源一级区	合计	灌溉	排水	生活供水	工业供水	其他
合　计	2175.85	1061.44	1004.54	261.30	296.24	34.94
松花江区	69.65	37.14	20.12	10.87	8.71	0.56
辽河区	65.58	22.79	38.16	10.34	5.95	0.28
海河区	124.01	60.76	70.38	12.29	14.91	2.73
黄河区	309.26	275.17	7.17	31.97	33.56	1.75
淮河区	303.50	190.51	155.03	37.67	37.90	12.15
长江区	912.33	370.13	527.81	80.68	112.54	11.66
东南诸河区	65.37	10.88	33.00	19.23	14.78	1.13
珠江区	267.92	44.03	152.06	54.53	62.10	3.90
西南诸河区	8.07	5.83	0.08	0.92	1.55	0.01
西北诸河区	50.16	44.20	0.75	2.79	4.25	0.77

3-5-23　按泵站类型分的泵站装机功率

单位：万 kW

水资源一级区	合计	排水	供水	供排结合
合　计	2175.85	755.89	1164.84	255.12
松花江区	69.65	16.76	49.23	3.67
辽河区	65.58	28.54	27.32	9.72
海河区	124.01	42.68	51.54	29.79
黄河区	309.26	5.85	300.84	2.57
淮河区	303.50	85.62	147.97	69.92
长江区	912.33	402.79	385.70	123.84
东南诸河区	65.37	28.99	31.48	4.90
珠江区	267.92	143.84	113.50	10.58
西南诸河区	8.07	0.05	8.00	0.02
西北诸河区	50.16	0.78	49.26	0.12

3-5-24 已建和在建泵站装机功率

单位：万 kW

水资源一级区	合计	已建	在建
合　计	2175.85	2095.95	79.90
松花江区	69.65	64.44	5.21
辽河区	65.58	65.49	0.09
海河区	124.01	122.45	1.56
黄河区	309.26	297.11	12.15
淮河区	303.50	285.61	17.89
长江区	912.33	894.63	17.71
东南诸河区	65.37	62.68	2.68
珠江区	267.92	246.59	21.33
西南诸河区	8.07	8.07	
西北诸河区	50.16	48.87	1.29

3-5-25　按建设时间分的泵站装机功率

单位：万 kW

水资源一级区	合计	1949年以前	50年代	60年代	70年代	80年代	90年代	2000年至时点
合　计	2175.85	3.89	28.82	188.33	522.20	313.87	362.03	756.71
松花江区	69.65	0.66	3.89	2.60	10.41	8.94	13.08	30.07
辽河区	65.58	1.49	0.68	7.98	26.58	6.34	7.12	15.40
海河区	124.01	0.26	2.45	12.93	36.29	27.07	15.26	29.75
黄河区	309.26	0.16	4.30	15.83	97.91	41.90	70.41	78.74
淮河区	303.50	0.03	2.18	31.78	67.36	49.56	41.17	111.43
长江区	912.33	1.22	12.24	83.40	238.55	152.60	153.38	270.94
东南诸河区	65.37		0.28	5.18	8.98	5.07	13.32	32.54
珠江区	267.92	0.07	2.06	27.88	32.76	19.40	39.93	145.82
西南诸河区	8.07	0.01	0.13	0.23	2.32	1.56	1.81	2.02
西北诸河区	50.16		0.62	0.52	1.05	1.43	6.51	40.04

3-5-26　按设计扬程分的泵站装机功率

单位：万 kW

水资源一级区	合计	50m 及以上	10（含）～50m	10m 以下
合　计	2175.85	406.23	612.18	1157.54
松花江区	69.65	10.11	26.52	33.01
辽河区	65.58	13.39	3.36	48.84
海河区	124.01	14.60	18.57	90.84
黄河区	309.26	181.60	104.97	22.69
淮河区	303.50	9.75	59.79	233.95
长江区	912.33	118.60	259.58	534.16
东南诸河区	65.37	8.65	23.54	33.18
珠江区	267.92	32.76	77.07	158.10
西南诸河区	8.07	4.22	3.69	0.15
西北诸河区	50.16	12.54	34.98	2.64

六、灌区

（一）各地区灌区基本情况

3-6-1　按土地属性分的灌溉面积

单位：万亩

地　区	合计	耕地	非耕地
合　计	100049.96	92182.76	7867.20
北　京	347.89	231.99	115.90
天　津	482.54	465.89	16.65
河　北	6739.15	6397.07	342.07
山　西	1981.36	1917.41	63.95
内蒙古	5083.05	4722.62	360.43
辽　宁	1993.98	1860.71	133.27
吉　林	2215.52	2177.91	37.61
黑龙江	6687.06	6667.73	19.33
上　海	273.53	238.50	35.03
江　苏	5611.29	5195.63	415.66
浙　江	2228.53	2018.76	209.77
安　徽	6447.28	6221.69	225.58
福　建	1772.14	1524.02	248.12
江　西	3063.53	2872.50	191.03
山　东	8196.46	7593.84	602.62
河　南	7661.29	7480.23	181.06
湖　北	4531.66	4262.20	269.46
湖　南	4686.34	4400.11	286.23
广　东	3073.88	2654.01	419.87
广　西	2449.02	2356.81	92.21
海　南	469.11	354.63	114.48
重　庆	1038.9	975.80	63.09
四　川	4093.73	3756.42	337.31
贵　州	1339.11	1318.42	20.68
云　南	2484.55	2329.13	155.42
西　藏	504.12	302.86	201.27
陕　西	1956.32	1792.18	164.15
甘　肃	2187.61	1892.09	295.52
青　海	389.05	273.59	115.46
宁　夏	862.48	739.06	123.42
新　疆	9199.49	7188.95	2010.54

3-6-2　按水源工程类型分的灌溉面积

单位：万亩

地　区	水库	塘坝	河湖引水闸（坝、堰）	河湖泵站	机电井	其他
合　计	18753.14	9528.56	27231.69	17795.07	36120.64	3509.63
北　京	8.75	1.97	4.50	3.89	330.01	61.83
天　津	15.45	1.66	0.56	354.28	202.13	1.50
河　北	804.23	43.47	721.32	384.24	5968.48	178.26
山　西	426.02	16.46	280.58	425.63	1243.20	105.23
内蒙古	336.32	13.65	1717.69	351.20	3490.30	13.48
辽　宁	221.24	110.24	231.79	307.20	1175.75	45.36
吉　林	290.94	35.11	240.26	227.53	1499.99	33.44
黑龙江	445.49	63.74	772.41	551.53	5060.23	25.67
上　海				273.53		
江　苏	230.66	216.00	1032.38	4138.51	99.62	57.31
浙　江	465.34	353.76	328.48	1096.79	19.43	119.09
安　徽	1475.74	1587.73	659.07	1779.90	1424.13	71.04
福　建	353.57	134.12	1023.62	76.57	31.17	196.89
江　西	1044.90	700.18	752.89	483.57	75.21	130.14
山　东	681.86	582.38	2075.27	2097.65	4291.13	163.22
河　南	915.12	364.18	956.36	336.91	5835.62	136.26
湖　北	1306.73	1015.75	1119.56	1568.01	106.29	120.33
湖　南	1778.13	1596.49	958.41	839.02	68.40	168.31
广　东	1062.58	390.88	1137.07	344.64	125.94	187.67
广　西	910.88	350.62	686.14	308.08	93.78	266.70
海　南	300.18	43.95	29.33	37.26	38.54	35.83
重　庆	477.02	338.18	121.41	145.64	1.47	17.54
四　川	1086.30	1034.41	1520.96	435.17	98.43	244.78
贵　州	293.04	152.48	365.06	102.12	8.40	441.40
云　南	858.29	215.8	872.62	102.04	37.15	445.81
西　藏	32.47	91.96	343.93	7.11	16.17	31.37
陕　西	502.04	36.81	459.97	337.59	927.79	41.58
甘　肃	847.96	9.96	681.33	314.40	800.99	38.05
青　海	96.98	5.53	259.13	24.37	12.64	4.91
宁　夏	59.21	5.00	528.41	234.97	96.86	3.86
新　疆	1425.70	16.10	7351.18	105.71	2941.40	122.76

注　灌区内一般具有多种灌溉水源工程，水库、塘坝、河湖引水闸（坝、堰）、河湖泵站、机电井、其他水源工程的灌溉面积之间有重复计算，所以分项加总数量大于100049.96万亩。

3-6-3 按土地属性分的 2011 年实际灌溉面积

单位：万亩

地 区	合 计	耕地	非耕地
合 计	86979.86	80628.54	6351.31
北 京	257.50	182.34	75.16
天 津	418.11	402.61	15.50
河 北	5934.42	5710.62	223.81
山 西	1802.26	1748.40	53.86
内 蒙 古	4357.34	4048.60	308.74
辽 宁	1536.11	1435.45	100.66
吉 林	1659.23	1626.60	32.64
黑 龙 江	5645.93	5635.80	10.13
上 海	233.73	205.60	28.12
江 苏	4903.33	4562.13	341.20
浙 江	1998.42	1830.33	168.09
安 徽	5722.81	5542.95	179.86
福 建	1604.85	1385.75	219.11
江 西	2837.01	2705.18	131.83
山 东	7310.69	6835.62	475.07
河 南	6808.83	6670.18	138.66
湖 北	3865.71	3671.70	194.01
湖 南	4001.12	3826.41	174.72
广 东	2819.14	2452.11	367.03
广 西	2072.95	2001.82	71.13
海 南	399.30	301.58	97.72
重 庆	716.06	678.15	37.91
四 川	3317.80	3082.14	235.66
贵 州	944.47	932.95	11.52
云 南	2148.07	2011.07	137.00
西 藏	488.15	292.86	195.29
陕 西	1574.72	1452.37	122.35
甘 肃	1911.98	1668.50	243.47
青 海	324.10	232.49	91.60
宁 夏	809.74	693.70	116.04
新 疆	8555.97	6802.54	1753.43

3-6-4 按灌区规模分的灌区数量

单位：处

地　区	合计	2000 亩及以上	大型	中型	小型
合　计	2065672	22300	456	7293	2057923
北　京	15464	14	1	10	15453
天　津	8701	248	1	79	8621
河　北	341968	276	21	130	341817
山　西	43445	406	11	184	43250
内蒙古	162099	493	14	225	161860
辽　宁	45699	206	11	70	45618
吉　林	76564	302	10	127	76427
黑龙江	145446	692	25	361	145060
上　海	5891	10		1	5890
江　苏	25111	1010	35	284	24792
浙　江	34920	647	12	194	34714
安　徽	161996	1814	10	488	161498
福　建	40894	582	4	143	40747
江　西	49593	1139	18	296	49279
山　东	148203	1373	53	444	147706
河　南	371582	658	37	296	371249
湖　北	13843	1159	40	517	13286
湖　南	73855	2244	22	661	73172
广　东	32888	1845	3	485	32400
广　西	48762	978	11	341	48410
海　南	4017	234	1	67	3949
重　庆	25933	605		123	25810
四　川	54963	1252	10	360	54593
贵　州	29703	573		116	29587
云　南	25759	1352	12	319	25428
西　藏	6315	322	1	61	6253
陕　西	40507	357	12	168	40327
甘　肃	11167	405	23	208	10936
青　海	1542	236		89	1453
宁　夏	2920	77	5	23	2892
新　疆	15922	791	53	423	15446

注　大型灌区指设计灌溉面积为 30 万亩及以上的灌区；中型灌区指设计灌溉面积为 1 万亩及以上，且小于 30 万亩的灌区；小型灌区指设计灌溉面积为 1 万亩以下的灌区。本次仅普查灌溉面积 50 亩及以上灌区。

3-6-5 按灌区规模分的灌溉面积

单位：万亩

地　区	合计	大型	中型	小型
合　计	84251.80	27823.83	22251.45	34176.52
北　京	300.51	55.36	32.89	212.26
天　津	468.11	41.80	245.52	180.79
河　北	5171.08	1014.14	617.77	3539.17
山　西	1861.97	477.33	595.67	788.97
内蒙古	4435.79	1492.82	746.15	2196.82
辽　宁	1329.55	485.73	224.98	618.84
吉　林	1565.62	228.76	352.51	984.35
黑龙江	4572.88	570.01	825.53	3177.34
上　海	237.37		4.00	233.37
江　苏	4391.30	1490.24	1950.75	950.31
浙　江	1938.90	416.24	544.92	977.74
安　徽	5094.46	1641.76	1373.82	2078.88
福　建	1420.69	95.79	263.80	1061.10
江　西	2688.19	550.34	711.76	1426.09
山　东	6643.65	3262.75	1353.81	2027.09
河　南	6095.16	2742.68	914.47	2438.01
湖　北	4289.74	2096.34	1633.49	559.91
湖　南	4207.97	745.34	1731.51	1731.12
广　东	2783.43	187.24	1061.52	1534.67
广　西	2210.11	308.37	691.58	1210.16
海　南	411.95	65.43	171.40	175.12
重　庆	912.29		225.83	686.46
四　川	3396.93	1289.93	661.62	1445.38
贵　州	927.85		140.17	787.68
云　南	2228.60	360.05	794.70	1073.85
西　藏	470.79	19.71	130.76	320.32
陕　西	1688.23	817.65	357.13	513.45
甘　肃	2162.15	1063.48	771.34	327.33
青　海	378.77		254.56	124.21
宁　夏	841.98	690.42	83.19	68.37
新　疆	9125.78	5614.13	2784.31	727.34

3-6-6 按渠道规模分的灌区灌溉渠道数量

单位：条

地 区	合计	1.0m³/s 及以上	0.5（含）～1.0m³/s	0.2（含）～0.5m³/s
合 计	829678	49843	203038	576797
北 京	70	16	4	50
天 津	8007	640	3243	4124
河 北	19996	1723	5913	12360
山 西	13256	821	1883	10552
内 蒙 古	34847	3488	8384	22975
辽 宁	28286	2705	6858	18723
吉 林	4093	750	989	2354
黑 龙 江	8929	1163	2299	5467
上 海	504	18	252	234
江 苏	121588	4150	31728	85710
浙 江	19052	372	3965	14715
安 徽	29375	2166	7667	19542
福 建	2251	305	681	1265
江 西	28810	1132	9727	17951
山 东	38115	3414	10032	24669
河 南	18915	1738	4810	12367
湖 北	80413	3676	24052	52685
湖 南	71715	4110	24438	43167
广 东	22826	1633	5183	16010
广 西	16348	1095	3231	12022
海 南	3046	242	559	2245
重 庆	2140	283	625	1232
四 川	19540	975	4260	14305
贵 州	1674	191	327	1156
云 南	10092	842	1890	7360
西 藏	1166	118	251	797
陕 西	8723	689	1530	6504
甘 肃	93718	3071	16157	74490
青 海	2810	162	401	2247
宁 夏	13800	882	2299	10619
新 疆	105573	7273	19400	78900

3-6-7 按渠道规模分的灌区灌溉渠道长度

单位：km

地　区	合计	1.0m³/s 及以上	0.5（含）～1.0m³/s	0.2（含）～0.5m³/s
合　计	1148279	308425	288827	551027
北　京	139.9	83.9	22.5	33.5
天　津	7091.6	1370.1	2952	2769.5
河　北	25840.7	10088.2	6034.9	9717.6
山　西	20928.5	5580	4037	11311.5
内蒙古	51737.7	18545.7	12453.9	20738.1
辽　宁	20762.8	6498.6	4893.1	9371.1
吉　林	10275.6	4558.5	2290.2	3426.9
黑龙江	20223.1	7638.3	4509	8075.8
上　海	370.8	42.9	168.9	159
江　苏	98125.6	12805.7	31611.8	53708.1
浙　江	13916.5	2768.8	2605.6	8542.1
安　徽	46047.8	12314	11482	22251.8
福　建	8759.1	2912.8	2366.8	3479.5
江　西	41136.4	8025.4	12127.3	20983.7
山　东	45029.3	14889.1	10777.2	19363
河　南	33569.4	13877	7016.3	12676.1
湖　北	95420.8	23604.5	25349.2	46467.1
湖　南	104194.2	25057.8	30988.2	48148.2
广　东	39232.2	11131.4	9237.5	18863.3
广　西	37835.8	10867.6	8367.3	18600.9
海　南	7274.4	2599.7	1605.1	3069.6
重　庆	9693.5	3013.2	2741.8	3938.5
四　川	51132.6	12722.2	13562.5	24847.9
贵　州	9312.5	2380.1	2353.2	4579.2
云　南	33926.3	10050.6	6240	17635.7
西　藏	3569.9	1271.4	827.4	1471.1
陕　西	20396.9	6351.7	4502.7	9542.5
甘　肃	76565.1	14598.8	18215.4	43750.9
青　海	9144.8	2177	1978.3	4989.5
宁　夏	17646.9	5680.4	3178.4	8788.1
新　疆	188978.1	54919.5	44331.5	89727.1

3-6-8　按渠道规模分的灌区灌溉渠道建筑物数量

单位：座

地　区	合计	1.0m³/s 及以上	0.5（含）～1.0m³/s	0.2（含）～0.5m³/s
合　计	3107855	855704	789983	1462168
北　京	188	113	12	63
天　津	5734	2098	2305	1331
河　北	66893	30393	14213	22287
山　西	62713	20214	13837	28662
内蒙古	120864	29341	27798	63725
辽　宁	38878	14273	9955	14650
吉　林	12341	5980	3102	3259
黑龙江	24081	10526	5528	8027
上　海	511	25	252	234
江　苏	326150	39680	103257	183213
浙　江	46641	11725	9054	25862
安　徽	148116	55370	37220	55526
福　建	14446	6642	3584	4220
江　西	100939	23231	34635	43073
山　东	100410	44146	21286	34978
河　南	107421	44280	23051	40090
湖　北	244369	62906	63034	118429
湖　南	283379	89197	89762	104420
广　东	73032	27919	16892	28221
广　西	65286	25838	14327	25121
海　南	19120	6002	5023	8095
重　庆	15269	7075	3612	4582
四　川	124271	46647	27234	50390
贵　州	11027	3923	2633	4471
云　南	55047	23859	10255	20933
西　藏	7056	2821	1425	2810
陕　西	73698	25777	13014	34907
甘　肃	376554	58599	100353	217602
青　海	22637	7477	4402	10758
宁　夏	71711	19212	16245	36254
新　疆	489073	110415	112683	265975

3-6-9　按渠道规模分的灌区灌排结合渠道数量

单位：条

地　区	合　计	1.0m³/s 及以上	0.5（含）～1.0m³/s	0.2（含）～0.5m³/s
合　计	452014	46241	158750	247023
北　京	431	125	283	23
天　津	8543	1911	4803	1829
河　北	5703	1092	2247	2364
山　西	375	85	97	193
内蒙古	989	132	449	408
辽　宁	3275	341	641	2293
吉　林	1282	270	293	719
黑龙江	3986	203	1489	2294
上　海				
江　苏	50922	6117	17600	27205
浙　江	13931	2117	3616	8198
安　徽	32739	3586	12022	17131
福　建	3253	268	781	2204
江　西	16932	845	5513	10574
山　东	36479	4388	15865	16226
河　南	18475	1128	5424	11923
湖　北	97362	10793	36994	49575
湖　南	81651	7659	30655	43337
广　东	27321	2430	9360	15531
广　西	7541	335	1486	5720
海　南	648	11	264	373
重　庆	120	15	33	72
四　川	19771	1162	4396	14213
贵　州	108	9	46	53
云　南	16454	1014	3852	11588
西　藏	86	5	40	41
陕　西	1545	105	318	1122
甘　肃	222	21	53	148
青　海	3	3		
宁　夏				
新　疆	1867	71	130	1666

3-6-10 按渠道规模分的灌区灌排结合渠道长度

单位：km

地 区	合计	1.0m³/s 及以上	0.5（含）～1.0m³/s	0.2（含）～0.5m³/s
合 计	516391	167767	151903	196721
北 京	992.4	647.7	296.4	48.3
天 津	8981	4708.7	3114	1158.3
河 北	10340.3	5679.3	3095.6	1565.4
山 西	989	701	85.7	202.3
内 蒙 古	2068.8	872.9	543.9	652
辽 宁	2947.6	1269.9	455.5	1222.2
吉 林	2293	1142.9	507.4	642.7
黑 龙 江	7586.5	1247.8	2126.5	4212.2
上 海				
江 苏	45529.7	17509.6	13464.8	14555.3
浙 江	12963.9	5481.6	3414.5	4067.8
安 徽	38617.6	12063.9	12070	14483.7
福 建	4972.9	1578.7	1211.6	2182.6
江 西	28995.6	6205.6	9564.4	13225.6
山 东	50802.3	17166.4	19681.6	13954.3
河 南	27083	9829	7521	9733
湖 北	89785.8	30803.4	27662.1	31320.3
湖 南	84099.5	23544	25968.1	34587.4
广 东	30630.2	9084.4	7853.7	13692.1
广 西	8601.5	3097.8	1547	3956.7
海 南	934.9	90.7	385.7	458.5
重 庆	410.2	117.9	132.6	159.7
四 川	31629.8	8748.2	5849.9	17031.7
贵 州	319.1	33.5	166.7	118.9
云 南	17909.2	4141.8	3840.1	9927.3
西 藏	202	82.9	29.3	89.8
陕 西	2823.8	762.5	967.9	1093.4
甘 肃	406.3	166.6	80.4	159.3
青 海	15.7	15.7		
宁 夏				
新 疆	3459.1	972.5	266.6	2220

3-6-11 按渠道规模分的灌区灌排结合渠道建筑物数量

单位：座

地 区	合计	1.0m³/s 及以上	0.5（含）～1.0m³/s	0.2（含）～0.5m³/s
合 计	1204112	412458	361878	429776
北 京	1722	1089	625	8
天 津	9844	5871	3284	689
河 北	14601	9472	3199	1930
山 西	3323	2489	335	499
内蒙古	2869	912	428	1529
辽 宁	8921	6542	508	1871
吉 林	3595	2033	745	817
黑龙江	6070	1576	2267	2227
上 海				
江 苏	102713	30666	32943	39104
浙 江	23525	10828	5172	7525
安 徽	95736	30885	28699	36152
福 建	7989	3499	1553	2937
江 西	65942	22328	20481	23133
山 东	82071	28228	31043	22800
河 南	49881	18391	14237	17253
湖 北	228332	71389	74337	82606
湖 南	255170	77838	87893	89439
广 东	54777	23120	13585	18072
广 西	16097	10847	2072	3178
海 南	2203	325	929	949
重 庆	717	406	134	177
四 川	90816	34984	16726	39106
贵 州	343	46	157	140
云 南	55711	12453	16451	26807
西 藏	514	313	27	174
陕 西	12617	3374	3343	5900
甘 肃	1374	596	208	570
青 海	33	33		
宁 夏				
新 疆	6606	1925	497	4184

3-6-12　按沟道规模分的灌区排水沟道数量

单位：条

地　区	合计	3.0m³/s 及以上	1.0（含）～3.0m³/s	0.6（含）～1.0m³/s
合　计	415401	32802	109115	273484
北　京	497	107	77	313
天　津	12975	646	7479	4850
河　北	4876	501	1048	3327
山　西	1657	116	233	1308
内蒙古	1626	84	106	1436
辽　宁	13959	708	2115	11136
吉　林	1304	264	367	673
黑龙江	3487	681	1059	1747
上　海	516	21		495
江　苏	165590	9842	35177	120571
浙　江	8120	347	975	6798
安　徽	19602	2752	6915	9935
福　建	793	205	270	318
江　西	10870	984	3784	6102
山　东	40000	2749	10936	26315
河　南	9425	1233	2541	5651
湖　北	54297	4088	17451	32758
湖　南	29177	4068	9714	15395
广　东	7231	1600	2217	3414
广　西	2719	247	1168	1304
海　南	1523	112	398	1013
重　庆				
四　川	2637	289	1172	1176
贵　州	85	28	37	20
云　南	739	214	238	287
西　藏	86	44	20	22
陕　西	739	237	315	187
甘　肃	609	69	125	415
青　海				
宁　夏	8840	228	1870	6742
新　疆	11422	338	1308	9776

3-6-13　按沟道规模分的灌区排水沟道长度

单位：km

地　区	合计	3.0m³/s 及以上	1.0（含）～3.0m³/s	0.6（含）～1.0m³/s
合　计	469531	129074	132647	207810
北　京	716.9	327.2	113.3	276.4
天　津	8428.8	1766.6	4274.3	2387.9
河　北	6374.7	2926.5	1516	1932.2
山　西	2535.5	751	605.4	1179.1
内蒙古	4595.2	1203.5	915.4	2476.3
辽　宁	11481.9	2835.5	2519.2	6127.2
吉　林	3779.9	1552.4	1068.2	1159.3
黑龙江	10650.6	4991.2	3154	2505.4
上　海	386.2	53.6		332.6
江　苏	124689.7	28082.5	35148.4	61458.8
浙　江	5471.7	798.1	1043.6	3630
安　徽	28778.2	12554.2	7477.6	8746.4
福　建	1282.6	704.5	318.4	259.7
江　西	21722.1	4086.4	5604	12031.7
山　东	43434.4	9683.3	11395.6	22355.5
河　南	19535.2	8737.3	4291.3	6506.6
湖　北	65645.1	13039	17577.4	35028.7
湖　南	45222.1	17693.6	14027.2	13501.3
广　东	12597	5637.7	3444.4	3514.9
广　西	3036.6	1041.8	1083.8	911
海　南	2197.9	370.1	531.6	1296.2
重　庆				
四　川	11584.4	1747.3	7484.3	2352.8
贵　州	150.4	64.6	64.4	21.4
云　南	2051.6	1302.8	439.7	309.1
西　藏	191.1	134.2	34.4	22.5
陕　西	2182.1	1066.7	598.7	516.7
甘　肃	922.7	236.3	171.3	515.1
青　海				
宁　夏	9682.3	2141	2546.9	4994.4
新　疆	20204.3	3545.5	5198.2	11460.6

3-6-14　按沟道规模分的灌区排水沟道建筑物数量

单位：座

地　区	合计	3.0m³/s 及以上	1.0（含）～3.0m³/s	0.6（含）～1.0m³/s
合　计	788789	220699	218650	349440
北　京	1636	705	234	697
天　津	6036	2210	2663	1163
河　北	7093	4212	1538	1343
山　西	3182	1247	761	1174
内蒙古	3763	543	625	2595
辽　宁	12151	3912	3759	4480
吉　林	2145	894	596	655
黑龙江	5632	2448	1502	1682
上　海	276	16		260
江　苏	255640	51205	69350	135085
浙　江	9588	2021	1416	6151
安　徽	52126	23268	13672	15186
福　建	2215	1547	355	313
江　西	36991	10850	12840	13301
山　东	63128	15573	13570	33985
河　南	29758	10589	6887	12282
湖　北	131542	26641	40648	64253
湖　南	96280	39299	29033	27948
广　东	17852	8915	4432	4505
广　西	2757	1195	779	783
海　南	4715	607	1276	2832
重　庆				
四　川	8212	3594	2407	2211
贵　州	195	87	81	27
云　南	3439	2406	561	472
西　藏	317	192	86	39
陕　西	3730	1933	1123	674
甘　肃	1365	377	379	609
青　海				
宁　夏	15083	2350	5398	7335
新　疆	11942	1863	2679	7400

3-6-15 按灌区规模分的大型灌区数量和灌溉面积

地　区	数量/处	灌溉面积/万亩
合　计	456	27823.83
北　京	1	55.36
天　津	1	41.80
河　北	21	1014.14
山　西	11	477.33
内蒙古	14	1492.82
辽　宁	11	485.73
吉　林	10	228.76
黑龙江	25	570.01
上　海		
江　苏	35	1490.24
浙　江	12	416.24
安　徽	10	1641.76
福　建	4	95.79
江　西	18	550.34
山　东	53	3262.75
河　南	37	2742.68
湖　北	40	2096.34
湖　南	22	745.34
广　东	3	187.24
广　西	11	308.37
海　南	1	65.43
重　庆		
四　川	10	1289.93
贵　州		
云　南	12	360.05
西　藏	1	19.71
陕　西	12	817.65
甘　肃	23	1063.48
青　海		
宁　夏	5	690.42
新　疆	53	5614.13

3-6-16　按灌区规模分的大型灌区 2011 年实际灌溉面积

单位：万亩

地　区	合计	50 万亩及以上灌区	30 万（含）～50 万亩灌区
合　计	24510.37	17967.37	6542.97
北　京	36.84		36.84
天　津	39.06		39.06
河　北	781.84	519.27	262.57
山　西	382.38	282.19	100.19
内蒙古	1388.44	1416.51	96.32
辽　宁	402.40	300.78	101.61
吉　林	166.06	85.91	80.14
黑龙江	517.10	73.10	319.60
上　海			
江　苏	1264.55	396.01	868.54
浙　江	379.39	183.97	195.42
安　徽	1417.52	1382.83	88.59
福　建	86.07	31.90	54.17
江　西	533.59	266.13	267.46
山　东	2934.72	2261.36	673.35
河　南	2332.27	1931.87	346.50
湖　北	1765.58	1142.98	622.61
湖　南	616.37	224.83	391.53
广　东	157.34	146.74	10.60
广　西	262.70	99.03	163.67
海　南	64.37	64.37	
重　庆			
四　川	1132.77	1034.18	98.59
贵　州			
云　南	290.86	85.21	205.64
西　藏	19.69		19.69
陕　西	619.84	540.82	79.03
甘　肃	952.52	261.96	690.56
青　海			
宁　夏	661.64	637.68	23.95
新　疆	5304.45	4597.71	706.74

3-6-17 按渠道规模分的大型灌区灌溉渠道数量

单位：条

地 区	合计	1.0m³/s 及以上	0.5（含）～1.0m³/s	0.2（含）～0.5m³/s
合 计	383791	23735	89478	270578
北 京	37	2		35
天 津	1117		775	342
河 北	16277	1109	5188	9980
山 西	4144	200	601	3343
内蒙古	24327	2360	5612	16355
辽 宁	23048	2162	5288	15598
吉 林	908	252	230	426
黑龙江	2341	330	549	1462
上 海				
江 苏	39211	2192	10829	26190
浙 江	6659	99	593	5967
安 徽	13285	738	3488	9059
福 建	158	17	64	77
江 西	7870	478	2230	5162
山 东	17585	1185	4783	11617
河 南	12378	954	2898	8526
湖 北	46550	1916	15004	29630
湖 南	5522	631	1643	3248
广 东	1412	188	274	950
广 西	2145	161	428	1556
海 南	884	49	278	557
重 庆				
四 川	11910	465	2156	9289
贵 州				
云 南	2390	201	544	1645
西 藏	45	9	6	30
陕 西	3426	365	546	2515
甘 肃	67357	1979	11339	54039
青 海				
宁 夏	12442	759	2040	9643
新 疆	60363	4934	12092	43337

3-6-18 按渠道规模分的大型灌区灌溉渠道长度

单位：km

地 区	合计	1.0m³/s 及以上	0.5（含）～1.0m³/s	0.2（含）～0.5m³/s
合 计	519475.1	147733.1	126930.7	244811.3
北 京	9.2	7.9		1.3
天 津	638.2		310.5	327.7
河 北	17548	6260.8	4526.2	6761
山 西	6663.8	2052.5	1328	3283.3
内蒙古	36628.3	12304.7	8663.8	15659.8
辽 宁	15754.3	4780.5	3485.8	7488
吉 林	2785.9	1592.6	408.5	784.8
黑龙江	5507.2	2494.4	987.1	2025.7
上 海				
江 苏	41128.6	7386.8	14230.3	19511.5
浙 江	4730.8	702.8	683.9	3344.1
安 徽	22420.6	6077.7	4381.6	11961.3
福 建	832.9	287	243.8	302.1
江 西	12031.8	3467.6	2988.1	5576.1
山 东	22646	7554.7	5429.4	9661.9
河 南	21203.3	8763.5	4143.2	8296.6
湖 北	52730.9	12251.4	14587.7	25891.8
湖 南	17791.2	6124.3	4999.2	6667.7
广 东	4588.5	2010.9	632.1	1945.5
广 西	5806.2	1654	1235.8	2916.4
海 南	1689.9	707.4	303.4	679.1
重 庆				
四 川	24675.9	5952.8	7504.1	11219
贵 州				
云 南	5226.6	2323.3	890.9	2012.4
西 藏	279.3	208.3	21.2	49.8
陕 西	9842.1	3525.5	1891.3	4425.3
甘 肃	47110.4	8562.5	11266.8	27281.1
青 海				
宁 夏	15632.3	4973	2782.2	7877.1
新 疆	123572.9	35706.2	29005.8	58860.9

3-6-19　按渠道规模分的大型灌区灌溉渠道建筑物数量

单位：座

地　区	合计	1.0m³/s 及以上	0.5（含）～1.0m³/s	0.2（含）～0.5m³/s
合　计	1477541	420813	351817	704911
北　京	30	14		16
天　津	542		436	106
河　北	40951	17410	10923	12618
山　西	19001	7394	4349	7258
内蒙古	92378	20119	22422	49837
辽　宁	27052	10030	6179	10843
吉　林	2253	1465	468	320
黑龙江	7392	3359	1467	2566
上　海				
江　苏	125575	21568	39221	64786
浙　江	12060	2679	2145	7236
安　徽	87629	33591	19696	34342
福　建	1242	671	332	239
江　西	23957	10906	5639	7412
山　东	43069	18539	8364	16166
河　南	67798	26198	14216	27384
湖　北	139664	36079	38696	64889
湖　南	49942	22679	12045	15218
广　东	15522	6280	1645	7597
广　西	9466	4558	1950	2958
海　南	5923	1723	1454	2746
重　庆				
四　川	62339	24126	13065	25148
贵　州				
云　南	11582	7241	1650	2691
西　藏	779	650	36	93
陕　西	39811	13206	5978	20627
甘　肃	200413	32880	51796	115737
青　海				
宁　夏	63610	16348	14326	32936
新　疆	327561	81100	73319	173142

3-6-20　按渠道规模分的大型灌区灌排结合渠道数量

单位：条

地　区	合计	1.0m³/s 及以上	0.5（含）～1.0m³/s	0.2（含）～0.5m³/s
合　计	167176	16202	60085	90889
北　京	423	121	281	21
天　津	658	203	350	105
河　北	3569	429	1419	1721
山　西	95	31	6	58
内蒙古	395	27	182	186
辽　宁	2305	271	459	1575
吉　林	18	9	2	7
黑龙江	1659	95	606	958
上　海				
江　苏	9778	1470	4025	4283
浙　江	6839	1510	2727	2602
安　徽	7933	583	2927	4423
福　建	650	109	163	378
江　西	3998	182	1184	2632
山　东	24471	2749	11073	10649
河　南	13559	738	3680	9141
湖　北	57359	5385	22276	29698
湖　南	4446	604	1484	2358
广　东	1853	53	743	1057
广　西	773	118	104	551
海　南	408		236	172
重　庆				
四　川	16531	935	3680	11916
贵　州				
云　南	8889	530	2319	6040
西　藏				
陕　西	110	10	38	62
甘　肃	96	3	25	68
青　海				
宁　夏				
新　疆	361	37	96	228

3-6-21 按渠道规模分的大型灌区灌排结合渠道长度

单位：km

地　区	合计	1.0m³/s 及以上	0.5（含）～1.0m³/s	0.2（含）～0.5m³/s
合　计	208455	67558.1	65288.2	75608.7
北　京	886	585.7	283.5	16.8
天　津	1266.3	675.3	477.8	113.2
河　北	4389.3	1948.7	1483.3	957.3
山　西	517.2	430.6	20.6	66
内蒙古	967.2	297.3	254.1	415.8
辽　宁	1871.3	858.2	269.1	744
吉　林	205	181.9	11.5	11.6
黑龙江	2608	632.4	888.7	1086.9
上　海				
江　苏	11577.4	5199.3	3710.1	2668
浙　江	7289.4	3766.3	2292.2	1230.9
安　徽	12170	2684.4	4190.8	5294.8
福　建	1124.5	546	253.1	325.4
江　西	8345.1	1533.9	3498.1	3313.1
山　东	34301.5	11347.8	13985.1	8968.6
河　南	19893.8	7086.6	5997.4	6809.8
湖　北	52602.5	16437.6	16860.3	19304.6
湖　南	9421.3	2718.3	2884.8	3818.2
广　东	2227.4	457.7	841.8	927.9
广　西	2847.5	1246.7	339.1	1261.7
海　南	463.1		269.7	193.4
重　庆				
四　川	25174.2	6729.7	4513.7	13930.8
贵　州				
云　南	6852.5	1457.2	1751.9	3643.4
西　藏				
陕　西	300.5	106.2	98.7	95.6
甘　肃	156.1	57.2	19.9	79
青　海				
宁　夏				
新　疆	997.9	573.1	92.9	331.9

3-6-22　按渠道规模分的大型灌区灌排结合渠道建筑物数量

单位：座

地　区	合计	1.0m³/s 及以上	0.5（含）～1.0m³/s	0.2（含）～0.5m³/s
合　计	487793	158059	149109	180625
北　京	1672	1049	623	
天　津	1033	672	226	135
河　北	7359	4611	1409	1339
山　西	2048	1675	100	273
内蒙古	1908	277	183	1448
辽　宁	7011	5385	272	1354
吉　林	164	160	2	2
黑龙江	2319	576	1233	510
上　海				
江　苏	27025	8774	8560	9691
浙　江	10108	5368	3111	1629
安　徽	35672	8196	10935	16541
福　建	1867	1314	301	252
江　西	11088	3537	3664	3887
山　东	55166	18159	21381	15626
河　南	30783	11292	9514	9977
湖　北	137409	34680	50958	51771
湖　南	33001	11292	8692	13017
广　东	3950	1935	1001	1014
广　西	7440	5986	563	891
海　南	1142		707	435
重　庆				
四　川	69142	25532	12472	31138
贵　州				
云　南	37196	6177	12494	18525
西　藏				
陕　西	841	252	303	286
甘　肃	556	55	56	445
青　海				
宁　夏				
新　疆	1893	1105	349	439

3-6-23　按沟道规模分的大型灌区排水沟道数量

单位：条

地　区	合计	3.0m³/s 及以上	1.0（含）～3.0m³/s	0.6（含）～1.0m³/s
合　计	191949	12548	45554	133847
北　京	424	94	47	283
天　津	563		414	149
河　北	1987	289	728	970
山　西	656	54	103	499
内蒙古	1404	36	83	1285
辽　宁	11897	526	1538	9833
吉　林	312	93	157	62
黑龙江	731	217	264	250
上　海				
江　苏	73273	3936	11788	57549
浙　江	3256	96	475	2685
安　徽	9462	926	3349	5187
福　建	84	51	13	20
江　西	2436	461	896	1079
山　东	23774	1431	7648	14695
河　南	5874	744	1753	3377
湖　北	31387	2048	10945	18394
湖　南	3562	561	1228	1773
广　东	304	50	52	202
广　西	139	86	21	32
海　南	768	26	270	472
重　庆				
四　川	2134	204	965	965
贵　州				
云　南	231	82	74	75
西　藏	3		3	
陕　西	238	59	83	96
甘　肃	462	47	53	362
青　海				
宁　夏	8455	210	1736	6509
新　疆	8133	221	868	7044

3-6-24　按沟道规模分的大型灌区排水沟道长度

单位：km

地　区	合计	3.0m³/s 及以上	1.0（含）～3.0m³/s	0.6（含）～1.0m³/s
合　计	226610.2	57014.9	62497.5	107098
北　京	524.5	282.5	19.9	222.1
天　津	600.9		455.8	145.1
河　北	3906.3	2061.7	924	920.6
山　西	1229.7	502.2	403.2	324.3
内蒙古	3675	802.8	782	2090.2
辽　宁	9368.5	2135.7	1952.2	5280.6
吉　林	1775.2	802.9	646	326.3
黑龙江	3043.6	1669.2	857.9	516.5
上　海				
江　苏	49125.2	11600.6	13254.3	24270.3
浙　江	2063.9	211.4	377.4	1475.1
安　徽	13430.3	5226.6	3463.5	4740.2
福　建	322.3	257.2	52.3	12.8
江　西	9823.7	1552.6	1533.5	6737.6
山　东	26140.5	5957.6	7838.7	12344.2
河　南	13212.4	6524.1	2727.3	3961
湖　北	41301.7	6532.9	10366	24402.8
湖　南	7404.9	2569.8	2397.7	2437.4
广　东	668.4	217.3	121.3	329.8
广　西	711.5	616.6	45.8	49.1
海　南	1131.5	98.4	355.5	677.6
重　庆				
四　川	10611.9	1417.3	7118.4	2076.2
贵　州				
云　南	806.5	562.9	141.4	102.2
西　藏	15.6		15.6	
陕　西	1012.3	522.6	239.5	250.2
甘　肃	682.1	193.5	83.6	405
青　海				
宁　夏	9197.8	2060.1	2353.1	4784.6
新　疆	14824	2636.4	3971.6	8216

3-6-25 按沟道规模分的大型灌区排水沟道建筑物数量

单位：座

地 区	合计	3.0m³/s 及以上	1.0（含）～3.0m³/s	0.6（含）～1.0m³/s
合 计	367748	90839	97183	179726
北 京	1350	615	76	659
天 津	91		75	16
河 北	4452	3164	856	432
山 西	1167	476	403	288
内蒙古	3471	470	572	2429
辽 宁	8618	2444	2692	3482
吉 林	1060	351	391	318
黑龙江	1535	829	369	337
上 海				
江 苏	119779	21149	25416	73214
浙 江	4747	524	523	3700
安 徽	25718	9493	7240	8985
福 建	633	592	41	
江 西	8625	4114	2379	2132
山 东	30740	8253	7615	14872
河 南	18872	7388	4556	6928
湖 北	80197	15185	27592	37420
湖 南	17872	6158	5308	6406
广 东	1267	290	386	591
广 西	793	600	36	157
海 南	2814	120	897	1797
重 庆				
四 川	6383	2697	1925	1761
贵 州				
云 南	1315	976	203	136
西 藏	7		7	
陕 西	2019	1097	442	480
甘 肃	993	319	199	475
青 海				
宁 夏	14049	2260	4885	6904
新 疆	9181	1275	2099	5807

3-6-26 按灌区规模分的中型灌区数量、灌溉面积及 2011 年实际灌溉面积

地 区	数量/个	灌溉面积/万亩	2011 年实际灌溉面积/万亩
合 计	7293	22251.45	18270.43
北 京	10	32.89	26.01
天 津	79	245.52	201.11
河 北	130	617.77	456.98
山 西	184	595.67	438.36
内 蒙 古	225	746.15	610.17
辽 宁	70	224.98	145.34
吉 林	127	352.51	213.44
黑 龙 江	361	825.53	749.27
上 海	1	4.00	3.50
江 苏	284	1950.75	1661.17
浙 江	194	544.92	491.24
安 徽	488	1373.82	1186.75
福 建	143	263.80	223.46
江 西	296	711.76	657.00
山 东	444	1353.81	966.71
河 南	296	914.47	676.13
湖 北	517	1633.49	1298.85
湖 南	661	1731.51	1433.11
广 东	485	1061.52	980.04
广 西	341	691.58	500.66
海 南	67	171.40	141.05
重 庆	123	225.83	150.95
四 川	360	661.62	468.01
贵 州	116	140.17	79.95
云 南	319	794.70	672.67
西 藏	61	130.76	129.64
陕 西	168	357.13	234.56
甘 肃	208	771.34	663.14
青 海	89	254.56	209.39
宁 夏	23	83.19	66.60
新 疆	423	2784.31	2535.18

3-6-27　按渠道规模分的中型灌区灌溉渠道数量

单位：条

地　区	合计	1.0m³/s 及以上	0.5（含）～1.0m³/s	0.2（含）～0.5m³/s
合　计	359660	19943	89297	250420
北　京	28	12	1	15
天　津	4976	372	2002	2602
河　北	3506	595	696	2215
山　西	8599	587	1197	6815
内蒙古	9366	908	2434	6024
辽　宁	4190	424	1255	2511
吉　林	2604	391	576	1637
黑龙江	5803	736	1517	3550
上　海	243	9		234
江　苏	76522	1582	18891	56049
浙　江	8171	212	1252	6707
安　徽	10440	960	2445	7035
福　建	1152	205	344	603
江　西	12241	410	4874	6957
山　东	11648	938	2632	8078
河　南	5384	624	1583	3177
湖　北	29487	1408	7949	20130
湖　南	52915	2702	18753	31460
广　东	10905	889	2389	7627
广　西	10982	777	2322	7883
海　南	1601	145	150	1306
重　庆	960	201	272	487
四　川	5522	434	1723	3365
贵　州	787	143	144	500
云　南	4946	497	1003	3446
西　藏	511	46	164	301
陕　西	4362	288	806	3268
甘　肃	25704	1060	4707	19937
青　海	2213	144	308	1761
宁　夏	965	105	161	699
新　疆	42927	2139	6747	34041

3-6-28　按渠道规模分的中型灌区灌溉渠道长度

单位：km

地　区	合　计	1.0m³/s 及以上	0.5（含）～1.0m³/s	0.2（含）～0.5m³/s
合　计	486822.1	136770	123124	226929
北　京	123.7	72.5	19	32.2
天　津	4852.9	810.4	2268.3	1774.2
河　北	7992.3	3718.8	1444.3	2829.2
山　西	13410.1	3411.4	2555	7443.7
内蒙古	13024.4	5413.8	3233.9	4376.7
辽　宁	3741.8	1414.1	950.3	1377.4
吉　林	5818.3	2369.7	1394.9	2053.7
黑龙江	12636.4	4595.4	2833.3	5207.7
上　海	186.9	27.9		159
江　苏	52362.6	4708.9	15850.3	31803.4
浙　江	6665.5	1868.9	1050.9	3745.7
安　徽	16381	4926.1	4666.3	6788.6
福　建	4790.7	2193.2	1165.7	1431.8
江　西	18442.4	3681	5883.6	8877.8
山　东	16037.2	5444.6	3491.6	7101
河　南	10293.5	4555	2267.7	3470.8
湖　北	36272	9881	9022.9	17368.1
湖　南	61385.3	15227.4	18672.3	27485.6
广　东	20041.3	6965.4	4970.6	8105.3
广　西	24065.7	8210.3	5156.7	10698.7
海　南	4066.9	1623.9	951.9	1491.1
重　庆	5283.2	2428.3	1261.7	1593.2
四　川	19036.7	6020.5	4443.7	8572.5
贵　州	4687.6	1788.4	1148.3	1750.9
云　南	18028	6188.5	3521.4	8318.1
西　藏	1737.9	700.3	553	484.6
陕　西	9093.7	2602.4	2193.3	4298
甘　肃	28142.8	5815.4	6666.3	15661.1
青　海	7138.6	1988.1	1345.8	3804.7
宁　夏	1521.9	571.5	260.5	689.9
新　疆	59560.8	17546.7	13880.2	28133.9

3-6-29　按渠道规模分的中型灌区灌溉渠道建筑物数量

单位：座

地　区	合计	1.0m³/s 及以上	0.5（含）～1.0m³/s	0.2（含）～0.5m³/s
合　计	1353801	373623	356107	624071
北　京	157	98	12	47
天　津	3520	1173	1518	829
河　北	24868	12664	3176	9028
山　西	42221	12495	9094	20632
内蒙古	24477	7766	4584	12127
辽　宁	9145	3437	2718	2990
吉　林	7915	3659	1935	2321
黑龙江	14671	6468	3447	4756
上　海	250	16		234
江　苏	181091	15296	56937	108858
浙　江	27521	8414	3629	15478
安　徽	40576	17304	11185	12087
福　建	8519	5066	1794	1659
江　西	52479	9798	20839	21842
山　东	39140	17651	7705	13784
河　南	32883	15888	6924	10071
湖　北	90991	22792	20575	47624
湖　南	178836	53466	60048	65322
广　东	38554	18067	9672	10815
广　西	44160	19186	9550	15424
海　南	9643	3682	2697	3264
重　庆	9903	6037	2012	1854
四　川	48796	21052	11157	16587
贵　州	6139	3077	1340	1722
云　南	32772	14406	6594	11772
西　藏	3871	1699	852	1320
陕　西	30359	11822	6141	12396
甘　肃	172662	24512	47705	100445
青　海	18046	6857	3044	8145
宁　夏	5828	2170	1405	2253
新　疆	153808	27605	37818	88385

3-6-30　按渠道规模分的中型灌区灌排结合渠道数量

单位：条

地　区	合　计	1.0m³/s 及以上	0.5（含）～1.0m³/s	0.2（含）～0.5m³/s
合　计	218841	22867	76978	118996
北　京	8	4	2	2
天　津	5461	1153	3250	1058
河　北	1808	607	607	594
山　西	263	53	75	135
内蒙古	556	88	265	203
辽　宁	752	65	169	518
吉　林	1224	250	273	701
黑龙江	1981	87	757	1137
上　海				
江　苏	31519	3478	10042	17999
浙　江	4599	340	444	3815
安　徽	18125	1973	6445	9707
福　建	1429	77	344	1008
江　西	8631	421	3136	5074
山　东	9050	1294	4106	3650
河　南	4777	363	1727	2687
湖　北	36398	4975	13474	17949
湖　南	63586	5720	24931	32935
广　东	10843	1049	3377	6417
广　西	6212	165	1286	4761
海　南	166	6	18	142
重　庆	46	9	17	20
四　川	2503	168	570	1765
贵　州	40	6	16	18
云　南	5918	368	1321	4229
西　藏	38	3	16	19
陕　西	1326	91	253	982
甘　肃	124	17	28	79
青　海	3	3		
宁　夏				
新　疆	1455	34	29	1392

3-6-31 按渠道规模分的中型灌区灌排结合渠道长度

单位：km

地　区	合计	1.0m³/s 及以上	0.5（含）～1.0m³/s	0.2（含）～0.5m³/s
合　计	239377.4	82278.8	68335	88763.6
北　京	106.4	62	12.9	31.5
天　津	5708.8	2991.6	2050.7	666.5
河　北	5129.8	3460.8	1126.8	542.2
山　西	457.4	263.9	57.2	136.3
内蒙古	1018.7	517.3	285.9	215.5
辽　宁	890.8	385.2	173.3	332.3
吉　林	1949.1	883.5	445.4	620.2
黑龙江	4409	500.5	1070.8	2837.7
上　海				
江　苏	28678.6	10968.1	8113.1	9597.4
浙　江	3994	1231.9	704.8	2057.3
安　徽	18847.2	6886.3	5458.2	6502.7
福　建	2275	726.3	587	961.7
江　西	14662.5	3493.6	4554.3	6614.6
山　东	13435.2	4915.9	5028	3491.3
河　南	7020.4	2652.8	1497.2	2870.4
湖　北	33810.9	13312.4	9840.4	10658.1
湖　南	59040.9	17459.2	18785.6	22796.1
广　东	14820.6	5089.8	3769.4	5961.4
广　西	4564	1536.6	888.7	2138.7
海　南	317.5	75.4	59.9	182.2
重　庆	237.5	85.4	67.8	84.3
四　川	4936.8	1555.3	1084.7	2296.8
贵　州	105	31.9	53.4	19.7
云　南	7945.3	1970.1	1702.2	4273
西　藏	110.4	63.5	5.6	41.3
陕　西	2247.5	637	685.3	925.2
甘　肃	246.2	107.4	60.5	78.3
青　海	15.7	15.7		
宁　夏				
新　疆	2396.2	399.4	165.9	1830.9

3-6-32 按渠道规模分的中型灌区灌排结合渠道建筑物数量

单位：座

地 区	合计	1.0m³/s 及以上	0.5（含）～1.0m³/s	0.2（含）～0.5m³/s
合 计	572920	204390	172113	196417
北 京	50	40	2	8
天 津	5544	3455	1933	156
河 北	6621	4462	1597	562
山 西	1232	806	200	226
内 蒙 古	814	535	220	59
辽 宁	1604	1102	199	303
吉 林	3194	1754	655	785
黑 龙 江	3234	844	961	1429
上 海				
江 苏	62624	18550	19290	24784
浙 江	9040	3896	1215	3929
安 徽	41700	15967	12115	13618
福 建	3214	1486	638	1090
江 西	38861	12581	13352	12928
山 东	22544	8816	8389	5339
河 南	18513	6719	4646	7148
湖 北	81876	32956	20680	28240
湖 南	186816	54330	68855	63631
广 东	28065	13062	5569	9434
广 西	7089	4264	1145	1680
海 南	636	223	138	275
重 庆	442	322	29	91
四 川	18913	8432	3972	6509
贵 州	117	38	79	
云 南	13254	5100	3113	5041
西 藏	413	266	16	131
陕 西	11259	2991	2816	5452
甘 肃	817	540	152	125
青 海	33	33		
宁 夏				
新 疆	4401	820	137	3444

3-6-33 按沟道规模分的中型灌区排水沟道数量

单位：条

地　区	合计	3.0m³/s 及以上	1.0（含）～3.0m³/s	0.6（含）～1.0m³/s
合　计	186043	14487	50385	121171
北　京	73	13	30	30
天　津	6073	325	3266	2482
河　北	2886	209	320	2357
山　西	986	50	129	807
内蒙古	198	43	20	135
辽　宁	1869	154	501	1214
吉　林	957	158	201	598
黑龙江	2560	443	748	1369
上　海	246	12		234
江　苏	86468	4748	21283	60437
浙　江	4164	104	339	3721
安　徽	6473	976	2524	2973
福　建	435	87	164	184
江　西	6017	349	2237	3431
山　东	9829	769	1741	7319
河　南	3131	359	686	2086
湖　北	21055	1699	5995	13361
湖　南	20929	2413	6751	11765
广　东	3642	871	1043	1728
广　西	2495	137	1129	1229
海　南	585	62	109	414
重　庆				
四　川	381	70	153	158
贵　州	51	15	23	13
云　南	353	90	115	148
西　藏	50	15	16	19
陕　西	482	173	231	78
甘　肃	147	22	72	53
青　海				
宁　夏	251	7	132	112
新　疆	3257	114	427	2716

3-6-34　按沟道规模分的中型灌区排水沟道长度

单位：km

地　区	合　计	3.0m³/s 及以上	1.0（含）～3.0m³/s	0.6（含）～1.0m³/s
合　计	194826.2	52682.6	57059.8	85083.8
北　京	192.4	44.7	93.4	54.3
天　津	5191.2	1020.6	2805.4	1365.2
河　北	2465.3	861.7	592	1011.6
山　西	1285.6	238.3	196.6	850.7
内蒙古	845.7	382.4	125.8	337.5
辽　宁	1878.2	659.3	462.6	756.3
吉　林	1898.4	695.6	398.3	804.5
黑龙江	6850.4	3167.5	2006.7	1676.2
上　海	212.6	53.6		159
江　苏	69841.6	13995.6	20264	35582
浙　江	2477.3	305.4	500.5	1671.4
安　徽	9332.8	4484.9	2560.9	2287
福　建	578	306.8	110.3	160.9
江　西	8488.3	1741.4	3015.1	3731.8
山　东	11500.8	2295	1941.4	7264.4
河　南	5839.2	2056.2	1428.2	2354.8
湖　北	21766.4	5484	6536.7	9745.7
湖　南	25880.3	8724.9	8862.5	8292.9
广　东	6542.8	3173.8	1668.3	1700.7
广　西	2075.5	342.2	988	745.3
海　南	779.9	200.4	132.9	446.6
重　庆				
四　川	771.1	269.3	318.7	183.1
贵　州	81	32.1	38.2	10.7
云　南	951.3	606.3	207.4	137.6
西　藏	94.2	58.5	17.3	18.4
陕　西	1146.9	534.5	356	256.4
甘　肃	240.6	42.8	87.7	110.1
青　海				
宁　夏	379.6	40.7	185.3	153.6
新　疆	5238.8	864.1	1159.6	3215.1

3-6-35　按沟道规模分的中型灌区排水沟道建筑物数量

单位：座

地　区	合计	3.0m³/s 及以上	1.0（含）～3.0m³/s	0.6（含）～1.0m³/s
合　计	337782	93692	99715	144375
北　京	286	90	158	38
天　津	4060	1353	2185	522
河　北	2640	1047	682	911
山　西	1887	716	323	848
内蒙古	195	61	49	85
辽　宁	3086	1409	877	800
吉　林	1006	484	196	326
黑龙江	3734	1515	1066	1153
上　海	250	16		234
江　苏	122732	25187	39392	58153
浙　江	3410	844	559	2007
安　徽	14832	7656	3959	3217
福　建	1147	719	196	232
江　西	22448	4441	8947	9060
山　东	20420	3844	3160	13416
河　南	10078	2897	2113	5068
湖　北	44792	9249	11308	24235
湖　南	59184	22881	18696	17607
广　东	9215	4862	2157	2196
广　西	1729	454	689	586
海　南	1410	366	290	754
重　庆				
四　川	1537	800	394	343
贵　州	113	39	52	22
云　南	1699	1179	291	229
西　藏	205	89	79	37
陕　西	1684	823	673	188
甘　肃	372	58	180	134
青　海				
宁　夏	955	46	500	409
新　疆	2676	567	544	1565

（二）水资源一级区灌溉面积基本情况

3-6-36　按土地属性分的灌溉面积

单位：万亩

水资源一级区	合计	耕地	非耕地
合　计	100049.96	92182.76	7867.2
松花江区	9304.65	9225.55	79.10
辽河区	4092.60	3833.98	258.62
海河区	11464.46	10856.70	607.76
黄河区	8688.12	8033.81	654.31
淮河区	18060.35	17120.68	939.67
长江区	24854.17	23330.21	1523.97
东南诸河区	3337.43	2931.15	406.29
珠江区	7126.84	6406.26	720.58
西南诸河区	1771.13	1493.80	277.33
西北诸河区	11350.20	8950.62	2399.58

3-6-37 按水源工程类型分的灌溉面积

单位：万亩

水资源一级区	水库	塘坝	河湖引水闸（坝、堰）	河湖泵站	机电井	其他
合　计	18753.14	9528.56	27231.69	17795.07	36120.64	3509.63
松花江区	708.27	99.65	1051.68	829.93	6915.57	60.00
辽河区	486.80	114.71	757.84	326.03	3030.89	50.01
海河区	1077.30	70.51	2172.24	1635.99	8798.04	340.14
黄河区	1026.03	76.52	2996.88	1763.29	4013.81	133.95
淮河区	2116.80	1458.30	1982.03	5664.15	8158.78	274.13
长江区	7322.80	6143.01	5952.61	5900.21	790.87	1182.07
东南诸河区	786.02	471.27	1221.74	695.77	51.95	293.02
珠江区	2659.67	907.42	2167.75	799.92	274.14	707.64
西南诸河区	297.17	163.38	964.20	27.73	24.09	327.17
西北诸河区	2272.28	23.80	7964.72	152.04	4062.51	141.51

3-6-38 按土地属性分的 2011 年实际灌溉面积

单位：万亩

水资源一级区	合　计	耕地	非耕地
合　计	86979.86	80628.54	6351.31
松花江区	7612.91	7550.21	62.70
辽河区	3261.12	3050.69	210.42
海河区	10231.35	9809.50	421.85
黄河区	7698.11	7149.01	549.10
淮河区	15894.36	15146.29	748.07
长江区	21089.94	19981.08	1108.86
东南诸河区	2974.77	2634.90	339.86
珠江区	6148.85	5564.20	584.65
西南诸河区	1616.45	1353.58	262.87
西北诸河区	10452.00	8389.09	2062.92

七、取水井

（一）各地区取水井基本情况

3-7-1　地下水取水工程主要指标

地　区	数量/眼	规模以上机电井①	规模以下机电井②	人力井	取水量/万 m³	规模以上机电井	规模以下机电井	人力井
合　计	97479799	4449325	49368162	43662312	10812483	8275120	2102020	435343
北　京	80532	48657	13988	17887	164127	162915	1174	39
天　津	255553	32053	144516	78984	58902	58743	159	0
河　北	3910828	901323	2563238	446267	1463808	1412948	47796	3065
山　西	508829	106186	289173	113470	358412	350991	5678	1744
内蒙古	2845110	343046	1561957	940107	855845	735024	106608	14213
辽　宁	5014449	143519	3690937	1179993	562656	335832	216732	10092
吉　林	3517338	132687	2430107	954544	423511	186621	225182	11708
黑龙江	3272567	211390	1955866	1105311	1489605	789519	691963	8122
上　海	500758	262		500496	1292	1292		0
江　苏	5696957	22476	1239965	4434516	130502	90576	16020	23906
浙　江	2364313	3025	845745	1515543	46143	13488	19678	12977
安　徽	9792410	179573	5027701	4585136	337904	182856	113232	41816
福　建	1167442	4051	711327	452064	62527	14937	40830	6759
江　西	4778872	7167	1542777	3228928	121893	22089	51138	48665
山　东	9195997	825870	3959226	4410901	893195	795181	75406	22607
河　南	13554632	1105313	6510763	5938556	1136991	981499	111338	44154
湖　北	4118800	9973	1686453	2422374	92465	37650	31573	23243
湖　南	6225650	11228	3756112	2458310	161658	44497	77470	39690
广　东	3526326	12356	1221253	2292717	133844	41850	52389	39605
广　西	2545289	13705	853147	1678437	124166	55733	37031	31402
海　南	675566	4316	279603	391647	33819	13641	15087	5091
重　庆	1203966	480	928079	275407	12644	1486	8463	2694
四　川	8791611	12660	6659483	2119468	183312	61124	94150	28038
贵　州	30286	2280	15758	12248	10117	7963	1510	643
云　南	910920	6314	247309	657297	29652	18766	5996	4890
西　藏	28015	683	1682	25650	13470	12226	664	580
陕　西	1436791	146177	810917	479697	259379	225020	30711	3648
甘　肃	501309	51845	154047	295417	331181	325296	4101	1784
青　海	74930	1307	14333	59290	31183	30507	309	368
宁　夏	338612	9981	114773	213858	59521	55434	2789	1299
新　疆	615141	99422	137927	43662312	1228760	1209414	16843	2503

① 井口井管内径≥200mm，日取水量≥20m³。

② 井口井管内径<200mm，日取水量<20m³。

3-7-2　规模以上机电井主要指标

地　区	数量 /眼	2011年实际取水量 /亿m³	乡村实际供水人口 /万人	实际灌溉面积 /万亩
合　计	4449325	827.51	22750.58	24588.05
北　京	48657	16.29	625.04	207.28
天　津	32053	5.87	357.45	126.69
河　北	901323	141.29	3584.66	5002.00
山　西	106186	35.10	1415.56	1003.80
内蒙古	343046	73.50	611.92	2459.78
辽　宁	143519	33.58	860.80	441.94
吉　林	132687	18.66	443.57	584.27
黑龙江	211390	78.95	988.74	2258.10
上　海	262	0.13	11.80	
江　苏	22476	9.06	1978.86	20.85
浙　江	3025	1.35	113.89	7.47
安　徽	179573	18.29	602.73	815.98
福　建	4051	1.49	79.70	2.64
江　西	7167	2.21	228.69	18.93
山　东	825870	79.52	3751.04	3340.17
河　南	1105313	98.15	2293.96	4345.29
湖　北	9973	3.76	353.16	36.40
湖　南	11228	4.45	530.46	14.65
广　东	12356	4.19	299.80	43.08
广　西	13705	5.57	706.55	32.32
海　南	4316	1.36	162.84	9.41
重　庆	480	0.15	16.49	0.06
四　川	12660	6.11	281.13	30.68
贵　州	2280	0.80	97.93	2.26
云　南	6314	1.88	135.58	17.57
西　藏	683	1.22	7.77	12.02
陕　西	146177	22.50	1026.91	606.35
甘　肃	51845	32.53	507.43	632.77
青　海	1307	3.05	13.47	9.27
宁　夏	9981	5.54	133.62	63.53
新　疆	99422	120.94	529.05	2442.47

3-7-3　按所取用地下水的类型分的规模以上机电井数量

单位：眼

地　区	合计	浅层地下水	深层地下水
合　计	4449325	4158771	290554
北　京	48657	48524	133
天　津	32053	17656	14397
河　北	901323	785539	115784
山　西	106186	106186	
内蒙古	343046	342277	769
辽　宁	143519	142744	775
吉　林	132687	89909	42778
黑龙江	211390	174781	36609
上　海	262		262
江　苏	22476	11752	10724
浙　江	3025	2970	55
安　徽	179573	175622	3951
福　建	4051	4051	
江　西	7167	7167	
山　东	825870	819277	6593
河　南	1105313	1083318	21995
湖　北	9973	9959	14
湖　南	11228	11199	29
广　东	12356	10681	1675
广　西	13705	13313	392
海　南	4316	3085	1231
重　庆	480	480	
四　川	12660	12651	9
贵　州	2280	2278	2
云　南	6314	6117	197
西　藏	683	683	
陕　西	146177	115423	30754
甘　肃	51845	51375	470
青　海	1307	1216	91
宁　夏	9981	9116	865
新　疆	99422	99422	

3-7-4 按水源类型分的规模以上机电井数量

单位：眼

地 区	合计	地下水（不含矿泉水和地热水）	矿泉水	地热水
合 计	4449325	4446315	842	2168
北 京	48657	48494	10	153
天 津	32053	31763	12	278
河 北	901323	901116	27	180
山 西	106186	106112	4	70
内蒙古	343046	343010	24	12
辽 宁	143519	143312	49	158
吉 林	132687	132654	31	2
黑龙江	211390	211342	47	1
上 海	262	247	15	
江 苏	22476	22401	26	49
浙 江	3025	2988	27	10
安 徽	179573	179523	10	40
福 建	4051	3871	28	152
江 西	7167	7140	21	6
山 东	825870	825708	49	113
河 南	1105313	1105066	24	223
湖 北	9973	9914	28	31
湖 南	11228	11127	72	29
广 东	12356	12055	150	151
广 西	13705	13677	14	14
海 南	4316	4267	16	33
重 庆	480	443	8	29
四 川	12660	12563	75	22
贵 州	2280	2236	22	22
云 南	6314	6014	29	271
西 藏	683	681	1	1
陕 西	146177	146076	10	91
甘 肃	51845	51824	3	18
青 海	1307	1302	2	3
宁 夏	9981	9979		2
新 疆	99422	99410	8	4

3-7-5　按主要取水用途分的规模以上机电井数量

单位：眼

地　区	合计	城镇生活	乡村生活	工业	农业灌溉	其他①
合　计	4449325	51696	234521	94048	4066050	3010
北　京	48657	4966	8461	3124	31943	163
天　津	32053	1256	5492	2471	22544	290
河　北	901323	4670	35649	15743	845054	207
山　西	106186	3007	12092	6308	84705	74
内蒙古	343046	2447	16802	5101	318660	36
辽　宁	143519	3385	12134	6092	121701	207
吉　林	132687	1786	8160	1683	121025	33
黑龙江	211390	2518	17341	3102	188381	48
上　海	262	155	20	72		15
江　苏	22476	1614	6921	4298	9568	75
浙　江	3025	120	1302	897	669	37
安　徽	179573	1480	3039	2783	172221	50
福　建	4051	402	1270	1258	941	180
江　西	7167	433	2984	369	3354	27
山　东	825870	4405	33174	15548	772581	162
河　南	1105313	5601	19477	8743	1071245	247
湖　北	9973	641	2245	843	6185	59
湖　南	11228	1242	5761	1378	2746	101
广　东	12356	806	3713	906	6630	301
广　西	13705	706	8767	668	3536	28
海　南	4316	360	2329	165	1413	49
重　庆	480	72	278	89	4	37
四　川	12660	1169	3688	1650	6056	97
贵　州	2280	287	1481	310	158	44
云　南	6314	706	1335	625	3348	300
西　藏	683	78	134	35	434	2
陕　西	146177	2556	12443	3300	127777	101
甘　肃	51845	1310	4227	1994	44293	21
青　海	1307	320	174	386	422	5
宁　夏	9981	717	421	1151	7690	2
新　疆	99422	2481	3207	2956	90766	12

① 指地热水与矿泉水。

3-7-6 按所在地貌类型分的规模以上机电井数量

单位：眼

地 区	合计	山丘区	平原区
合 计	4449325	660863	3788462
北 京	48657	5275	43382
天 津	32053	2958	29095
河 北	901323	84213	817110
山 西	106186	21609	84577
内蒙古	343046	135976	207070
辽 宁	143519	85931	57588
吉 林	132687	26485	106202
黑龙江	211390	36646	174744
上 海	262		262
江 苏	22476	1199	21277
浙 江	3025	2617	408
安 徽	179573	2556	177017
福 建	4051	2813	1238
江 西	7167	4374	2793
山 东	825870	121958	703912
河 南	1105313	43882	1061431
湖 北	9973	4776	5197
湖 南	11228	9457	1771
广 东	12356	6690	5666
广 西	13705	12826	879
海 南	4316	1575	2741
重 庆	480	480	
四 川	12660	5154	7506
贵 州	2280	2280	
云 南	6314	6314	
西 藏	683	672	11
陕 西	146177	17308	128869
甘 肃	51845	9640	42205
青 海	1307	385	922
宁 夏	9981	3869	6112
新 疆	99422	945	98477

3-7-7　按井深分的规模以上机电井数量

单位：眼

地　区	合计	50m 以下	50（含）～100m	100（含）～200m	200（含）～500m	500（含）～1000m	1000m 及以上
合　计	4449325	2408050	1334868	515449	180922	8594	1442
北　京	48657	6312	23614	13442	4708	364	217
天　津	32053	4473	11433	4988	9672	1208	279
河　北	901323	222712	373343	211527	91739	1869	133
山　西	106186	17567	32269	40388	14077	1798	87
内蒙古	343046	124412	170994	39641	7883	114	2
辽　宁	143519	114304	25162	3202	268	405	178
吉　林	132687	58538	62982	10847	319		1
黑龙江	211390	136450	59815	14127	993	2	3
上　海	262		23	77	161	1	
江　苏	22476	8600	4765	6266	2728	92	25
浙　江	3025	2350	433	231	5	1	5
安　徽	179573	172427	3613	2390	1120	17	6
福　建	4051	1980	1385	640	36	9	1
江　西	7167	6500	540	109	16	2	
山　东	825870	544701	226044	41380	12651	1062	32
河　南	1105313	862648	206519	25536	9499	913	198
湖　北	9973	6120	2437	1367	49		
湖　南	11228	9008	1549	610	58	2	1
广　东	12356	7127	1754	2475	983	16	1
广　西	13705	8456	4824	415	4		6
海　南	4316	2189	689	937	476	24	1
重　庆	480	282	116	54	17		11
四　川	12660	10935	1361	278	68	4	14
贵　州	2280	298	425	1433	99	9	16
云　南	6314	3260	925	1082	890	95	62
西　藏	683	127	513	43			
陕　西	146177	47715	56952	30053	11056	304	97
甘　肃	51845	12402	22165	15698	1363	156	61
青　海	1307	555	320	405	24	2	1
宁　夏	9981	3996	1851	2966	1148	16	4
新　疆	99422	11606	36053	42842	8812	109	

3-7-8　按成井时间分的规模以上机电井数量

单位：眼

地　区	合计	1980 年前	80 年代	90 年代	2000 年至时点
合　计	4449325	359049	529991	1265956	2294329
北　京	48657	8245	9395	11867	19150
天　津	32053	4207	5644	8231	13971
河　北	901323	64399	109812	289747	437365
山　西	106186	18016	17444	29469	41257
内蒙古	343046	16092	31851	76569	218534
辽　宁	143519	6551	14689	35727	86552
吉　林	132687	4217	7634	20809	100027
黑龙江	211390	3016	8735	36718	162921
上　海	262	45	42	109	66
江　苏	22476	3869	4295	6338	7974
浙　江	3025	320	502	660	1543
安　徽	179573	22186	14418	54327	88642
福　建	4051	378	291	871	2511
江　西	7167	565	658	1322	4622
山　东	825870	57240	128208	272809	367613
河　南	1105313	115077	136786	318601	534849
湖　北	9973	422	1031	2274	6246
湖　南	11228	1447	1396	2353	6032
广　东	12356	490	1014	2756	8096
广　西	13705	573	1446	3184	8502
海　南	4316	227	477	758	2854
重　庆	480	20	44	64	352
四　川	12660	1112	1961	2640	6947
贵　州	2280	134	139	265	1742
云　南	6314	549	849	1189	3727
西　藏	683	28	115	128	412
陕　西	146177	16945	17103	44504	67625
甘　肃	51845	10311	7547	15976	18011
青　海	1307	267	185	195	660
宁　夏	9981	296	851	2296	6538
新　疆	99422	1805	5429	23200	68988

3-7-9 按管理状况和是否安装水量计量设施分的规模以上机电井数量

单位：眼

地 区	单位自备	已安装水量计量设施
合 计	292721	281816
北 京	11737	15525
天 津	4206	4330
河 北	20672	21159
山 西	26522	10157
内蒙古	17281	11544
辽 宁	12744	15845
吉 林	3734	3322
黑龙江	5673	5633
上 海	147	262
江 苏	6270	9582
浙 江	2005	881
安 徽	18560	23209
福 建	2036	1311
江 西	2197	2404
山 东	77128	36584
河 南	32563	50025
湖 北	3932	2102
湖 南	4127	3121
广 东	2302	2178
广 西	2693	4230
海 南	2854	724
重 庆	232	210
四 川	6705	3691
贵 州	774	529
云 南	1753	1655
西 藏	97	274
陕 西	5573	10076
甘 肃	3714	25349
青 海	615	530
宁 夏	1581	1287
新 疆	12294	14087

3-7-10　按应用状况分的规模以上机电井数量

单位：眼

地　区	合计	日常使用	应急备用
合　计	4449325	4241295	208030
北　京	48657	40502	8155
天　津	32053	23632	8421
河　北	901323	886597	14726
山　西	106186	100848	5338
内蒙古	343046	330107	12939
辽　宁	143519	119607	23912
吉　林	132687	118458	14229
黑龙江	211390	200742	10648
上　海	262	165	97
江　苏	22476	14709	7767
浙　江	3025	2435	590
安　徽	179573	173951	5622
福　建	4051	3745	306
江　西	7167	6224	943
山　东	825870	778704	47166
河　南	1105313	1088492	16821
湖　北	9973	7808	2165
湖　南	11228	10068	1160
广　东	12356	10310	2046
广　西	13705	13167	538
海　南	4316	4153	163
重　庆	480	442	38
四　川	12660	10050	2610
贵　州	2280	1583	697
云　南	6314	4042	2272
西　藏	683	495	188
陕　西	146177	138972	7205
甘　肃	51845	48604	3241
青　海	1307	1029	278
宁　夏	9981	7638	2343
新　疆	99422	94016	5406

3-7-11　按井壁管材料分的规模以上机电井数量

单位：眼

地　区	合计	混凝土管	钢筋混凝土管	铸铁管	钢管	塑料管	其他
合　计	4449325	3213199	483794	89882	291521	156975	213954
北　京	48657	21143	9413	9273	7559	91	1178
天　津	32053	15613	6814	162	8820	35	609
河　北	901323	736654	107995	11239	22857	3232	19346
山　西	106186	50304	35371	3115	11415	233	5748
内蒙古	343046	230433	23793	7658	42292	21050	17820
辽　宁	143519	48466	36203	6567	15312	12638	24333
吉　林	132687	46617	58928	9307	5225	11694	916
黑龙江	211390	49061	18626	15871	44816	81121	1895
上　海	262				261		1
江　苏	22476	10970	6717	1099	2940	541	209
浙　江	3025	591	490	107	797	89	951
安　徽	179573	168487	2083	1010	2875	194	4924
福　建	4051	795	262	368	1303	993	330
江　西	7167	3004	2186	236	890	447	404
山　东	825870	672848	29501	5319	28780	15449	73973
河　南	1105313	1011110	35862	2282	8910	487	46662
湖　北	9973	3817	444	1139	3677	338	558
湖　南	11228	4284	2056	305	2062	783	1738
广　东	12356	3962	2351	1151	3444	878	570
广　西	13705	2534	1861	645	6277	829	1559
海　南	4316	1062	726	84	1449	766	229
重　庆	480	102	23	43	171	94	47
四　川	12660	3027	3528	366	3026	959	1754
贵　州	2280	72	38	126	1946	23	75
云　南	6314	1966	924	102	2875	262	185
西　藏	683	1	24	5	649		4
陕　西	146177	84173	41906	5137	6750	2002	6209
甘　肃	51845	17144	23798	4853	4935	87	1028
青　海	1307	127	55	214	882	5	24
宁　夏	9981	5588	1901	915	1363	77	137
新　疆	99422	19244	29915	1184	46963	1578	538

3-7-12 按所取用地下水的类型分的规模以上机电井 2011 年实际取水量

单位：万 m³

地 区	合 计	浅层地下水	深层地下水
合 计	8275120	7331837	943283
北 京	162915	162598	317
天 津	58743	26883	31861
河 北	1412948	1077031	335917
山 西	350991	350991	
内蒙古	735024	731839	3186
辽 宁	335832	329445	6387
吉 林	186621	115559	71062
黑龙江	789519	722919	66600
上 海	1292		1292
江 苏	90576	15165	75411
浙 江	13488	12739	750
安 徽	182856	117772	65084
福 建	14937	14937	
江 西	22089	22089	
山 东	795181	732016	63165
河 南	981499	892652	88847
湖 北	37650	37473	177
湖 南	44497	44234	263
广 东	41850	29494	12357
广 西	55733	49130	6602
海 南	13641	7516	6126
重 庆	1486	1486	
四 川	61124	61084	40
贵 州	7963	7963	
云 南	18766	18101	665
西 藏	12226	12226	
陕 西	225020	142290	82730
甘 肃	325296	323187	2110
青 海	30507	29235	1271
宁 夏	55434	34369	21065
新 疆	1209414	1209414	

3-7-13　按水源类型分的规模以上机电井 2011 年实际取水量

单位：万 m³

地　区	合计	地下水（不含矿泉水和地热水）	矿泉水	地热水
合　计	8275120	8257744	4311	13065
北　京	162915	162497	55	363
天　津	58743	55720	12	3011
河　北	1412948	1411760	52	1136
山　西	350991	350589	15	386
内蒙古	735024	734699	149	176
辽　宁	335832	335270	59	503
吉　林	186621	186319	148	155
黑龙江	789519	789394	125	
上　海	1292	1245	47	
江　苏	90576	90133	105	338
浙　江	13488	13370	32	86
安　徽	182856	182622	29	205
福　建	14937	14127	101	709
江　西	22089	21950	56	84
山　东	795181	794685	73	423
河　南	981499	980494	80	925
湖　北	37650	36848	501	301
湖　南	44497	43771	467	259
广　东	41850	40141	423	1287
广　西	55733	55598	37	98
海　南	13641	13467	64	110
重　庆	1486	1092	48	347
四　川	61124	60410	227	488
贵　州	7963	7746	44	174
云　南	18766	17773	144	849
西　藏	12226	12209	10	7
陕　西	225020	223727	851	442
甘　肃	325296	325105	1	190
青　海	30507	30489	10	7
宁　夏	55434	55429		4
新　疆	1209414	1209066	346	2

3-7-14 按主要取水用途分的规模以上机电井 2011 年实际取水量

单位：万 m^3

地 区	合计	城镇生活	乡村生活	工业	农业灌溉	其他
合 计	8275120	842935	554450	728821	6131538	17376
北 京	162915	73143	29130	10359	49865	418
天 津	58743	3676	14792	8456	28796	3023
河 北	1412948	84132	82269	115352	1130008	1188
山 西	350991	55286	33992	67888	193423	401
内蒙古	735024	53467	17405	48353	615474	325
辽 宁	335832	90684	20887	53405	170294	562
吉 林	186621	17567	12376	17474	138902	303
黑龙江	789519	45461	23591	27267	693075	125
上 海	1292	665	437	144		47
江 苏	90576	19949	44665	20951	4568	443
浙 江	13488	2411	4324	4147	2489	118
安 徽	182856	24985	13412	46058	98167	234
福 建	14937	4823	3146	5262	895	810
江 西	22089	4829	7607	3620	5893	140
山 东	795181	66221	70033	90611	567820	496
河 南	981499	57013	43431	48068	831981	1005
湖 北	37650	4110	10524	8923	13291	802
湖 南	44497	16860	16046	6106	4758	726
广 东	41850	7115	10394	4886	17746	1710
广 西	55733	13978	23956	5270	12394	135
海 南	13641	2380	5798	1029	4260	174
重 庆	1486	203	512	365	12	395
四 川	61124	25433	8279	11889	14808	715
贵 州	7963	2997	2279	1979	490	218
云 南	18766	5178	3122	3573	5900	993
西 藏	12226	5783	156	4323	1947	17
陕 西	225020	33695	18590	27204	144238	1293
甘 肃	325296	23397	9629	15781	276298	191
青 海	30507	16140	480	11566	2304	17
宁 夏	55434	19637	2408	14186	19198	4
新 疆	1209414	61718	20779	44326	1082244	348

3-7-15　按所在地貌类型分的规模以上机电井 2011 年实际取水量

单位：万 m³

地　区	合计	山丘区	平原区
合　计	8275120	1286645	6988475
北　京	162915	15573	147342
天　津	58743	5549	53194
河　北	1412948	177028	1235919
山　西	350991	116404	234587
内蒙古	735024	208972	526052
辽　宁	335832	87320	248512
吉　林	186621	46447	140174
黑龙江	789519	62259	727261
上　海	1292		1292
江　苏	90576	4132	86444
浙　江	13488	11804	1684
安　徽	182856	7345	175511
福　建	14937	12876	2062
江　西	22089	13107	8982
山　东	795181	157299	637882
河　南	981499	75181	906317
湖　北	37650	14996	22654
湖　南	44497	30147	14350
广　东	41850	16284	25567
广　西	55733	48076	7656
海　南	13641	3940	9701
重　庆	1486	1486	
四　川	61124	19065	42059
贵　州	7963	7963	
云　南	18766	18766	
西　藏	12226	12165	61
陕　西	225020	31981	193039
甘　肃	325296	48267	277030
青　海	30507	6497	24010
宁　夏	55434	12165	43269
新　疆	1209414	13553	1195862

3-7-16 按井深分的规模以上机电井 2011 年实际取水量

单位：万 m³

地　区	合计	50m 以下	50（含）～100m	100（含）～200m	200（含）～500m	500（含）～1000m	1000m 及以上
合　计	8275120	2707121	2643928	1878655	928953	103503	12959
北　京	162915	8945	48575	55025	39892	8020	2458
天　津	58743	2853	16629	9079	22083	5140	2960
河　北	1412948	210052	483194	358448	344054	16242	958
山　西	350991	29363	65815	151871	72026	30911	1005
内蒙古	735024	155073	406878	138985	31145	2941	2
辽　宁	335832	149161	152341	26435	1721	4547	1627
吉　林	186621	79132	84006	21647	1826		9
黑龙江	789519	605502	142919	36585	4512	1	0
上　海	1292		47	202	1043		
江　苏	90576	5441	17784	43001	23281	882	188
浙　江	13488	11421	757	1271	17	1	21
安　徽	182856	108726	12136	33579	27853	456	106
福　建	14937	3694	4397	6145	588	89	24
江　西	22089	16754	3699	952	659	26	
山　东	795181	395053	200985	94319	91697	12892	235
河　南	981499	606126	239551	70634	49697	14575	915
湖　北	37650	15208	9958	12033	451		
湖　南	44497	25491	10787	7597	475	148	
广　东	41850	13978	7144	12855	7752	121	0
广　西	55733	25814	27015	2842	24		38
海　南	13641	4843	1705	3840	3205	47	1
重　庆	1486	607	234	221	263		162
四　川	61124	48459	10308	1580	297	27	453
贵　州	7963	1343	1326	4249	633	289	122
云　南	18766	5986	2070	3983	5806	645	276
西　藏	12226	6389	5634	203			
陕　西	225020	46693	71824	63440	39516	2639	907
甘　肃	325296	51721	142821	118120	11345	807	483
青　海	30507	14680	9117	6562	139	4	4
宁　夏	55434	4132	7275	34140	9825	56	5
新　疆	1209414	54481	456999	558811	137125	1998	

3-7-17 按成井时间分的规模以上机电井 2011 年实际取水量

单位：万 m³

地　区	合计	1980 年前	80 年代	90 年代	2000 年至时点
合　计	8275120	620959	1028427	2263126	4362607
北　京	162915	23833	20824	35664	82594
天　津	58743	7935	8768	14551	27490
河　北	1412948	106419	191861	448902	665765
山　西	350991	55596	66945	95836	132613
内蒙古	735024	53152	96212	181042	404618
辽　宁	335832	35043	79579	97703	123507
吉　林	186621	7664	17510	43660	117787
黑龙江	789519	7624	22754	145409	613732
上　海	1292	174	293	561	264
江　苏	90576	5406	13521	29428	42220
浙　江	13488	1355	2412	3292	6429
安　徽	182856	16442	20826	50322	95266
福　建	14937	711	1597	5321	7308
江　西	22089	2109	2979	4482	12520
山　东	795181	64165	134363	247237	349416
河　南	981499	105137	136872	279050	460439
湖　北	37650	1727	5507	8996	21421
湖　南	44497	5833	6641	9810	22213
广　东	41850	2058	5250	11036	23506
广　西	55733	4768	8515	16577	25873
海　南	13641	693	1280	2905	8764
重　庆	1486	110	223	197	956
四　川	61124	4878	9116	19209	27921
贵　州	7963	1470	1433	1745	3315
云　南	18766	2022	5037	5044	6662
西　藏	12226	362	4513	2536	4815
陕　西	225020	27506	29361	65956	102197
甘　肃	325296	47452	46940	108592	122312
青　海	30507	5295	6233	8024	10954
宁　夏	55434	1476	6720	16246	30991
新　疆	1209414	22542	74343	303792	808736

3-7-18 按管理状况和是否安装水量计量设施分的 2011 年实际取水量

单位：万 m³

地 区	单位自备	已安装水量计量设施
合 计	1434258	1710697
北 京	43795	89870
天 津	15933	18740
河 北	165478	150158
山 西	157294	98637
内蒙古	90930	72070
辽 宁	103581	110376
吉 林	26240	24098
黑龙江	40012	50277
上 海	281	1292
江 苏	28770	70068
浙 江	9788	6364
安 徽	59809	77285
福 建	9929	9010
江 西	8993	12065
山 东	190283	167754
河 南	104845	127925
湖 北	20647	11774
湖 南	19185	20240
广 东	12677	9900
广 西	16369	27354
海 南	9038	3434
重 庆	958	749
四 川	40987	35943
贵 州	4570	2803
云 南	7093	8965
西 藏	824	3139
陕 西	33900	50288
甘 肃	31284	171300
青 海	16278	23091
宁 夏	17816	30075
新 疆	146669	225655

3-7-19 按应用状况分的规模以上机电井 2011 年实际取水量

单位：万 m³

地　区	合计	日常使用	应急备用
合　计	8275120	8127495	147624
北　京	162915	146796	16119
天　津	58743	57798	945
河　北	1412948	1400498	12450
山　西	350991	344450	6541
内蒙古	735024	728553	6471
辽　宁	335832	328416	7416
吉　林	186621	185593	1028
黑龙江	789519	784058	5462
上　海	1292	1240	52
江　苏	90576	88048	2527
浙　江	13488	11081	2407
安　徽	182856	179292	3564
福　建	14937	14323	614
江　西	22089	20730	1360
山　东	795181	779136	16045
河　南	981499	974451	7047
湖　北	37650	32794	4856
湖　南	44497	42734	1764
广　东	41850	38124	3726
广　西	55733	54597	1136
海　南	13641	12864	778
重　庆	1486	1466	20
四　川	61124	53631	7493
贵　州	7963	7654	310
云　南	18766	18075	691
西　藏	12226	12103	123
陕　西	225020	220268	4753
甘　肃	325296	323474	1823
青　海	30507	29696	811
宁　夏	55434	53158	2276
新　疆	1209414	1182399	27014

3-7-20 按所在地貌类型分的规模以下机电井及人力井数量

单位：眼

地 区	合计	山丘区	平原区
合 计	93030474	44382248	48648226
北 京	31875	25193	6682
天 津	223500	47046	176454
河 北	3009505	1332993	1676512
山 西	402643	160906	241737
内 蒙 古	2502064	1508346	993718
辽 宁	4870930	2797132	2073798
吉 林	3384651	1025456	2359195
黑 龙 江	3061177	578467	2482710
上 海	500496		500496
江 苏	5674481	457827	5216654
浙 江	2361288	1187621	1173667
安 徽	9612837	2458388	7154449
福 建	1163391	856858	306533
江 西	4771705	3341680	1430025
山 东	8370127	3549816	4820311
河 南	12449319	1862223	10587096
湖 北	4108827	2518108	1590719
湖 南	6214422	5155981	1058441
广 东	3513970	2454633	1059337
广 西	2531584	2379694	151890
海 南	671250	407146	264104
重 庆	1203486	1203486	
四 川	8778951	7170207	1608744
贵 州	28006	28005	1
云 南	904606	904386	220
西 藏	27332	16339	10993
陕 西	1290614	420952	869662
甘 肃	449464	395457	54007
青 海	73623	51849	21774
宁 夏	328631	57497	271134
新 疆	515719	28556	487163

3-7-21 按取水井类型分的规模以下机电井及人力井数量

单位：眼

地　区	合计	规模以下机电井		人力井
		灌溉	供水	
合　计	93030474	4413174	44954988	43662312
北　京	31875	889	13099	17887
天　津	223500	5349	139167	78984
河　北	3009505	162365	2400873	446267
山　西	402643	13664	275509	113470
内蒙古	2502064	284951	1277006	940107
辽　宁	4870930	705622	2985315	1179993
吉　林	3384651	494883	1935224	954544
黑龙江	3061177	566853	1389013	1105311
上　海	500496			500496
江　苏	5674481	77010	1162955	4434516
浙　江	2361288	10363	835382	1515543
安　徽	9612837	422912	4604789	4585136
福　建	1163391	81858	629469	452064
江　西	4771705	47079	1495698	3228928
山　东	8370127	587377	3371849	4410901
河　南	12449319	361752	6149011	5938556
湖　北	4108827	80063	1606390	2422374
湖　南	6214422	78666	3677446	2458310
广　东	3513970	90796	1130457	2292717
广　西	2531584	31048	822099	1678437
海　南	671250	23635	255968	391647
重　庆	1203486	2301	925778	275407
四　川	8778951	82814	6576669	2119468
贵　州	28006	886	14872	12248
云　南	904606	80411	166898	657297
西　藏	27332	97	1585	25650
陕　西	1290614	54304	756613	479697
甘　肃	449464	11783	142264	295417
青　海	73623	224	14109	59290
宁　夏	328631	23732	91041	213858
新　疆	515719	29487	108440	377792

3-7-22　按所在地貌类型分的规模以下机电井及人力井 2011 年实际取水量

单位：万 m³

地　区	合计	山丘区	平原区
合　计	2537363	835578	1701785
北　京	1213	268	944
天　津	159	63	96
河　北	50860	16522	34338
山　西	7422	4920	2501
内蒙古	120821	55820	65001
辽　宁	226824	70967	155857
吉　林	236890	46041	190849
黑龙江	700085	36590	663495
上　海			
江　苏	39926	4066	35860
浙　江	32655	23090	9564
安　徽	155048	24701	130347
福　建	47590	35317	12273
江　西	99803	59929	39874
山　东	98014	38878	59136
河　南	155492	22006	133486
湖　北	54815	33375	21440
湖　南	117160	100841	16320
广　东	91994	58178	33816
广　西	68433	63180	5253
海　南	20178	9291	10887
重　庆	11157	11157	
四　川	122188	89789	32400
贵　州	2153	2153	
云　南	10886	10885	2
西　藏	1244	737	507
陕　西	34359	9954	24405
甘　肃	5885	5172	713
青　海	676	438	238
宁　夏	4088	686	3402
新　疆	19345	563	18782

（二）水资源一级区取水井基本情况

3-7-23 取水井主要指标

水资源一级区	数量/眼	规模以上机电井	规模以下机电井	人力井	取水量/万 m³	规模以上机电井	规模以下机电井	人力井
合　计	97479799	4449325	49368162	43662312	10812483	8275120	2102020	435343
松花江区	6837224	360252	4305075	2171897	1941598	993901	925465	22235
辽河区	7160865	322378	5110011	1728476	1015755	697736	300520	17499
海河区	6479162	1352914	4010186	1116062	2251512	2155758	86821	8932
黄河区	4603632	556806	2298648	1748178	1217620	1139774	65508	12337
淮河区	28043251	1493117	1237732	14172814	1598818	1264700	237278	96840
长江区	33022075	125913	16901844	15994318	738597	269135	293543	175918
东南诸河区	2929153	6908	1492701	1429544	100977	24740	59651	16586
珠江区	7125779	32622	2525709	4567448	307503	121679	108866	76958
西南诸河区	256370	3235	59702	193433	20451	16792	1915	1744
西北诸河区	1022288	195180	286966	540142	1619652	1590905	22452	6294

3-7-24 规模以上机电井主要指标

水资源一级区	数量/眼	2011 年实际取水量/亿 m³	乡村实际供水人口/万人	实际灌溉面积/万亩
合 计	4449325	827.51	22750.58	24588.05
松花江区	360252	99.39	1419.73	2954.89
辽河区	322378	69.77	1152.57	1783.57
海河区	1352914	215.58	6020.32	7152.36
黄河区	556806	113.978	3577.08	3068.82
淮河区	1493117	126.47	6190.22	5792.45
长江区	125913	26.91	2157.49	358.62
东南诸河区	6908	2.47	174.55	10.60
珠江区	32622	12.17	1273.98	88.86
西南诸河区	3235	1.68	18.12	17.09
西北诸河区	195180	159.09	766.53	3360.77

3-7-25　按所取用地下水类型分的规模以上机电井数量

单位：眼

水资源一级区	合计	浅层地下水	深层地下水
合　计	4449325	4158771	290554
松花江区	360252	282797	77455
辽河区	322378	319113	3265
海河区	1352914	1213756	139158
黄河区	556806	521929	34877
淮河区	1493117	1464910	28207
长江区	125913	122105	3808
东南诸河区	6908	6863	45
珠江区	32622	29262	3360
西南诸河区	3235	3199	36
西北诸河区	195180	194837	343

3-7-26　按水源类型分的规模以上机电井数量

单位：眼

水资源一级区	合计	地下水（不含矿泉水和地热水）	矿泉水	地热水
合　计	4449325	4446315	842	2168
松花江区	360252	360177	73	2
辽河区	322378	322152	62	164
海河区	1352914	1352154	56	704
黄河区	556806	556583	39	184
淮河区	1493117	1492761	72	284
长江区	125913	125315	288	310
东南诸河区	6908	6748	42	118
珠江区	32622	32109	190	323
西南诸河区	3235	3155	8	72
西北诸河区	195180	195161	12	7

3-7-27 按主要取水用途分的规模以上机电井数量

单位：眼

水资源一级区	合计	城镇生活	乡村生活	工业	农业灌溉	其他
合　计	4449325	51696	234521	94048	4066050	3010
松花江区	360252	4240	25127	4700	326110	75
辽河区	322378	4169	16325	7737	293921	226
海河区	1352914	13256	59582	27248	1252068	760
黄河区	556806	7806	38539	14843	495395	223
淮河区	1493117	9707	43894	22082	1417078	356
长江区	125913	5713	21477	7947	90178	598
东南诸河区	6908	450	2419	2042	1837	160
珠江区	32622	2290	15775	2181	11863	513
西南诸河区	3235	229	398	130	2398	80
西北诸河区	195180	3836	10985	5138	175202	19

3-7-28　按所在地貌类型分的规模以上机电井数量

单位：眼

水资源一级区	合计	山丘区	平原区
合　计	4449325	660863	3788462
松花江区	360252	85719	274533
辽河区	322378	145269	177109
海河区	1352914	106620	1246294
黄河区	556806	113023	443783
淮河区	1493117	111903	1381214
长江区	125913	41018	84895
东南诸河区	6908	5279	1629
珠江区	32622	23336	9286
西南诸河区	3235	3224	11
西北诸河区	195180	25472	169708

3-7-29 按井深分的规模以上机电井数量

单位：眼

水资源一级区	合计	50m 以下	50（含）~100m	100（含）~200m	200（含）~500m	500（含）~1000m	1000m 及以上
合　计	4449325	2408050	1334868	515449	180922	8594	1442
松花江区	360252	209298	125508	24336	1104	2	4
辽河区	322378	171286	142958	7020	529	407	178
海河区	1352914	409818	581140	245463	111201	4592	700
黄河区	556806	232020	176662	106369	39563	1915	277
淮河区	1493117	1230512	194121	52306	14634	1387	157
长江区	125913	90857	26350	6686	1817	104	99
东南诸河区	6908	4434	1668	756	34	10	6
珠江区	32622	17994	7738	4870	1945	59	16
西南诸河区	3235	2196	775	179	74	6	5
西北诸河区	195180	39635	77948	67464	10021	112	

3-7-30　按成井时间分的规模以上机电井数量

单位：眼

水资源一级区	合计	1980 年前	80 年代	90 年代	2000 年至时点
合　计	4449325	359049	529991	1265956	2294329
松花江区	360252	7305	16217	59208	277522
辽河区	322378	14538	33720	72675	201445
海河区	1352914	106683	168560	417442	660229
黄河区	556806	69440	81235	160380	245751
淮河区	1493117	134452	198943	469967	689755
长江区	125913	12249	12401	33402	67861
东南诸河区	6908	700	818	1516	3874
珠江区	32622	1431	3256	7130	20805
西南诸河区	3235	220	352	349	2314
西北诸河区	195180	12031	14489	43887	124773

3-7-31　按管理状况和是否安装水量计量设施分的规模以上机电井数量

单位：眼

水资源一级区	单位自备	已安装水量计量设施
合　计	292721	281816
松花江区	10905	8655
辽河区	18317	18095
海河区	69371	60429
黄河区	45980	41581
淮河区	90826	66352
长江区	24324	32715
东南诸河区	3766	2077
珠江区	8906	7754
西南诸河区	421	618
西北诸河区	19905	43540

3-7-32　按应用状况分的规模以上机电井数量

单位：眼

水资源一级区	合计	日常使用	应急备用
合　计	4449325	4241295	208030
松花江区	360252	335785	24467
辽河区	322378	292336	30042
海河区	1352914	1293692	59222
黄河区	556806	532744	24063
淮河区	1493117	1456461	36656
长江区	125913	108260	17653
东南诸河区	6908	6016	892
珠江区	32622	29477	3145
西南诸河区	3235	1307	1928
西北诸河区	195180	185217	9962

3-7-33 按井壁管材料分的规模以上机电井数量

单位：眼

水资源一级区	合计	钢管	铸铁管	钢筋混凝土管	塑料管	混凝土管	其他
合　计	4449325	3213199	483794	89882	291521	156975	213954
松花江区	360252	88602	74728	25733	65690	98812	6687
辽河区	322378	193299	46875	9592	29477	17522	25613
海河区	1352914	1113300	139746	23441	44832	3572	28023
黄河区	556806	371511	87503	12472	35339	12308	37673
淮河区	1493117	1291076	50230	6529	29431	15166	100685
长江区	125913	79601	18861	2693	13918	3034	7806
东南诸河区	6908	1466	734	454	1896	992	1366
珠江区	32622	7644	4894	1969	13053	2594	2468
西南诸河区	3235	1226	559	26	1210	145	69
西北诸河区	195180	65474	59664	6973	56675	2830	3564

3-7-34　按所取用地下水类型分的规模以上机电井 2011 年实际取水量

单位：万 m³

水资源一级区	合计	浅层地下水	深层地下水
合　计	8275120	7331837	943283
松花江区	993901	859135	134765
辽河区	697736	687428	10308
海河区	2155758	1740432	415326
黄河区	1139774	1019197	120578
淮河区	1264700	1053710	210989
长江区	269135	245112	24023
东南诸河区	24740	24370	371
珠江区	121679	96347	25332
西南诸河区	16792	16720	71
西北诸河区	1590905	1589386	1519

3-7-35 按水源类型分的规模以上机电井 2011 年实际取水量

单位：万 m³

水资源一级区	合计	地下水（不含矿泉水和地热水）	矿泉水	地热水
合　计	8275120	8257744	4311	13065
松花江区	993901	993738	154	9
辽河区	697736	696855	192	689
海河区	2155758	2150544	148	5066
黄河区	1139774	1137776	1010	988
淮河区	1264700	1263316	157	1226
长江区	269135	265226	1578	2331
东南诸河区	24740	23952	123	665
珠江区	121679	119180	554	1945
西南诸河区	16792	16623	29	139
西北诸河区	1590905	1590532	367	7

3-7-36　按主要取水用途分的规模以上机电井 2011 年实际取水量

单位：万 m^3

水资源一级区	合计	城镇生活	乡村生活	工业	农业灌溉	其他
合　计	8275120	842935	554450	728821	6131538	17376
松花江区	993901	68969	35761	46630	842378	163
辽河区	697736	102475	28626	70079	495675	881
海河区	2155758	204867	154606	180271	1610801	5214
黄河区	1139774	143170	73424	140162	781020	1998
淮河区	1264700	123519	123304	146733	869760	1383
长江区	269135	73388	61107	51685	79047	3909
东南诸河区	24740	5471	6536	8458	3488	788
珠江区	121679	27840	42615	13373	35352	2499
西南诸河区	16792	7294	380	5160	3790	168
西北诸河区	1590905	85943	28090	66270	1410228	374

3-7-37 按所在地貌类型分的规模以上机电井 2011 年实际取水量

单位：万 m³

水资源一级区	合计	山丘区	平原区
合 计	8275120	1286645	6988475
松花江区	993901	125519	868381
辽河区	697736	197872	499864
海河区	2155758	250560	1905198
黄河区	1139774	292027	847747
淮河区	1264700	138695	1126004
长江区	269135	113658	155476
东南诸河区	24740	21452	3289
珠江区	121679	78756	42924
西南诸河区	16792	16730	61
西北诸河区	1590905	51376	1539530

3-7-38 按井深分的规模以上机电井 2011 年实际取水量

单位：万 m³

水资源一级区	合计	50m及以上	50（含）～100m	100（含）～200m	200（含）～500m	500（含）～1000m	1000m及以上
合 计	8275120	2707121	2643928	1878655	928953	103503	12959
松花江区	993901	698848	231802	57883	5358	1	9
辽河区	697736	223795	422903	41830	3001	4580	1627
海河区	2155758	399984	763389	494453	444334	46711	6887
黄河区	1139774	301208	296787	336601	172007	30874	2298
淮河区	1264700	757493	195369	166993	126156	17720	969
长江区	269135	156066	53042	42232	15955	858	982
东南诸河区	24740	13873	4356	5874	502	90	45
珠江区	121679	45469	37505	23569	14405	607	124
西南诸河区	16792	9379	6155	831	371	36	19
西北诸河区	1590905	101005	632621	708388	146865	2027	

3-7-39 按成井时间分的规模以上机电井 2011 年实际取水量

单位：万 m³

水资源一级区	合计	1980 年前	80 年代	90 年代	2000 年至时点
合　计	8275120	620959	1028427	2263126	4362607
松花江区	993901	14845	40442	189487	749126
辽河区	697736	59630	135299	186304	316504
海河区	2155758	191836	304503	641487	1017932
黄河区	1139774	140404	168630	323133	507607
淮河区	1264700	105328	186855	386091	586426
长江区	269135	26610	38534	74427	129564
东南诸河区	24740	1918	3651	6867	12305
珠江区	121679	8146	17800	33259	62474
西南诸河区	16792	1036	5803	3787	6166
西北诸河区	1590905	71206	126910	418285	974505

3-7-40　按管理状况和是否安装水量计量设施分的 2011 年实际取水量

单位：万 m³

水资源一级区	单位自备	已安装水量计量设施
合　计	1434258	1710697
松花江区	72042	79394
辽河区	134433	133800
海河区	325812	354437
黄河区	254594	237878
淮河区	273472	308056
长江区	120301	125153
东南诸河区	17233	12647
珠江区	43456	45730
西南诸河区	1836	5074
西北诸河区	191079	408529

3-7-41 按应用状况分的规模以上机电井2011年实际取水量

单位：万 m³

水资源一级区	合计	日常使用	应急备用
合　计	8275120	8127495	147624
松花江区	993901	985289	8611
辽河区	697736	689777	7959
海河区	2155758	2113420	42338
黄河区	1139774	1124590	15184
淮河区	1264700	1250673	14027
长江区	269135	248560	20574
东南诸河区	24740	21752	2988
珠江区	121679	115617	6062
西南诸河区	16792	16371	420
西北诸河区	1590905	1561446	29458

3-7-42 按所在地貌类型分的规模以下机电井及人力井数量

单位：眼

水资源一级区	合计	山丘区	平原区
合 计	93030474	44382248	48648226
松花江区	6476972	2076897	4400075
辽河区	6838487	3655074	3183413
海河区	5126248	1538357	3587891
黄河区	4046826	1392417	2654409
淮河区	26550134	5267383	21282751
长江区	32896162	22475772	10420390
东南诸河区	2922245	1970850	951395
珠江区	7093157	5617826	1475331
西南诸河区	253135	246997	6138
西北诸河区	827108	140675	686433

3-7-43　按取水井类型分的规模以下机电井及人力井数量

单位：眼

水资源一级区	合计	规模以下机电井		人力井
		灌溉	供水	
合　计	93030474	4413174	44954988	43662312
松花江区	6476972	1014727	3290348	2171897
辽河区	6838487	980868	4129143	1728476
海河区	5126248	314659	3695527	1116062
黄河区	4046826	198153	2100495	1748178
淮河区	26550134	1164827	11212493	14172814
长江区	32896162	394697	16507147	15994318
东南诸河区	2922245	90852	1401849	1429544
珠江区	7093157	198149	2327560	4567448
西南诸河区	253135	8138	51564	193433
西北诸河区	827108	48104	238862	540142

3-7-44 按所在地貌类型分的规模以下机电井及人力井 2011 年实际取水量

单位：万 m³

水资源一级区	合计	山丘区	平原区
合 计	2537363	835578	1701785
松花江区	947699	114579	833120
辽河区	318019	89255	228765
海河区	95754	19847	75907
黄河区	77846	25011	52835
淮河区	334118	58182	275936
长江区	469462	327787	141675
东南诸河区	76237	57323	18914
珠江区	185824	135867	49957
西南诸河区	3659	3237	422
西北诸河区	28746	4490	24257

八、农村供水工程

（一）农村供水工程概况

3-8-1　农村供水工程主要指标

地　区	数量/万处	集中式供水工程	分散式供水工程	受益人口/万人	集中式供水工程	分散式供水工程	集中式供水工程2011年实际供水量/亿 m³
合　计	5887.05	91.84	5795.21	80922.70	54630.70	26292.00	184.70
北　京	0.56	0.37	0.19	685.51	684.04	1.47	2.99
天　津	1.36	0.26	1.09	453.35	448.79	4.56	1.88
河　北	203.04	4.41	198.62	5064.84	4013.28	1051.55	8.20
山　西	28.57	2.56	26.01	2399.01	2223.13	175.87	4.12
内蒙古	143.74	1.62	142.12	1401.80	807.69	594.12	2.07
辽　宁	314.19	1.76	312.43	2240.53	1108.03	1132.50	2.51
吉　林	227.72	1.29	226.43	1529.45	694.26	835.19	1.76
黑龙江	214.47	1.84	212.63	2018.66	1149.54	869.12	2.79
上　海	0.00	0.00		37.17	37.17		0.20
江　苏	112.04	0.57	111.47	4673.62	4255.95	417.67	17.30
浙　江	21.74	3.13	18.60	3114.34	2976.68	137.66	18.59
安　徽	638.91	1.37	637.53	4359.72	1915.76	2443.96	5.53
福　建	75.93	3.40	72.52	2183.56	1706.44	477.12	9.40
江　西	308.41	4.44	303.96	2534.86	1058.38	1476.48	3.93
山　东	298.33	4.23	294.10	6656.45	5537.78	1118.67	11.12
河　南	811.08	5.31	805.77	6278.82	2842.23	3436.59	5.18
湖　北	278.66	2.08	276.58	3167.74	2000.20	1167.54	7.67
湖　南	508.97	6.67	502.30	4147.07	1810.59	2336.49	6.10
广　东	191.97	4.26	187.71	5269.30	4095.84	1173.46	30.13
广　西	214.42	7.69	206.73	3936.02	2532.07	1403.95	8.31
海　南	52.81	1.15	51.66	609.86	323.24	286.61	1.13
重　庆	113.79	3.79	110.01	1223.63	813.30	410.33	4.20
四　川	704.14	7.91	696.23	5472.05	2270.33	3201.72	6.90
贵　州	43.43	6.64	36.79	2338.87	1979.63	359.23	4.67
云　南	93.99	8.60	85.39	3066.41	2596.12	470.28	7.27
西　藏	2.05	0.75	1.30	197.61	161.57	36.05	0.39
陕　西	107.87	4.00	103.87	2470.22	1929.98	540.23	3.74
甘　肃	121.36	1.04	120.32	1665.50	1140.20	525.30	1.92
青　海	5.50	0.21	5.29	310.46	283.95	26.51	0.78
宁　夏	36.20	0.15	36.05	364.44	235.01	129.43	0.33
新　疆	11.82	0.33	11.49	1051.85	999.51	52.34	3.60

（二）集中式供水工程基本情况

3-8-2 按供水规模分的集中式供水工程数量

单位：处

地　区	合计	200m³/d 及以上或 2000 人及以上	200m³/d 以下且 2000 人以下
合　计	918402	56510	861892
北　京	3689	1550	2139
天　津	2636	670	1966
河　北	44146	4276	39870
山　西	25559	2346	23213
内蒙古	16228	1128	15100
辽　宁	17576	1596	15980
吉　林	12892	653	12239
黑龙江	18381	1037	17344
上　海	23	23	
江　苏	5723	4755	968
浙　江	31333	1659	29674
安　徽	13717	2501	11216
福　建	34036	1765	32271
江　西	44431	1258	43173
山　东	42274	4208	38066
河　南	53118	4007	49111
湖　北	20825	1921	18904
湖　南	66745	2102	64643
广　东	42619	2912	39707
广　西	76903	2710	74193
海　南	11468	379	11089
重　庆	37850	1825	36025
四　川	79099	2697	76402
贵　州	66414	1837	64577
云　南	86039	1820	84219
西　藏	7469	19	7450
陕　西	39990	1875	38115
甘　肃	10379	998	9381
青　海	2056	480	1576
宁　夏	1478	310	1168
新　疆	3306	1193	2113

3-8-3 按供水规模分的集中式供水工程受益人口及 2011 年实际供水量

地 区	受益人口 /万人	200m³/d 及以上 或 2000 人及 以上	200m³/d 以下且 2000 人 以下	2011 年实际 供水量 /亿 m³	200m³/d 及以 上或 2000 人 及以上	200m³/d 以下 且 2000 人 以下
合 计	54630.70	33230.42	21400.28	184.70	129.54	55.13
北 京	684.04	564.60	119.44	2.99	2.59	0.40
天 津	448.79	317.60	131.19	1.88	1.24	0.63
河 北	4013.28	1685.61	2327.67	8.20	3.28	4.92
山 西	2223.13	1174.62	1048.51	4.12	2.27	1.85
内蒙古	807.69	420.32	387.37	2.07	1.11	0.96
辽 宁	1108.03	532.25	575.78	2.51	1.33	1.18
吉 林	694.26	166.15	528.12	1.76	0.66	1.09
黑龙江	1149.54	332.19	817.34	2.79	0.91	1.89
上 海	37.17	37.17		0.20	0.20	
江 苏	4255.95	4173.47	82.49	17.30	17.07	0.22
浙 江	2976.68	2177.78	798.90	18.59	15.68	2.91
安 徽	1915.76	1638.62	277.14	5.53	4.77	0.76
福 建	1706.44	1005.98	700.46	9.40	6.59	2.81
江 西	1058.38	516.38	542.00	3.93	1.94	1.99
山 东	5537.78	3313.32	2224.46	11.12	6.93	4.19
河 南	2842.23	1799.70	1042.53	5.18	3.07	2.12
湖 北	2000.20	1587.70	412.50	7.67	6.44	1.23
湖 南	1810.59	1063.29	747.30	6.10	3.82	2.28
广 东	4095.84	3294.89	800.95	30.13	27.06	3.07
广 西	2532.07	1107.12	1424.96	8.31	3.60	4.70
海 南	323.24	151.37	171.87	1.13	0.52	0.61
重 庆	813.30	466.52	346.78	4.20	3.19	1.00
四 川	2270.33	1378.97	891.36	6.90	4.45	2.44
贵 州	1979.63	640.15	1339.48	4.67	1.64	3.03
云 南	2596.12	829.06	1767.06	7.27	2.40	4.87
西 藏	161.57	4.38	157.19	0.39	0.01	0.38
陕 西	1929.98	849.84	1080.14	3.74	1.65	2.09
甘 肃	1140.20	715.72	424.48	1.92	1.21	0.71
青 海	283.95	198.02	85.92	0.78	0.55	0.23
宁 夏	235.01	215.42	19.59	0.33	0.30	0.03
新 疆	999.51	872.23	127.28	3.60	3.06	0.54

3-8-4　按取水水源类型分的 200m³/d 及以上或 2000 人及以上工程数量

单位：处

地　区	合计	地下水	地表水	水库
合　计	56510	34808	21702	6819
北　京	1550	1544	6	3
天　津	670	621	49	38
河　北	4276	4239	37	31
山　西	2346	2234	112	26
内蒙古	1128	1103	25	
辽　宁	1596	1471	125	79
吉　林	653	535	118	22
黑龙江	1037	998	39	8
上　海	23	4	19	
江　苏	4755	4322	433	110
浙　江	1659	80	1579	779
安　徽	2501	1284	1217	264
福　建	1765	161	1604	462
江　西	1258	324	934	134
山　东	4208	3864	344	239
河　南	4007	3837	170	105
湖　北	1921	606	1315	461
湖　南	2102	748	1354	502
广　东	2912	582	2330	706
广　西	2710	1249	1461	344
海　南	379	275	104	49
重　庆	1825	84	1741	801
四　川	2697	642	2055	669
贵　州	1837	352	1485	282
云　南	1820	209	1611	467
西　藏	19	5	14	
陕　西	1875	1521	354	63
甘　肃	998	675	323	77
青　海	480	132	348	22
宁　夏	310	204	106	23
新　疆	1193	903	290	53

3-8-5 按工程类型分的 200m³/d 及以上或 2000 人及以上工程数量

单位：处

地 区	合 计	城镇管网延伸	联村	单村
合 计	56510	6584	19467	30459
北 京	1550	41	114	1395
天 津	670	54	87	529
河 北	4276	87	753	3436
山 西	2346	102	722	1522
内蒙古	1128	91	217	820
辽 宁	1596	146	299	1151
吉 林	653	86	87	480
黑龙江	1037	78	75	884
上 海	23		18	5
江 苏	4755	211	1946	2598
浙 江	1659	284	507	868
安 徽	2501	443	921	1137
福 建	1765	257	407	1101
江 西	1258	253	506	499
山 东	4208	293	2069	1846
河 南	4007	85	1324	2598
湖 北	1921	479	931	511
湖 南	2102	449	1141	512
广 东	2912	701	710	1501
广 西	2710	400	707	1603
海 南	379	81	79	219
重 庆	1825	266	748	811
四 川	2697	883	1197	617
贵 州	1837	160	839	838
云 南	1820	299	521	1000
西 藏	19	7	3	9
陕 西	1875	133	600	1142
甘 肃	998	66	626	306
青 海	480	48	245	187
宁 夏	310	18	255	37
新 疆	1193	83	813	297

3-8-6　已建和在建 200m³/d 及以上或 2000 人及以上工程数量

单位：处

地　区	合计	已建	在建
合　计	56510	54977	1533
北　京	1550	1549	1
天　津	670	669	1
河　北	4276	4224	52
山　西	2346	2332	14
内蒙古	1128	1082	46
辽　宁	1596	1443	153
吉　林	653	625	28
黑龙江	1037	1032	5
上　海	23	23	
江　苏	4755	4732	23
浙　江	1659	1601	58
安　徽	2501	2485	16
福　建	1765	1733	32
江　西	1258	1159	99
山　东	4208	4193	15
河　南	4007	3964	43
湖　北	1921	1882	39
湖　南	2102	2017	85
广　东	2912	2843	69
广　西	2710	2481	229
海　南	379	374	5
重　庆	1825	1707	118
四　川	2697	2611	86
贵　州	1837	1703	134
云　南	1820	1806	14
西　藏	19	19	
陕　西	1875	1811	64
甘　肃	998	946	52
青　海	480	471	9
宁　夏	310	292	18
新　疆	1193	1168	25

3-8-7　按管理主体分的 200m³/d 及以上或 2000 人及以上工程数量

单位：处

地　区	合计	县级水利部门	乡镇	村集体	企业	用水合作组织	其他
合　计	56510	10195	12866	25790	4749	692	2218
北　京	1550	36	157	1325	23	3	6
天　津	670	68	83	468	46		5
河　北	4276	504	246	3437	47	24	18
山　西	2346	437	262	1548	51	11	37
内蒙古	1128	181	199	653	65	8	22
辽　宁	1596	59	367	1085	74	1	10
吉　林	653	129	160	299	50		15
黑龙江	1037	44	217	629	114	1	32
上　海	23		22		1		
江　苏	4755	418	1070	1867	716	2	682
浙　江	1659	58	319	875	287	11	109
安　徽	2501	731	598	500	553	8	111
福　建	1765	56	440	974	166	57	72
江　西	1258	103	565	320	164	47	59
山　东	4208	317	1055	2336	201	115	184
河　南	4007	624	631	2564	41	98	49
湖　北	1921	308	708	438	287	22	158
湖　南	2102	628	779	422	184	21	68
广　东	2912	195	784	1448	395	35	55
广　西	2710	832	350	1150	239	37	102
海　南	379	47	66	175	51	10	30
重　庆	1825	502	444	446	316	70	47
四　川	2697	1012	1007	227	277	24	150
贵　州	1837	487	794	426	106	2	22
云　南	1820	191	736	664	120	70	39
西　藏	19	6	8	2	3		
陕　西	1875	380	322	1089	37	4	43
甘　肃	998	611	90	241	28	2	26
青　海	480	259	93	78	42	3	5
宁　夏	310	233	12	7	31	5	22
新　疆	1193	739	282	97	34	1	40

3-8-8 按取水水源类型分的 200m³/d 及以上或 2000 人及以上工程受益人口

单位：万人

地 区	合 计	地下水	地表水	水库
合 计	33230.42	15232.70	17997.72	7314.75
北 京	564.60	553.63	10.97	5.75
天 津	317.60	221.80	95.80	72.58
河 北	1685.61	1667.90	17.71	16.17
山 西	1174.62	1073.89	100.74	46.76
内蒙古	420.32	405.99	14.33	
辽 宁	532.25	457.82	74.43	57.00
吉 林	166.15	122.98	43.17	9.46
黑龙江	332.19	306.26	25.93	5.38
上 海	37.17	11.80	25.37	
江 苏	4173.47	2139.16	2034.31	327.72
浙 江	2177.78	52.54	2125.24	1448.28
安 徽	1638.62	502.27	1136.35	257.02
福 建	1005.98	45.12	960.86	519.53
江 西	516.38	109.40	406.97	66.28
山 东	3313.32	2419.43	893.89	804.31
河 南	1799.70	1681.87	117.83	88.00
湖 北	1587.70	297.06	1290.64	401.22
湖 南	1063.29	296.40	766.89	321.58
广 东	3294.89	175.40	3119.49	1172.02
广 西	1107.12	387.67	719.45	273.33
海 南	151.37	70.77	80.60	46.13
重 庆	466.52	14.60	451.91	222.50
四 川	1378.97	268.91	1110.06	404.37
贵 州	640.15	96.95	543.21	162.21
云 南	829.06	83.81	745.25	293.79
西 藏	4.38	1.52	2.86	
陕 西	849.84	666.16	183.68	61.11
甘 肃	715.72	367.06	348.66	103.02
青 海	198.02	41.39	156.64	20.51
宁 夏	215.42	140.72	74.70	24.21
新 疆	872.23	552.42	319.81	84.50

3-8-9 按工程类型分的 200m³/d 及以上或 2000 人及以上工程受益人口

单位：万人

地 区	合计	城镇管网延伸	联村	单村
合 计	33230.42	10562.14	15166.98	7501.30
北 京	564.60	20.93	138.67	404.99
天 津	317.60	103.54	85.00	129.06
河 北	1685.61	86.14	712.33	887.14
山 西	1174.62	155.23	557.56	461.84
内蒙古	420.32	77.60	142.43	200.29
辽 宁	532.25	95.49	190.22	246.54
吉 林	166.15	40.48	36.46	89.21
黑龙江	332.19	56.70	42.82	232.68
上 海	37.17		35.25	1.92
江 苏	4173.47	1735.93	1741.61	695.92
浙 江	2177.78	1376.08	642.74	158.96
安 徽	1638.62	517.38	775.48	345.76
福 建	1005.98	470.00	307.33	228.65
江 西	516.38	152.49	256.01	107.88
山 东	3313.32	928.26	1945.05	440.00
河 南	1799.70	96.65	1134.07	568.98
湖 北	1587.70	755.25	725.36	107.09
湖 南	1063.29	363.09	593.91	106.28
广 东	3294.89	1722.26	1116.43	456.20
广 西	1107.12	315.75	458.66	332.71
海 南	151.37	65.28	37.86	48.23
重 庆	466.52	102.69	244.57	119.26
四 川	1378.97	685.99	531.35	161.63
贵 州	640.15	109.54	351.52	179.09
云 南	829.06	188.24	352.97	287.85
西 藏	4.38	1.94	0.58	1.85
陕 西	849.84	136.94	363.01	349.89
甘 肃	715.72	44.81	606.70	64.22
青 海	198.02	28.23	147.45	22.34
宁 夏	215.42	22.69	183.08	9.64
新 疆	872.23	106.52	710.51	55.20

3-8-10　按管理主体分的 200m³/d 及以上或 2000 人及以上工程受益人口

单位：万人

地　区	合计	县级水利部门	乡镇	村集体	企业	用水合作组织	其他
合　计	33230.42	9037.18	7792.87	6823.83	7227.48	302.54	2046.52
北　京	564.60	44.14	118.70	380.05	17.91	1.09	2.71
天　津	317.60	40.57	56.12	121.29	86.90		12.73
河　北	1685.61	525.69	169.99	918.31	55.22	6.08	10.32
山　西	1174.62	471.42	133.14	471.55	60.42	5.51	32.58
内蒙古	420.32	133.81	69.53	160.01	45.82	3.61	7.53
辽　宁	532.25	27.06	173.77	259.97	65.63	1.00	4.82
吉　林	166.15	30.69	48.46	49.40	33.90		3.69
黑龙江	332.19	23.23	106.90	136.73	56.45	1.80	7.09
上　海	37.17		36.57		0.60		
江　苏	4173.47	717.72	979.26	532.99	1205.43	0.50	737.56
浙　江	2177.78	214.52	390.28	166.13	1202.17	3.84	200.83
安　徽	1638.62	435.34	357.12	151.08	595.56	4.67	94.84
福　建	1005.98	72.70	313.26	206.24	362.67	12.38	38.73
江　西	516.38	46.54	210.68	67.51	145.01	15.10	31.54
山　东	3313.32	807.25	934.94	726.69	568.25	100.48	175.71
河　南	1799.70	621.92	371.52	679.15	45.76	51.88	29.47
湖　北	1587.70	354.19	546.94	109.53	402.91	8.84	165.28
湖　南	1063.29	392.33	363.50	90.67	149.39	10.26	57.13
广　东	3294.89	508.86	925.37	455.90	1248.37	10.63	145.76
广　西	1107.12	533.66	141.61	233.49	154.00	9.72	34.64
海　南	151.37	20.36	23.21	37.56	57.64	2.34	10.26
重　庆	466.52	147.18	104.17	69.49	111.10	14.46	20.11
四　川	1378.97	643.14	330.15	60.01	240.39	7.36	97.92
贵　州	640.15	226.32	243.45	90.01	64.53	0.31	15.53
云　南	829.06	131.87	338.28	207.94	96.84	26.17	27.96
西　藏	4.38	1.41	1.34	0.60	1.03		
陕　西	849.84	340.16	119.91	351.49	20.05	1.09	17.15
甘　肃	715.72	566.86	34.14	59.51	34.75	0.47	20.00
青　海	198.02	143.72	22.08	11.79	18.86	0.75	0.82
宁　夏	215.42	150.08	4.97	1.91	43.20	1.51	13.75
新　疆	872.23	664.43	123.48	16.83	36.72	0.68	30.08

3-8-11 200m³/d 及以上或 2000 人及以上集中式供水工程 2011 年实际供水量

单位：亿 m³

地 区	合计	生活供水量	生产供水量
合 计	129.54	87.84	41.70
北 京	2.59	1.99	0.60
天 津	1.24	0.94	0.31
河 北	3.28	3.10	0.19
山 西	2.27	1.99	0.28
内蒙古	1.11	0.96	0.15
辽 宁	1.33	1.10	0.23
吉 林	0.66	0.36	0.30
黑龙江	0.91	0.77	0.13
上 海	0.20	0.11	0.09
江 苏	17.07	10.18	6.90
浙 江	15.68	8.20	7.47
安 徽	4.77	3.89	0.88
福 建	6.59	3.78	2.82
江 西	1.94	1.70	0.25
山 东	6.93	5.35	1.57
河 南	3.07	2.92	0.14
湖 北	6.44	4.48	1.96
湖 南	3.82	3.13	0.69
广 东	27.06	15.27	11.79
广 西	3.60	3.14	0.46
海 南	0.52	0.50	0.01
重 庆	3.19	1.44	1.76
四 川	4.45	3.52	0.93
贵 州	1.64	1.46	0.18
云 南	2.40	2.07	0.33
西 藏	0.01	0.01	0.00
陕 西	1.65	1.45	0.20
甘 肃	1.21	1.09	0.13
青 海	0.55	0.50	0.05
宁 夏	0.30	0.26	0.04
新 疆	3.06	2.19	0.87

3-8-12 按取水水源类型分的 200m³/d 以下且 2000 人以下集中式供水工程数量

单位：处

地 区	合计	地表水	地下水
合 计	861892	451966	409926
北 京	2139	94	2045
天 津	1966	13	1953
河 北	39870	1522	38348
山 西	23213	6384	16829
内 蒙 古	15100	206	14894
辽 宁	15980	1077	14903
吉 林	12239	1525	10714
黑 龙 江	17344	264	17080
上 海			
江 苏	968	32	936
浙 江	29674	23437	6237
安 徽	11216	7599	3617
福 建	32271	27734	4537
江 西	43173	18004	25169
山 东	38066	3588	34478
河 南	49111	6027	43084
湖 北	18904	13022	5882
湖 南	64643	29913	34730
广 东	39707	28391	11316
广 西	74193	51735	22458
海 南	11089	4129	6960
重 庆	36025	23833	12192
四 川	76402	39177	37225
贵 州	64577	57371	7206
云 南	84219	76912	7307
西 藏	7450	6627	823
陕 西	38115	17963	20152
甘 肃	9381	3718	5663
青 海	1576	796	780
宁 夏	1168	661	507
新 疆	2113	212	1901

3-8-13 按工程类型分的 200m³/d 以下且 2000 人以下集中式供水工程数量

单位：处

地　区	合计	城镇管网延伸	联村	单村
合　计	861892	8337	12637	840918
北　京	2139	6	19	2114
天　津	1966		5	1961
河　北	39870	531	396	38943
山　西	23213	40	832	22341
内蒙古	15100	112	286	14702
辽　宁	15980	167	190	15623
吉　林	12239	177	389	11673
黑龙江	17344	305	271	16768
上　海				
江　苏	968	2	38	928
浙　江	29674	477	402	28795
安　徽	11216	264	92	10860
福　建	32271	153	207	31911
江　西	43173	541	464	42168
山　东	38066	1294	888	35884
河　南	49111	128	440	48543
湖　北	18904	530	324	18050
湖　南	64643	304	703	63636
广　东	39707	346	1182	38179
广　西	74193	857	852	72484
海　南	11089	24	141	10924
重　庆	36025	199	131	35695
四　川	76402	484	774	75144
贵　州	64577	253	475	63849
云　南	84219	640	1724	81855
西　藏	7450	31	98	7321
陕　西	38115	281	637	37197
甘　肃	9381	119	274	8988
青　海	1576	41	134	1401
宁　夏	1168	3	28	1137
新　疆	2113	28	241	1844

3-8-14　按取水水源类型分的 200m³/d 以下且 2000 人以下集中式供水工程受益人口

单位：万人

地　区	合　计	地表水	地下水
合　计	21400.28	9536.29	11863.99
北　京	119.44	2.52	116.91
天　津	131.19	1.41	129.79
河　北	2327.67	39.86	2287.81
山　西	1048.51	168.17	880.34
内蒙古	387.37	5.96	381.41
辽　宁	575.78	38.97	536.81
吉　林	528.12	50.49	477.62
黑龙江	817.34	13.44	803.90
上　海			
江　苏	82.49	2.97	79.52
浙　江	798.90	728.00	70.90
安　徽	277.14	194.74	82.40
福　建	700.46	635.33	65.13
江　西	542.00	380.87	161.14
山　东	2224.46	211.87	2012.60
河　南	1042.53	123.41	919.12
湖　北	412.50	310.72	101.78
湖　南	747.30	485.79	261.51
广　东	800.95	609.60	191.34
广　西	1424.96	912.95	512.01
海　南	171.87	35.81	136.06
重　庆	346.78	299.84	46.94
四　川	891.36	646.02	245.34
贵　州	1339.48	1151.67	187.82
云　南	1767.06	1721.08	45.98
西　藏	157.19	141.16	16.03
陕　西	1080.14	382.28	697.87
甘　肃	424.48	167.30	257.18
青　海	85.92	48.56	37.36
宁　夏	19.59	12.32	7.27
新　疆	127.28	13.21	114.08

（三）分散式供水工程基本情况

3-8-15 按工程类型分的分散式供水工程数量

单位：万处

地　区	合计	分散供水井工程	引泉供水工程	雨水集蓄供水工程
合　计	5795.21	5338.54	169.20	287.47
北　京	0.19	0.18	0.01	0.00
天　津	1.09	1.09		
河　北	198.62	194.94	0.69	2.99
山　西	26.01	10.22	0.09	15.70
内蒙古	142.12	138.36	0.02	3.74
辽　宁	312.43	312.02	0.24	0.17
吉　林	226.43	226.30	0.01	0.12
黑龙江	212.63	212.61	0.02	
上　海				
江　苏	111.47	111.46	0.00	
浙　江	18.60	16.17	2.09	0.34
安　徽	637.53	630.11	6.21	1.22
福　建	72.52	60.53	11.63	0.36
江　西	303.96	289.62	11.95	2.39
山　东	294.10	290.63	2.63	0.84
河　南	805.77	798.92	1.21	5.63
湖　北	276.58	255.32	8.32	12.94
湖　南	502.30	451.65	48.29	2.36
广　东	187.71	175.50	11.15	1.06
广　西	206.73	176.41	14.58	15.74
海　南	51.66	51.58	0.00	0.08
重　庆	110.01	99.36	6.31	4.33
四　川	696.23	659.54	27.55	9.14
贵　州	36.79	0.98	7.21	28.60
云　南	85.39	39.54	5.17	40.68
西　藏	1.30	1.09	0.21	0.00
陕　西	103.87	78.09	3.22	22.56
甘　肃	120.32	27.22	0.33	92.77
青　海	5.29	2.19	0.02	3.08
宁　夏	36.05	15.41	0.04	20.60
新　疆	11.49	11.48	0.01	0.01

九、塘坝与窖池

（一）塘坝基本情况

3-9-1 塘 坝 主 要 指 标

地 区	数量 /万处	容积 /万 m³	实际灌溉面积 /万亩	供水人口 /万人
合 计	456.34	3008928.27	7583.32	2236.29
北 京	0.04	567.53	1.72	0.60
天 津	0.02	2477.06	1.19	
河 北	0.46	9869.77	27.78	30.53
山 西	0.16	4263.38	13.54	4.97
内 蒙 古	0.13	4005.24	8.28	1.65
辽 宁	0.53	11230.12	80.24	13.73
吉 林	0.71	14036.51	25.49	0.96
黑 龙 江	1.42	27136.60	92.00	0.72
上 海				
江 苏	17.59	104281.32	190.38	14.81
浙 江	8.82	75599.12	294.23	229.25
安 徽	61.72	481923.28	1282.84	478.75
福 建	1.37	21514.59	90.49	42.98
江 西	22.97	289085.24	543.68	154.71
山 东	5.15	123012.00	451.85	47.64
河 南	14.64	119749.91	314.48	76.40
湖 北	83.81	415677.66	782.59	100.69
湖 南	166.37	738788.79	1333.40	388.72
广 东	4.01	86679.34	287.95	127.75
广 西	4.09	61047.24	259.58	40.89
海 南	0.18	6981.61	28.38	
重 庆	14.80	73875.89	220.82	132.21
四 川	40.00	251970.24	854.92	198.93
贵 州	1.98	19658.83	100.34	36.78
云 南	3.81	49486.45	152.00	71.31
西 藏	0.27	1818.29	84.17	4.78
陕 西	0.96	7846.01	29.97	10.24
甘 肃	0.23	2704.47	10.80	23.93
青 海	0.04	673.27	3.97	0.27
宁 夏	0.02	2016.45	1.54	0.01
新 疆	0.04	952.06	14.68	2.09

3-9-2　按工程规模分的塘坝工程数量

单位：处

地　区	合计	500（含）～ 1万 m³	1万（含）～ 5万 m³	5万（含）～ 10万 m³	10万 m³ 及以上
合　计	4563417	3887145	577434	89595	9243
北　京	379	252	95	28	4
天　津	160	27	71	33	29
河　北	4555	2756	1263	395	141
山　西	1581	981	385	123	92
内蒙古	1307	648	379	231	49
辽　宁	5318	2680	2154	362	122
吉　林	7094	4104	2216	737	37
黑龙江	14155	9951	3345	670	189
上　海					
江　苏	175868	153456	19886	1696	830
浙　江	88201	67925	17401	2875	
安　徽	617226	499858	101605	13888	1875
福　建	13738	8207	4255	1276	
江　西	229726	164946	50206	14163	411
山　东	51476	21029	23055	6906	486
河　南	146383	116971	27165	1874	373
湖　北	838113	756371	72796	7118	1828
湖　南	1663709	1489934	152267	20447	1061
广　东	40140	21014	13638	4970	518
广　西	40904	27522	10542	2571	269
海　南	1831	803	637	283	108
重　庆	147955	135616	10662	1615	62
四　川	400042	349434	46007	4143	458
贵　州	19785	15018	3998	769	
云　南	38142	24704	11234	2059	145
西　藏	2655	2176	455	22	2
陕　西	9603	8127	1208	186	82
甘　肃	2338	2031	208	65	34
青　海	448	247	179	22	
宁　夏	229	148	32	27	22
新　疆	356	209	90	41	16

3-9-3　按工程规模分的塘坝工程容积

单位：万 m³

地　区	合　计	500（含）～ 1 万 m³	1 万（含）～ 5 万 m³	5 万（含）～ 10 万 m³	10 万 m³ 及以上
合　计	3008928	1085077	1147413	599765	176673
北　京	568	79	207	182	99
天　津	2477	17	131	231	2097
河　北	9870	876	2877	2742	3374
山　西	4263	316	884	902	2162
内蒙古	4005	224	1000	1676	1105
辽　宁	11230	1253	4875	2526	2575
吉　林	14037	2234	5943	5280	580
黑龙江	27137	8328	9146	5243	4420
上　海					
江　苏	104281	39512	38122	11765	14882
浙　江	75599	19962	35919	19718	
安　徽	481923	152896	201358	90354	37315
福　建	21515	3015	9688	8812	
江　西	289085	59165	124456	99202	6262
山　东	123012	10856	55578	49153	7425
河　南	119750	49978	50251	12387	7133
湖　北	415678	198700	136407	47220	33350
湖　南	738789	333168	263583	127465	14572
广　东	86679	10407	33468	33621	9183
广　西	61047	11991	25141	18060	5855
海　南	6982	409	1902	2084	2587
重　庆	73876	40847	20588	11212	1228
四　川	251970	123303	88117	27861	12689
贵　州	19659	5380	8863	5416	
云　南	49486	8243	24348	14109	2786
西　藏	1818	645	986	151	36
陕　西	7846	2590	2460	1302	1494
甘　肃	2704	455	425	457	1367
青　海	673	111	400	162	
宁　夏	2016	27	73	191	1725
新　疆	952	90	212	279	371

3-9-4　按工程规模分的塘坝工程 2011 年实际灌溉面积

单位：万亩

地 区	合计	500（含）～ 1 万 m³	1 万（含）～ 5 万 m³	5 万（含）～ 10 万 m³	10 万 m³ 及以上
合 计	7583.3	3350.9	2860.3	1137.1	235.0
北 京	1.7	0.9	0.7	0.1	0.1
天 津	1.2	0.1	0.4	0.5	0.1
河 北	27.8	8.0	11.4	5.9	2.5
山 西	13.5	3.7	4.4	2.2	3.3
内 蒙 古	8.3	1.3	3.7	2.1	1.1
辽 宁	80.2	28.9	40.1	8.6	2.6
吉 林	25.5	5.6	12.5	6.7	0.7
黑 龙 江	92.0	16.7	32.8	29.5	13.0
上 海					
江 苏	190.4	81.6	68.3	19.9	20.5
浙 江	294.2	107.6	138.3	48.3	
安 徽	1282.8	514.9	522.0	194.3	51.6
福 建	90.5	30.2	38.4	21.9	
江 西	543.7	133.8	239.3	162.5	8.0
山 东	451.9	102.3	230.8	105.7	13.1
河 南	314.5	158.3	125.3	23.8	7.0
湖 北	782.6	417.2	265.5	62.4	37.5
湖 南	1333.4	705.8	435.6	171.1	20.9
广 东	288.0	80.7	117.6	76.6	13.0
广 西	259.6	98.8	104.0	46.5	10.3
海 南	28.4	8.5	8.6	5.6	5.6
重 庆	220.8	140.6	54.7	23.9	1.6
四 川	854.9	525.5	254.3	61.7	13.4
贵 州	100.3	49.4	35.7	15.3	
云 南	152.0	48.7	71.3	28.5	3.5
西 藏	84.2	59.8	22.4	1.6	0.3
陕 西	30.0	16.5	10.1	2.3	1.2
甘 肃	10.8	3.6	3.2	2.6	1.5
青 海	4.0	0.8	2.7	0.4	
宁 夏	1.5	0.7	0.4	0.2	0.3
新 疆	14.7	0.4	5.8	6.3	2.3

3-9-5　按工程规模分的塘坝工程供水人口

单位：人

地　区	合计	500（含）～ 1 万 m³	1 万（含）～ 5 万 m³	5 万（含）～ 10 万 m³	10 万 m³ 及以上
合　计	22362938	10478236	7439666	3235736	1209300
北　京	6030	2962	3008	60	
天　津					
河　北	305298	196986	76058	21086	11168
山　西	49675	22641	16235	10246	553
内蒙古	16513	6537	1777	88	8111
辽　宁	137322	9508	60480	41692	25642
吉　林	9578	5458	4120		
黑龙江	7203	450	153	6600	
上　海					
江　苏	148106	26882	25307	60978	34939
浙　江	2292461	645843	1149976	496642	
安　徽	4787516	2066646	1911377	601465	208028
福　建	429752	141445	159788	128519	
江　西	1547055	444488	649850	418297	34420
山　东	476444	110625	178954	92825	94040
河　南	764021	479032	210667	41751	32571
湖　北	1006885	584421	261733	82604	78127
湖　南	3887187	2400887	1130342	323601	32357
广　东	1277468	394034	329134	361875	192425
广　西	408921	204762	115091	74621	14447
海　南					
重　庆	1322100	901654	286417	128059	5970
四　川	1989323	1238967	405992	128323	216041
贵　州	367803	159358	141403	67042	
云　南	713115	290196	272408	125885	24626
西　藏	47811	45729	1364	718	
陕　西	102403	65816	23806	12206	575
甘　肃	239308	29344	23390	10126	176448
青　海	2713	1799	673	241	
宁　夏	56			56	
新　疆	20871	1766	163	130	18812

（二）窖池基本情况

3-9-6　窖池主要指标

地　区	数量 /处	容积 /万 m³	抗旱补水面积 /万亩	供水人口 /万人
合　计	6892795	25141.76	872.20	2426.01
北　京	5075	27.77	3.81	4.34
天　津	1746	7.32	1.50	0.00
河　北	174655	461.87	17.60	74.50
山　西	267012	940.85	5.10	75.78
内蒙古	47634	168.43	3.70	14.92
辽　宁	2289	12.10	2.11	1.44
吉　林	1	0.00	0.00	
黑龙江				
上　海				
江　苏	354	6.17	1.89	2.55
浙　江	9559	137.10	5.77	45.21
安　徽	1001	16.65	0.19	2.16
福　建	19911	134.53	29.66	29.97
江　西	8402	68.25	3.55	7.85
山　东	78981	389.56	19.75	25.89
河　南	314904	774.74	17.57	143.92
湖　北	202836	841.24	14.65	115.39
湖　南	46031	369.80	13.58	45.57
广　东	7997	60.40	4.36	15.62
广　西	235274	1339.71	18.40	136.62
海　南	16	0.10		0.03
重　庆	153244	1663.30	30.39	80.27
四　川	702262	5271.08	178.08	185.66
贵　州	478782	1790.18	90.78	281.00
云　南	1784255	4405.74	326.92	504.25
西　藏	1580	23.77	8.41	6.39
陕　西	374250	851.21	18.04	95.55
甘　肃	1545277	4017.46	50.87	432.38
青　海	77152	192.12	0.48	20.08
宁　夏	352293	1170.18	5.06	78.14
新　疆	22	0.14		0.52

3-9-7　按工程规模分的窖池数量

单位：处

地　区	合　计	10（含）～100 m³	100（含）～500m³
合　　计	6892795	6599980	292815
北　京	5075	4456	619
天　津	1746	1669	77
河　北	174655	172376	2279
山　西	267012	263929	3083
内蒙古	47634	46080	1554
辽　宁	2289	2105	184
吉　林	1	1	
黑龙江			
上　海			
江　苏	354	154	200
浙　江	9559	5164	4395
安　徽	1001	619	382
福　建	19911	16948	2963
江　西	8402	7073	1329
山　东	78981	72674	6307
河　南	314904	312505	2399
湖　北	202836	195958	6878
湖　南	46031	36319	9712
广　东	7997	6776	1221
广　西	235274	220872	14402
海　南	16	14	2
重　庆	153244	103362	49882
四　川	702262	560014	142248
贵　州	478782	462276	16506
云　南	1784255	1761595	22660
西　藏	1580	780	800
陕　西	374250	372640	1610
甘　肃	1545277	1544290	987
青　海	77152	77134	18
宁　夏	352293	352179	114
新　疆	22	18	4

3-9-8　按工程规模分的窖池总容积

单位：万 m³

地　区	合　计	10（含）～100 m³	100（含）～500m³
合　计	25141.76	18738.52	6403.24
北　京	27.77	14.28	13.49
天　津	7.32	5.63	1.69
河　北	461.87	406.12	55.75
山　西	940.85	881.92	58.93
内蒙古	168.43	135.48	32.95
辽　宁	12.10	5.74	6.36
吉　林	0.00	0.00	
黑龙江			
上　海			
江　苏	6.17	0.46	5.71
浙　江	137.10	19.45	117.66
安　徽	16.65	3.67	12.98
福　建	134.53	54.42	80.11
江　西	68.25	22.59	45.66
山　东	389.56	225.44	164.12
河　南	774.74	722.69	52.05
湖　北	841.24	646.58	194.65
湖　南	369.80	96.45	273.35
广　东	60.40	29.19	31.21
广　西	1339.71	1072.44	267.27
海　南	0.10	0.06	0.04
重　庆	1663.30	510.51	1152.79
四　川	5271.08	2314.20	2956.88
贵　州	1790.18	1489.45	300.72
云　南	4405.74	3903.40	502.34
西　藏	23.77	4.60	19.17
陕　西	851.21	811.28	39.93
甘　肃	4017.46	4001.64	15.82
青　海	192.12	191.82	0.30
宁　夏	1170.18	1168.96	1.22
新　疆	0.14	0.06	0.08

3-9-9　按工程规模分的窖池抗旱补水面积

单位：亩

地　　区	合　计	10（含）～100 m³	100（含）～500m³
合　　计	8721960	6368060	2353900
北　京	38144	16363	21781
天　津	15015	10135	4880
河　北	175983	133092	42891
山　西	51014	30830	20184
内蒙古	37032	15682	21350
辽　宁	21119	4869	16250
吉　林	15	15	
黑龙江			
上　海			
江　苏	18876	6523	12353
浙　江	57680	28610	29070
安　徽	1873	1067	806
福　建	296577	179329	117248
江　西	35545	15742	19803
山　东	197459	103537	93922
河　南	175663	133166	42497
湖　北	146528	82250	64278
湖　南	135822	101570	34252
广　东	43614	24333	19281
广　西	183957	147227	36730
海　南			
重　庆	303858	113501	190357
四　川	1780781	1014589	766192
贵　州	907804	708515	199289
云　南	3269157	2752709	516448
西　藏	84075	28082	55993
陕　西	180354	163361	16993
甘　肃	508681	498099	10582
青　海	4754	4754	
宁　夏	50580	50110	470
新　疆			

3-9-10　按工程规模分的窖池供水人口

单位：人

地　区	合计	10（含）～100 m³	100（含）～500m³
合　计	24260097	20102655	4157442
北　京	43379	22149	21230
天　津	40	40	
河　北	744957	493632	251325
山　西	757806	687734	70072
内蒙古	149194	117314	31880
辽　宁	14404	9068	5336
吉　林			
黑龙江			
上　海			
江　苏	25505	11910	13595
浙　江	452112	357324	94788
安　徽	21580	17214	4366
福　建	299692	149313	150379
江　西	78463	58918	19545
山　东	258915	135387	123528
河　南	1439184	1134398	304786
湖　北	1153900	902004	251896
湖　南	455735	313866	141869
广　东	156220	98316	57904
广　西	1366230	1061989	304241
海　南	317	167	150
重　庆	802731	470739	331992
四　川	1856592	1466210	390382
贵　州	2810034	2554203	255831
云　南	5042470	3990559	1051911
西　藏	63930	51476	12454
陕　西	955518	939839	15679
甘　肃	4323810	4079148	244662
青　海	200805	199130	1675
宁　夏	781420	779816	1604
新　疆	5154	792	4362

第四章

水资源开发利用情况

一、河湖取水口

（一）各地区河湖取水口基本情况

4-1-1　河湖取水口主要指标

地　区	数量 /个	规模以上	2011 年实际取水量 /亿 m³	规模以上
合　计	638816	121796	4551.03	3923.41
北　京	343	165	8.15	8.11
天　津	1996	1619	10.59	9.49
河　北	3636	1537	44.56	43.23
山　西	2614	807	33.94	32.16
内蒙古	1469	942	109.79	109.17
辽　宁	3329	1413	75.48	71.77
吉　林	6855	1356	85.18	78.21
黑龙江	3229	1318	154.12	142.82
上　海	6715	5162	118.96	118.14
江　苏	61356	24118	444.38	418.53
浙　江	58841	10000	171.16	128.38
安　徽	21938	7271	195.25	183.19
福　建	52377	2041	183.80	104.83
江　西	32538	5244	242.63	176.91
山　东	11045	4689	128.49	125.81
河　南	7040	1862	105.85	102.99
湖　北	28352	10016	261.30	244.13
湖　南	63558	10817	270.17	217.30
广　东	45271	6514	427.71	344.85
广　西	48181	4277	259.07	170.38
海　南	3307	724	38.48	33.26
重　庆	16828	1960	61.17	51.37
四　川	35934	3913	191.36	165.87
贵　州	28154	1299	48.74	23.72
云　南	70520	8021	116.28	77.57
西　藏	5776	444	22.51	12.05
陕　西	8950	897	48.57	43.17
甘　肃	3125	887	96.00	93.30
青　海	3034	603	26.30	23.86
宁　夏	412	183	68.02	67.91
新　疆	2093	1697	503.02	500.93

4-1-2　按取水方式分的规模以上河湖取水口数量

单位：个

地　区	合　计	自流	抽提
合　计	121796	61507	60289
北　京	165	143	22
天　津	1619	464	1155
河　北	1537	1039	498
山　西	807	454	353
内蒙古	942	739	203
辽　宁	1413	812	601
吉　林	1356	1047	309
黑龙江	1318	890	428
上　海	5162		5162
江　苏	24118	2346	21772
浙　江	10000	1941	8059
安　徽	7271	4128	3143
福　建	2041	1664	377
江　西	5244	3585	1659
山　东	4689	2392	2297
河　南	1862	1106	756
湖　北	10016	5746	4270
湖　南	10817	8307	2510
广　东	6514	4628	1886
广　西	4277	3187	1090
海　南	724	588	136
重　庆	1960	1221	739
四　川	3913	2944	969
贵　州	1299	837	462
云　南	8021	7316	705
西　藏	444	430	14
陕　西	897	674	223
甘　肃	887	645	242
青　海	603	512	91
宁　夏	183	126	57
新　疆	1697	1596	101

4-1-3 按取水水源类型分的规模以上河湖取水口数量

单位：个

地 区	合计	水库	湖泊	河流
合 计	121796	32884	3784	85128
北 京	165	56	4	105
天 津	1619	53		1566
河 北	1537	306	19	1212
山 西	807	171	1	635
内蒙古	942	212	5	725
辽 宁	1413	309	2	1102
吉 林	1356	614		742
黑龙江	1318	411	20	887
上 海	5162			5162
江 苏	24118	913	563	22642
浙 江	10000	1287	197	8516
安 徽	7271	2115	784	4372
福 建	2041	701	13	1327
江 西	5244	2548	252	2444
山 东	4689	1877	89	2723
河 南	1862	843	2	1017
湖 北	10016	4077	1184	4755
湖 南	10817	4530	346	5941
广 东	6514	2503		4011
广 西	4277	1882		2395
海 南	724	527		197
重 庆	1960	986		974
四 川	3913	1603	7	2303
贵 州	1299	589		710
云 南	8021	2959	267	4795
西 藏	444	24	9	411
陕 西	897	333		564
甘 肃	887	133		754
青 海	603	53	17	533
宁 夏	183	85	1	97
新 疆	1697	184	2	1511

4-1-4　按主要取水用途分的规模以上河湖取水口数量

单位：个

地　区	合计	城乡供水	一般工业	火（核）电	农业	生态环境
合　计	121796	9806	7776	704	102944	566
北　京	165	16	4	2	130	13
天　津	1619	28	8	6	1557	20
河　北	1537	32	125	6	1357	17
山　西	807	63	46	11	671	16
内蒙古	942	32	31	11	852	16
辽　宁	1413	88	156	11	1154	4
吉　林	1356	93	98	20	1129	16
黑龙江	1318	60	38	20	1190	10
上　海	5162	73	129	20	4940	
江　苏	24118	341	834	151	22756	36
浙　江	10000	623	1186	95	8062	34
安　徽	7271	725	218	35	6269	24
福　建	2041	651	564	15	800	11
江　西	5244	415	291	16	4503	19
山　东	4689	248	118	27	4254	42
河　南	1862	110	88	21	1631	12
湖　北	10016	799	308	25	8875	9
湖　南	10817	726	581	26	9459	25
广　东	6514	1060	549	44	4793	68
广　西	4277	459	438	13	3356	11
海　南	724	69	30	1	616	8
重　庆	1960	627	567	18	736	12
四　川	3913	751	513	28	2603	18
贵　州	1299	513	191	25	566	4
云　南	8021	635	438	20	6891	37
西　藏	444	13	4	2	420	5
陕　西	897	162	90	17	623	5
甘　肃	887	111	39	10	709	18
青　海	603	167	50		385	1
宁　夏	183	27	3	4	146	3
新　疆	1697	89	41	4	1511	52

4-1-5　按取水方式分的规模以上河湖取水口 2011 年实际取水量

单位：亿 m³

地　区	合计	自流	抽提
合　计	3923.41	2543.02	1380.39
北　京	8.11	7.89	0.23
天　津	9.49	4.07	5.42
河　北	43.23	38.89	4.35
山　西	32.16	19.64	12.52
内蒙古	109.17	94.96	14.20
辽　宁	71.77	43.98	27.80
吉　林	78.21	35.80	42.41
黑龙江	142.82	97.47	45.34
上　海	118.14		118.14
江　苏	418.53	101.55	316.98
浙　江	128.38	63.39	64.98
安　徽	183.19	95.67	87.52
福　建	104.83	66.47	38.36
江　西	176.91	126.12	50.79
山　东	125.81	103.95	21.86
河　南	102.99	84.20	18.80
湖　北	244.13	138.22	105.91
湖　南	217.30	133.10	84.20
广　东	344.85	185.56	159.28
广　西	170.38	125.39	44.99
海　南	33.26	29.00	4.26
重　庆	51.37	15.46	35.91
四　川	165.87	145.07	20.80
贵　州	23.72	15.60	8.12
云　南	77.57	69.02	8.55
西　藏	12.05	11.82	0.23
陕　西	43.17	34.47	8.71
甘　肃	93.30	76.40	16.90
青　海	23.86	20.91	2.94
宁　夏	67.91	60.89	7.02
新　疆	500.93	498.05	2.88

4-1-6 按取水水源类型分的规模以上河湖取水口 2011 年实际取水量

单位：亿 m³

地　区	合计	水库	湖泊	河流
合　计	3923.41	917.44	69.15	2936.82
北　京	8.11	3.79	0.47	3.86
天　津	9.49	0.15		9.34
河　北	43.23	24.65	0.00	18.58
山　西	32.16	11.44	0.00	20.72
内蒙古	109.17	3.03	0.70	105.44
辽　宁	71.77	19.69	0.05	52.04
吉　林	78.21	19.69		58.52
黑龙江	142.82	25.96	3.79	113.07
上　海	118.14			118.14
江　苏	418.53	8.23	26.77	383.52
浙　江	128.38	55.26	0.25	72.86
安　徽	183.19	24.88	7.69	150.62
福　建	104.83	32.35	0.56	71.91
江　西	176.91	71.59	4.01	101.32
山　东	125.81	21.13	0.79	103.89
河　南	102.99	25.20	0.01	77.79
湖　北	244.13	63.94	10.26	169.93
湖　南	217.30	85.79	6.36	125.15
广　东	344.85	102.65		242.19
广　西	170.38	82.62		87.76
海　南	33.26	27.93		5.33
重　庆	51.37	11.96		39.41
四　川	165.87	23.40	0.43	142.04
贵　州	23.72	14.23		9.48
云　南	77.57	36.79	4.29	36.49
西　藏	12.05	1.18	0.10	10.77
陕　西	43.17	19.29		23.88
甘　肃	93.30	27.86		65.44
青　海	23.86	4.31	2.52	17.03
宁　夏	67.91	44.23	0.09	23.58
新　疆	500.93	24.21	0.00	476.71

4-1-7　按主要取水用途分的规模以上河湖取水口 2011 年实际取水量

单位：亿 m³

地　区	合　计	城乡供水	一般工业	火（核）电	农业	生态环境
合　计	3923.41	549.80	188.42	507.81	2621.62	55.76
北　京	8.11	4.63	1.31	0.02	0.88	1.28
天　津	9.49	0.06	0.12	0.18	8.95	0.17
河　北	43.23	11.73	1.96	0.59	28.60	0.35
山　西	32.16	3.57	0.91	0.93	25.82	0.92
内蒙古	109.17	2.09	2.93	1.91	94.51	7.73
辽　宁	71.77	15.57	4.62	1.08	50.15	0.35
吉　林	78.21	9.01	8.99	9.10	44.91	6.21
黑龙江	142.82	5.60	5.47	11.15	119.04	1.56
上　海	118.14	33.19	2.72	71.64	10.60	
江　苏	418.53	53.91	14.05	153.81	194.36	2.40
浙　江	128.38	53.33	16.33	2.76	52.86	3.10
安　徽	183.19	16.99	12.50	36.37	116.50	0.83
福　建	104.83	26.13	16.87	19.60	37.47	4.75
江　西	176.91	16.21	9.86	19.89	129.78	1.18
山　东	125.81	15.16	3.57	1.12	104.58	1.38
河　南	102.99	9.54	2.60	1.98	86.36	2.52
湖　北	244.13	34.44	12.20	44.86	151.45	1.19
湖　南	217.30	29.53	9.52	46.20	131.70	0.35
广　东	344.85	117.39	10.42	41.47	172.16	3.41
广　西	170.38	16.10	8.69	19.37	121.00	5.22
海　南	33.26	4.18	0.78	0.03	27.69	0.58
重　庆	51.37	18.45	13.07	12.55	7.12	0.19
四　川	165.87	16.57	11.46	3.44	132.57	1.83
贵　州	23.72	8.69	1.85	2.86	10.28	0.03
云　南	77.57	10.98	4.98	2.09	58.96	0.56
西　藏	12.05	0.17	0.02	0.03	11.65	0.18
陕　西	43.17	7.31	1.24	0.54	33.22	0.86
甘　肃	93.30	4.58	3.89	0.84	83.53	0.46
青　海	23.86	0.97	3.01		19.88	0.00
宁　夏	67.91	0.17	1.23	0.85	65.61	0.04
新　疆	500.93	3.53	1.27	0.56	489.44	6.12

4-1-8 按主要取水用途分的规模以下河湖取水口数量

单位：个

地　区	合计	城乡供水	一般工业	农业	生态环境
合　计	517020	53552	16172	446742	554
北　京	178	7	3	166	2
天　津	377		2	336	39
河　北	2099	100	80	1910	9
山　西	1807	395	108	1302	2
内蒙古	527	26	29	465	7
辽　宁	1916	13	172	1722	9
吉　林	5499	872	84	4402	141
黑龙江	1911	5	20	1883	3
上　海	1553	2	390	1161	
江　苏	37238	73	2155	35005	5
浙　江	48841	3342	3552	41869	78
安　徽	14667	764	181	13706	16
福　建	50336	7326	1301	41702	7
江　西	27294	584	235	26471	4
山　东	6356	168	85	6081	22
河　南	5178	147	170	4859	2
湖　北	18336	946	397	16988	5
湖　南	52741	774	1980	49977	10
广　东	38757	1092	682	36960	23
广　西	43904	5309	455	38132	8
海　南	2583	222	18	2342	1
重　庆	14868	2118	1115	11629	6
四　川	32021	5076	1149	25759	37
贵　州	26855	2986	649	23214	6
云　南	62499	16371	828	45265	35
西　藏	5332	382	27	4922	1
陕　西	8053	2689	208	5152	4
甘　肃	2238	480	55	1669	34
青　海	2431	1148	15	1243	25
宁　夏	229	113	1	115	
新　疆	396	22	26	335	13

注　规模以下河湖取水口指取水流量 0.20m³/s 以下的农业取水口及年取水量 15 万 m³ 以下的其他用途取水口。

（二）水资源一级区河湖取水口基本情况

4-1-9　河湖取水口主要指标

水资源一级区	数量 /个	规模以上	2011 年实际取水量 /亿 m³	规模以上
合　计	638816	121796	4551.03	3923.41
松花江区	8900	2638	247.52	230.26
辽河区	5386	1997	93.28	88.22
海河区	8638	4629	86.66	82.86
黄河区	13440	3165	375.36	366.94
淮河区	39446	18899	337.03	323.58
长江区	308464	64394	1673.58	1424.40
东南诸河区	82381	5817	296.59	203.72
珠江区	121873	13766	770.03	573.12
西南诸河区	47170	4273	85.62	47.63
西北诸河区	3118	2218	585.38	582.70

4-1-10 按取水方式分的规模以上河湖取水口数量

单位：个

水资源一级区	合计	自流	抽提
合　计	121796	61507	60289
松花江区	2638	1919	719
辽河区	1997	1313	684
海河区	4629	2285	2344
黄河区	3165	2015	1150
淮河区	18899	4624	14275
长江区	64394	29642	34752
东南诸河区	5817	3368	2449
珠江区	13766	10200	3566
西南诸河区	4273	4061	212
西北诸河区	2218	2080	138

4-1-11 按取水水源类型分的规模以上河湖取水口数量

单位：个

水资源一级区	合计	水库	湖泊	河流
合　计	121796	32884	3784	85128
松花江区	2638	1001	21	1616
辽河区	1997	445	2	1550
海河区	4629	556	23	4050
黄河区	3165	862	5	2298
淮河区	18899	3558	746	14595
长江区	64394	17374	2726	44294
东南诸河区	5817	1914	15	3888
珠江区	13766	5897	165	7704
西南诸河区	4273	979	61	3233
西北诸河区	2218	298	20	1900

4-1-12　按主要取水用途分的规模以上河湖取水口数量

单位：个

水资源一级区	合计	城乡供水	一般工业	火（核）电	农业	生态环境
合　计	121796	9806	7776	704	102944	566
松花江区	2638	126	110	35	2339	28
辽河区	1997	116	199	18	1651	13
海河区	4629	123	163	26	4259	58
黄河区	3165	440	177	45	2459	44
淮河区	18899	565	324	96	17845	69
长江区	64394	4873	3928	322	55123	148
东南诸河区	5817	1163	1342	74	3200	38
珠江区	13766	1936	1174	80	10482	94
西南诸河区	4273	325	266	1	3667	14
西北诸河区	2218	139	93	7	1919	60

4-1-13　按取水方式分的规模以上河湖取水口 2011 年实际取水量

单位：亿 m³

水资源一级区	合计	自流	抽提
合　计	3923.41	2543.02	1380.39
松花江区	230.26	146.49	83.76
辽河区	88.22	56.13	32.09
海河区	82.86	68.05	14.81
黄河区	366.94	304.54	62.40
淮河区	323.58	176.91	146.67
长江区	1424.40	684.64	739.75
东南诸河区	203.72	124.85	78.87
珠江区	573.12	358.68	214.44
西南诸河区	47.63	45.51	2.12
西北诸河区	582.70	577.22	5.48

4-1-14　按取水水源类型分的规模以上河湖取水口 2011 年实际取水量

单位：亿 m³

水资源一级区	合计	河流	湖泊	水库
合　计	3923.41	2936.82	69.15	917.44
松花江区	230.26	182.88	3.81	43.57
辽河区	88.22	64.60	0.05	23.58
海河区	82.86	47.23	0.47	35.16
黄河区	366.94	290.00	0.10	76.85
淮河区	323.58	260.89	19.03	43.66
长江区	1424.40	1070.53	38.18	315.68
东南诸河区	203.72	118.56	0.65	84.51
珠江区	573.12	343.54	2.04	227.54
西南诸河区	47.63	31.98	1.63	14.01
西北诸河区	582.70	526.62	3.20	52.88

4-1-15　按主要取水用途分的规模以上河湖取水口 2011 年实际取水量

单位：亿 m³

水资源一级区	合计	城乡供水	一般工业	火（核）电	农业	生态环境
合　计	3923.41	549.80	188.42	507.81	2621.62	55.76
松花江区	230.26	12.28	13.96	19.08	172.89	12.05
辽河区	88.22	17.90	6.31	2.44	60.08	1.49
海河区	82.86	17.95	4.70	1.25	57.03	1.93
黄河区	366.94	25.30	7.07	4.07	327.04	3.46
淮河区	323.58	26.54	7.94	26.12	259.58	3.4
长江区	1424.40	231.86	87.41	368.61	728.68	7.84
东南诸河区	203.72	68.14	29.88	21.31	77.07	7.32
珠江区	573.12	142.87	21.91	63.66	335.41	9.27
西南诸河区	47.63	3.26	2.30	0.02	41.73	0.32
西北诸河区	582.70	3.69	6.93	1.24	562.11	8.73

4-1-16 按主要取水用途分的规模以下河湖取水口数量

单位：个

水资源一级区	合计	城乡供水	一般工业	农业	生态环境
合　计	517020	53552	16172	446742	554
松花江区	6262	233	55	5831	143
辽河区	3389	657	227	2492	13
海河区	4009	349	148	3459	53
黄河区	10275	2799	297	7119	60
淮河区	20547	332	458	19733	24
长江区	244070	19321	9297	215339	113
东南诸河区	76564	9862	3564	63055	83
珠江区	108107	9580	1659	96830	38
西南诸河区	42897	10218	425	32246	8
西北诸河区	900	201	42	638	19

二、供用水量

（一）各地区总供用水量情况

4-2-1 供 水 量

单位：亿 m³

地 区	合计	地表水	地下水	其他水
合 计	6197.08	5029.22	1081.25	86.61
北 京	35.05	9.90	16.41	8.74
天 津	25.96	19.03	5.89	1.04
河 北	186.90	36.07	146.38	4.44
山 西	74.66	32.60	35.84	6.22
内 蒙 古	195.69	105.01	85.58	5.10
辽 宁	139.13	79.53	56.27	3.33
吉 林	128.84	86.17	42.35	0.31
黑 龙 江	334.44	184.78	148.96	0.69
上 海	124.52	124.39	0.13	0.00
江 苏	553.49	537.28	13.05	3.16
浙 江	201.99	196.76	4.61	0.61
安 徽	289.39	255.03	33.79	0.57
福 建	196.04	189.01	6.25	0.77
江 西	292.29	279.48	12.19	0.62
山 东	231.45	134.23	89.32	7.90
河 南	239.36	122.75	113.70	2.91
湖 北	328.29	316.01	9.25	3.04
湖 南	351.44	335.08	16.17	0.19
广 东	472.45	457.78	13.38	1.29
广 西	291.33	273.83	12.42	5.08
海 南	44.91	41.53	3.38	0.00
重 庆	79.21	77.74	1.26	0.21
四 川	238.06	209.85	18.33	9.88
贵 州	74.57	66.44	1.01	7.12
云 南	138.13	132.38	2.97	2.78
西 藏	29.72	27.60	1.35	0.78
陕 西	82.42	54.36	25.94	2.12
甘 肃	129.12	94.32	33.12	1.68
青 海	29.96	26.82	3.12	0.02
宁 夏	74.89	68.32	5.95	0.62
新 疆	583.39	455.15	122.88	5.36

4-2-2　用 水 量

单位：亿 m³

地　区	合计	生活	工业	农业	生态环境
合　计	6213.29	735.67	1202.99	4168.22	106.41
北　京	35.25	15.27	4.97	8.92	6.08
天　津	26.19	5.86	4.94	12.93	2.46
河　北	188.34	23.32	28.06	134.09	2.86
山　西	74.78	12.42	14.15	44.79	3.42
内蒙古	196.14	8.73	17.60	160.03	9.78
辽　宁	139.38	19.56	24.36	91.28	4.17
吉　林	128.18	11.82	23.98	84.87	7.51
黑龙江	337.63	13.55	30.71	286.34	7.04
上　海	123.29	22.43	83.51	16.80	0.55
江　苏	554.94	49.93	200.12	296.57	8.33
浙　江	201.85	42.43	58.51	94.36	6.55
安　徽	290.16	33.43	80.39	173.36	2.98
福　建	197.69	27.00	53.13	113.74	3.82
江　西	293.97	29.84	39.20	223.86	1.06
山　东	232.47	31.20	34.29	159.42	7.56
河　南	240.44	32.05	57.77	145.56	5.07
湖　北	330.38	41.41	86.32	200.63	2.02
湖　南	349.83	47.41	83.05	217.57	1.80
广　东	474.29	90.53	106.30	271.69	5.78
广　西	292.20	32.99	42.64	215.50	1.07
海　南	45.12	6.91	2.45	35.28	0.48
重　庆	80.05	19.41	34.58	25.52	0.53
四　川	237.63	49.21	31.48	153.64	3.30
贵　州	74.58	14.07	10.51	49.81	0.19
云　南	138.80	20.14	12.61	104.99	1.06
西　藏	29.57	1.06	0.57	27.90	0.05
陕　西	82.79	13.30	10.47	58.05	0.98
甘　肃	128.56	7.26	9.11	110.88	1.30
青　海	30.02	2.02	4.68	23.17	0.16
宁　夏	74.99	1.95	4.41	67.41	1.21
新　疆	583.77	9.17	8.12	559.26	7.23

4-2-3　主　要　用　水　指　标

单位：m³

地　区	人均综合用水量	人均万元地区生产总值用水量	万元工业增加值用水量
合　计	461	131	63.83
北　京	175	22	16.31
天　津	193	23	9.09
河　北	260	77	23.84
山　西	208	67	23.74
内蒙古	790	137	24.79
辽　宁	318	63	22.78
吉　林	466	121	48.75
黑龙江	881	268	54.80
上　海	525	64	115.85
江　苏	703	113	89.82
浙　江	369	62	39.85
安　徽	486	190	113.83
福　建	531	113	69.22
江　西	655	251	72.44
山　东	241	51	16.12
河　南	256	89	41.41
湖　北	574	168	101.10
湖　南	530	178	102.25
广　东	452	89	43.12
广　西	629	249	87.90
海　南	514	179	51.62
重　庆	274	80	73.73
四　川	295	113	33.17
贵　州	215	131	57.46
云　南	300	156	42.12
西　藏	975	488	118.08
陕　西	221	66	17.87
甘　肃	501	256	47.35
青　海	528	180	57.63
宁　夏	1173	357	53.96
新　疆	2643	883	30.06

（二）水资源一级区总供用水情况

4-2-4　供　水　量

单位：亿 m³

地　区	合计	地表水	地下水	其他水
合　计	6197.08	5029.22	1081.25	86.61
松花江区	475.34	280.06	194.16	1.12
辽河区	202.98	97.47	101.58	3.92
海河区	367.55	124.22	225.15	18.18
黄河区	416.14	283.93	121.76	10.46
淮河区	657.93	489.94	159.88	8.11
长江区	2064.18	1968.68	73.86	21.64
东南诸河区	333.42	322.04	10.1	1.28
珠江区	868.22	826.33	30.75	11.14
西南诸河区	102.99	99.20	2.05	1.74
西北诸河区	708.32	537.33	161.97	9.01

4-2-5 用　水　量

单位：亿 m³

水资源一级区	合计	生活	工业	农业	生态环境
合　计	6213.29	735.67	1202.99	4168.22	106.41
松花江区	477.89	24.69	52.05	380.62	20.52
辽河区	203.64	23.69	32.30	142.30	5.34
海河区	369.84	57.41	58.43	240.38	13.62
黄河区	416.71	42.06	55.18	309.98	9.49
淮河区	659.84	76.90	107.04	464.37	11.53
长江区	2067.92	292.33	613.59	1142.83	19.16
东南诸河区	334.63	58.37	98.34	168.57	9.35
珠江区	871.40	139.20	161.28	563.28	7.64
西南诸河区	103.22	8.91	4.69	89.40	0.22
西北诸河区	708.21	12.11	20.08	666.47	9.55

4-2-6　主 要 用 水 指 标

单位：m³

地　区	人均综合用水量	人均万元地区生产总值用水量	万元工业增加值用水量
合　计	461	131	63.83
松花江区	739	209	50.33
辽河区	360	77	25.30
海河区	254	57	21.48
黄河区	349	92	24.93
淮河区	339	96	34.75
长江区	464	124	84.11
东南诸河区	422	81	53.35
珠江区	478	121	50.22
西南诸河区	495	343	78.81
西北诸河区	2249	692	44.18

第五章

河流治理保护情况

一、河流治理情况

5-1-1　河流治理保护主要指标

单位：km

地　区	有防洪任务河段长度	已治理河段长度	治理达标河段长度
合　计	373933	123407	64479
北　京	2418	908	713
天　津	1159	865	367
河　北	17959	7592	1965
山　西	9716	3237	1808
内蒙古	18231	4011	2081
辽　宁	13181	6242	3887
吉　林	13931	5227	2701
黑龙江	20340	7964	2865
上　海	681	517	498
江　苏	15831	10184	8041
浙　江	10603	4980	3282
安　徽	14030	7814	3158
福　建	7247	1599	1011
江　西	17749	2764	1499
山　东	18259	9481	5169
河　南	18335	8675	4391
湖　北	20392	10553	2372
湖　南	22222	5215	2090
广　东	18373	6392	3752
广　西	12178	1044	788
海　南	533	173	155
重　庆	3551	593	297
四　川	17612	2965	1875
贵　州	6537	807	639
云　南	12757	2978	1889
西　藏	10323	633	427
陕　西	10841	3947	2565
甘　肃	18248	2314	1633
青　海	4455	419	354
宁　夏	2855	767	683
新　疆	13387	2547	1525

注　表中河流指流域面积 100km^2 及以上的河流。

5-1-2 有防洪任务河段长度

单位：km

地 区	合计	10年一遇以下	10（含）～20年一遇	20（含）～30年一遇	30（含）～50年一遇	50（含）～100年一遇	100年一遇及以上
合　计	373933	68889	149696	104082	21513	23379	6375
北　京	2418	25	616	1239	71	356	111
天　津	1159	281	2	161	21	469	224
河　北	17959	6589	4762	4388	334	1764	122
山　西	9716	1386	4599	2803	647	218	63
内蒙古	18231	1499	6802	6871	1677	967	414
辽　宁	13181	1573	6965	2824	511	963	345
吉　林	13931	367	6005	5041	614	1635	271
黑龙江	20340	2209	6432	8423	2174	1066	36
上　海	681			96	358	135	92
江　苏	15831	867	3848	5212	1996	3447	461
浙　江	10603	2125	2786	3990	243	1032	427
安　徽	14030	2757	4306	5581	405	419	562
福　建	7247	1999	2940	1840	284	124	60
江　西	17749	4921	8953	3322	333	213	7
山　东	18259	886	4187	9657	605	2180	745
河　南	18335	5141	7361	4600	238	580	414
湖　北	20392	2873	9947	3680	2060	1550	282
湖　南	22222	4870	11642	3138	1290	1087	196
广　东	18373	2070	4479	7106	1773	2386	560
广　西	12178	5920	4090	1540	116	411	101
海　南	533	9	149	306	15	28	27
重　庆	3551	53	2105	1072	59	263	
四　川	17612	3547	9398	3480	634	480	74
贵　州	6537	1363	3499	1277	147	227	24
云　南	12757	4181	5508	1961	734	208	166
西　藏	10323	3086	5555	874	572	220	15
陕　西	10841	2159	4285	2704	1018	441	234
甘　肃	18248	2849	11340	3089	476	364	130
青　海	4455	1100	614	1908	581	47	204
宁　夏	2855	456	1003	1265	131		
新　疆	13387	1730	5519	4635	1395	100	8

5-1-3　已划定水功能一级区的河段长度

单位：km

地　区	合　计	保护区	缓冲区	保留区	开发利用区
合　计	324775	75734	13463	92221	143357
北　京	1988	74	233	102	1579
天　津	1373	38	145		1191
河　北	11973	1484	1441	1174	7874
山　西	2162	696	146	195	1125
内蒙古	22656	7327	1000	1815	12515
辽　宁	14524	1805	445		12274
吉　林	14253	3341	794	1632	8486
黑龙江	20814	9242	904	5097	5571
上　海	681	14	10		657
江　苏	13318	1121	375	711	11110
浙　江	11300	2575	127	1934	6665
安　徽	9739	1528	382	1772	6057
福　建	10750	3362	136	3078	4174
江　西	10525	912	101	8231	1280
山　东	10995	973	433	271	9319
河　南	8910	1045	420	973	6472
湖　北	14177	2255	479	9072	2371
湖　南	9542	2216	333	5540	1453
广　东	11500	2193	136	2856	6315
广　西	10247	1593	562	4249	3842
海　南	1784	682	1	227	875
重　庆	10844	1925	861	3648	4409
四　川	11343	2674	365	6278	2025
贵　州	12307	1091	952	8708	1556
云　南	18170	4542	725	8913	3990
西　藏	10527	3622	867	5523	515
陕　西	11028	3412	470	3062	4085
甘　肃	11529	1794	344	3017	6374
青　海	9679	5488	117	2558	1515
宁　夏	3406	211	144	13	3038
新　疆	12731	6499	15	1572	4645

二、地表水水源地

（一）各地区地表水水源地基本情况

5-2-1　地表水水源地主要指标

地　区	数量/处	2011 年实际供水量/亿 m³	供水人口/万人
合　　计	11656	595.78	63736.42
北　京	11	7.19	909.59
天　津	3	12.16	778.60
河　北	27	21.10	2645.94
山　西	76	3.81	791.23
内蒙古	32	2.08	409.80
辽　宁	84	15.05	1943.25
吉　林	109	9.55	1176.03
黑龙江	67	7.66	1074.51
上　海	3	26.46	1850.83
江　苏	271	53.57	5628.65
浙　江	531	55.48	4975.79
安　徽	816	17.41	2775.24
福　建	723	25.17	1969.78
江　西	590	16.01	1897.85
山　东	277	17.66	3365.66
河　南	124	12.70	1389.81
湖　北	805	31.52	3996.78
湖　南	740	33.24	2849.37
广　东	1035	132.67	8791.77
广　西	509	14.92	1828.85
海　南	77	5.26	414.10
重　庆	777	18.25	1877.28
四　川	1472	21.07	3867.16
贵　州	844	9.51	1665.56
云　南	839	9.98	1827.42
西　藏	56	0.18	27.05
陕　西	333	7.63	1306.44
甘　肃	171	3.24	890.15
青　海	96	0.49	155.58
宁　夏	26	0.22	104.54
新　疆	132	4.54	551.84

5-2-2　按取水水源类型分的地表水水源地数量

地　区	合计/处	水库/座	湖泊/个	河流/条
合　计	11656	4383	169	7104
北　京	11	8		3
天　津	3	3		
河　北	27	18	1	8
山　西	76	27		49
内蒙古	32	6		26
辽　宁	84	49		35
吉　林	109	44		65
黑龙江	67	29		38
上　海	3			3
江　苏	271	66	25	180
浙　江	531	366	1	164
安　徽	816	180	75	561
福　建	723	277	1	445
江　西	590	108	17	465
山　东	277	229		48
河　南	124	89	2	33
湖　北	805	305	27	473
湖　南	740	304	3	433
广　东	1035	528		507
广　西	509	163		346
海　南	77	38		39
重　庆	777	350		427
四　川	1472	456	3	1013
贵　州	844	232	1	611
云　南	839	345	12	482
西　藏	56	1	1	54
陕　西	333	77		256
甘　肃	171	36		135
青　海	96	10		86
宁　夏	26	10		16
新　疆	132	29		103

5-2-3 按取水水源类型分的地表水水源地 2011 年实际供水量

单位：亿 m³

地 区	合计	水库	湖泊	河流
合 计	595.78	238.86	18.84	338.08
北 京	7.19	5.67		1.52
天 津	12.16	12.16		
河 北	21.10	20.82	0.00	0.29
山 西	3.81	2.66		1.15
内 蒙 古	2.08	0.11		1.97
辽 宁	15.05	13.06		1.99
吉 林	9.55	6.75		2.80
黑 龙 江	7.66	6.08		1.58
上 海	26.46			26.46
江 苏	53.57	2.06	14.86	36.65
浙 江	55.48	36.39	0.09	19.01
安 徽	17.41	5.82	0.66	10.93
福 建	25.17	12.11	0.52	12.54
江 西	16.01	2.71	0.51	12.79
山 东	17.66	13.84		3.82
河 南	12.70	6.20	1.37	5.13
湖 北	31.52	6.49	0.30	24.73
湖 南	33.24	10.88	0.03	22.33
广 东	132.67	37.69		94.98
广 西	14.92	2.99		11.93
海 南	5.26	2.96		2.30
重 庆	18.25	4.90		13.35
四 川	21.07	3.91	0.04	17.12
贵 州	9.51	6.34	0.00	3.17
云 南	9.98	7.00	0.43	2.54
西 藏	0.18	0.00	0.04	0.14
陕 西	7.63	5.80		1.83
甘 肃	3.24	0.69		2.55
青 海	0.49	0.11		0.38
宁 夏	0.22	0.18		0.04
新 疆	4.54	2.47		2.07

（二）水资源一级区地表水水源地基本情况

5-2-4　地表水水源地主要指标

水资源一级区	数量 /处	2011 年实际供水量 /亿 m³	供水人口 /万人
合　计	11656	595.78	63736.42
松花江区	141	14.89	1986.32
辽河区	120	17.37	2207.47
海河区	113	45.73	5319.81
黄河区	476	22.06	4124.13
淮河区	552	30.17	5000.59
长江区	6356	229.70	25950.43
东南诸河区	1138	69.70	5897.22
珠江区	2134	157.79	11922.27
西南诸河区	442	3.23	653.42
西北诸河区	184	5.13	674.77

5-2-5 按取水水源类型分的地表水水源地数量

水资源一级区	数量/处	水库/座	湖泊/个	河流/条
合　计	11656	4383	169	7104
松花江区	141	57		84
辽河区	120	66		54
海河区	113	80	1	32
黄河区	476	158		318
淮河区	552	298	26	228
长江区	6356	2041	127	4188
东南诸河区	1138	615	2	521
珠江区	2134	906	7	1221
西南诸河区	442	117	6	319
西北诸河区	184	45		139

5-2-6 按取水水源类型分的地表水水源地 2011 年实际供水量

单位：亿 m³

水资源一级区	合计	水库	湖泊	河流
合　计	595.78	238.86	18.84	338.08
松花江区	14.89	10.88		4.01
辽河区	17.37	15.02		2.36
海河区	45.73	41.83		3.91
黄河区	22.06	12.27		9.79
淮河区	30.17	14.07	2.56	13.55
长江区	229.70	46.72	15.20	167.77
东南诸河区	69.70	46.47	0.60	22.63
珠江区	157.79	47.42	0.02	110.34
西南诸河区	3.23	1.36	0.45	1.43
西北诸河区	5.13	2.82		2.30

三、规模以上*地下水水源地

（一）各地区地下水水源地基本情况

5-3-1　地下水水源地主要指标

地　区	数量 /处	2011 年实际取水量 /亿 m³
合　计	1841	85.91
北　京	83	5.98
天　津	5	0.38
河　北	179	8.96
山　西	140	6.72
内蒙古	183	6.33
辽　宁	146	11.22
吉　林	38	1.70
黑龙江	103	4.01
上　海		
江　苏	27	1.20
浙　江	3	0.07
安　徽	47	2.59
福　建	24	0.41
江　西	13	0.26
山　东	212	8.44
河　南	160	5.72
湖　北	5	0.07
湖　南	40	1.05
广　东	20	0.41
广　西	18	0.91
海　南		
重　庆		
四　川	67	2.28
贵　州	4	0.05
云　南	9	0.27
西　藏	7	0.92
陕　西	87	3.51
甘　肃	40	2.00
青　海	41	2.48
宁　夏	29	1.63
新　疆	111	6.36

---

* 日取水量≥0.5 万 m³。

5-3-2　按水源地规模分的地下水水源地数量

单位：处

地　区	合计	特大型	大型	中型	小型
合　计	1841	17	136	864	824
北　京	83	5	7	36	35
天　津	5		3	2	
河　北	179	4	15	84	76
山　西	140	1	10	52	77
内蒙古	183		5	84	94
辽　宁	146	1	21	72	52
吉　林	38		3	17	18
黑龙江	103		2	51	50
上　海					
江　苏	27		2	9	16
浙　江	3				3
安　徽	47		2	28	17
福　建	24			9	15
江　西	13			8	5
山　东	212	1	12	116	83
河　南	160	1	11	79	69
湖　北	5			1	4
湖　南	40			20	20
广　东	20			10	10
广　西	18		3	8	7
海　南					
重　庆					
四　川	67		2	40	25
贵　州	4				4
云　南	9			5	4
西　藏	7			4	3
陕　西	87	1	4	26	56
甘　肃	40		3	17	20
青　海	41	1	7	15	18
宁　夏	29		4	15	10
新　疆	111	2	20	56	33

注　特大型：日供水量≥15万m^3；大型：5万m^3≤日供水量<15万m^3；中型：1万m^3≤日供水量<5万m^3；小型：日供水量<1万m^3。

5-3-3　按所在地貌类型分的地下水水源地数量

单位：处

地　区	合计	山丘	平原
合　计	1841	572	1269
北　京	83	11	72
天　津	5	2	3
河　北	179	53	126
山　西	140	69	71
内蒙古	183	70	113
辽　宁	146	41	105
吉　林	38	10	28
黑龙江	103	21	82
上　海			
江　苏	27	3	24
浙　江	3	3	
安　徽	47	4	43
福　建	24	22	2
江　西	13	8	5
山　东	212	56	156
河　南	160	33	127
湖　北	5	1	4
湖　南	40	25	15
广　东	20	4	16
广　西	18	14	4
海　南			
重　庆			
四　川	67	31	36
贵　州	4	4	
云　南	9	9	
西　藏	7	6	1
陕　西	87	20	67
甘　肃	40	22	18
青　海	41	20	21
宁　夏	29	5	24
新　疆	111	5	106

5-3-4 按所取用地下水的类型分的地下水水源地数量

单位：处

地 区	合 计	浅层地下水	深层承压水
合 计	1841	1311	530
北 京	83	80	3
天 津	5	5	
河 北	179	102	77
山 西	140	140	
内蒙古	183	180	3
辽 宁	146	135	11
吉 林	38	16	22
黑龙江	103	44	59
上 海			
江 苏	27	6	21
浙 江	3	3	
安 徽	47	2	45
福 建	24	24	
江 西	13	12	1
山 东	212	119	93
河 南	160	55	105
湖 北	5	4	1
湖 南	40	40	
广 东	20	10	10
广 西	18	15	3
海 南			
重 庆			
四 川	67	66	1
贵 州	4	4	
云 南	9	9	
西 藏	7	7	
陕 西	87	29	58
甘 肃	40	39	1
青 海	41	38	3
宁 夏	29	16	13
新 疆	111	111	

5-3-5　按应用状况分的地下水水源地数量

单位：处

地　区	合计	日常使用	应急备用
合　计	1841	1723	118
北　京	83	78	5
天　津	5	4	1
河　北	179	165	14
山　西	140	135	5
内蒙古	183	180	3
辽　宁	146	144	2
吉　林	38	35	3
黑龙江	103	99	4
上　海			
江　苏	27	26	1
浙　江	3	3	
安　徽	47	45	2
福　建	24	19	5
江　西	13	11	2
山　东	212	186	26
河　南	160	151	9
湖　北	5	5	
湖　南	40	33	7
广　东	20	17	3
广　西	18	18	
海　南			
重　庆			
四　川	67	57	10
贵　州	4	3	1
云　南	9	8	1
西　藏	7	7	
陕　西	87	86	1
甘　肃	40	36	4
青　海	41	39	2
宁　夏	29	25	4
新　疆	111	108	3

5-3-6　按取水井类型分的地下水水源地数量

单位：处

地　区	合　计	单位自备井	非单位自备井
合　计	1841	1100	741
北　京	83	37	46
天　津	5	4	1
河　北	179	128	51
山　西	140	125	15
内蒙古	183	81	102
辽　宁	146	85	61
吉　林	38	22	16
黑龙江	103	50	53
上　海			
江　苏	27	10	17
浙　江	3	1	2
安　徽	47	31	16
福　建	24	13	11
江　西	13	8	5
山　东	212	141	71
河　南	160	97	63
湖　北	5	2	3
湖　南	40	18	22
广　东	20	14	6
广　西	18	6	12
海　南			
重　庆			
四　川	67	52	15
贵　州	4	1	3
云　南	9	1	8
西　藏	7	1	6
陕　西	87	51	36
甘　肃	40	14	26
青　海	41	25	16
宁　夏	29	6	23
新　疆	111	76	35

5-3-7 按水源地规模分的地下水水源地 2011 年实际取水量

单位：亿 m³

地 区	合计	特大型	大型	中型	小型
合 计	85.91	6.37	21.49	42.35	15.69
北 京	5.98	2.93	1.36	1.39	0.29
天 津	0.38		0.21	0.16	
河 北	8.96	0.74	2.31	4.18	1.73
山 西	6.72	0.55	1.92	2.71	1.54
内蒙古	6.33		0.66	3.87	1.79
辽 宁	11.22	1.27	4.37	4.69	0.88
吉 林	1.70		0.27	1.01	0.42
黑龙江	4.01		0.47	2.66	0.89
上 海					
江 苏	1.20		0.43	0.53	0.23
浙 江	0.07				0.07
安 徽	2.59		0.44	1.80	0.35
福 建	0.41			0.21	0.20
江 西	0.26			0.23	0.03
山 东	8.44	0.04	1.55	5.32	1.52
河 南	5.72	0.02	1.12	3.15	1.44
湖 北	0.07				0.07
湖 南	1.05			0.81	0.24
广 东	0.41			0.31	0.11
广 西	0.91		0.53	0.28	0.10
海 南					
重 庆					
四 川	2.28		0.18	1.74	0.36
贵 州	0.05				0.05
云 南	0.27			0.19	0.08
西 藏	0.92			0.43	0.49
陕 西	3.51	0.15	0.60	1.51	1.25
甘 肃	2.00		0.47	1.12	0.41
青 海	2.48	0.14	1.27	0.61	0.46
宁 夏	1.63		0.68	0.80	0.15
新 疆	6.36	0.53	2.63	2.63	0.55

5-3-8　按所在地貌类型分的地下水水源地 2011 年实际取水量

单位：亿 m³

地　区	合计	山丘	平原
合　计	85.91	21.17	64.74
北　京	5.98	0.50	5.48
天　津	0.38	0.11	0.27
河　北	8.96	3.08	5.88
山　西	6.72	3.22	3.50
内蒙古	6.33	2.01	4.32
辽　宁	11.22	1.81	9.41
吉　林	1.70	0.45	1.25
黑龙江	4.01	0.55	3.46
上　海			
江　苏	1.20	0.06	1.14
浙　江	0.07	0.07	
安　徽	2.59	0.10	2.49
福　建	0.41	0.39	0.02
江　西	0.26	0.15	0.11
山　东	8.44	2.05	6.39
河　南	5.72	0.94	4.79
湖　北	0.07	0.02	0.05
湖　南	1.05	0.49	0.56
广　东	0.41	0.03	0.38
广　西	0.91	0.38	0.53
海　南			
重　庆			
四　川	2.28	0.67	1.62
贵　州	0.05	0.05	
云　南	0.27	0.27	
西　藏	0.92	0.82	0.10
陕　西	3.51	0.52	2.99
甘　肃	2.00	0.75	1.25
青　海	2.48	1.26	1.22
宁　夏	1.63	0.04	1.58
新　疆	6.36	0.40	5.96

5-3-9　按应用状况分的地下水水源地 2011 年实际取水量

单位：亿 m³

地　区	合计	日常使用	应急备用
合　计	85.91	83.83	2.08
北　京	5.98	4.92	1.06
天　津	0.38	0.38	
河　北	8.96	8.91	0.05
山　西	6.72	6.69	0.03
内蒙古	6.33	6.32	0.01
辽　宁	11.22	11.22	0.01
吉　林	1.70	1.56	0.14
黑龙江	4.01	3.96	0.04
上　海			
江　苏	1.20	1.18	0.01
浙　江	0.07	0.07	
安　徽	2.59	2.58	0.01
福　建	0.41	0.41	0.00
江　西	0.26	0.26	0.00
山　东	8.44	8.36	0.07
河　南	5.72	5.65	0.07
湖　北	0.07	0.07	
湖　南	1.05	1.02	0.04
广　东	0.41	0.38	0.03
广　西	0.91	0.91	
海　南			
重　庆			
四　川	2.28	2.10	0.18
贵　州	0.05	0.02	0.02
云　南	0.27	0.27	
西　藏	0.92	0.92	
陕　西	3.51	3.51	0.00
甘　肃	2.00	2.00	0.00
青　海	2.48	2.47	0.01
宁　夏	1.63	1.61	0.01
新　疆	6.36	6.08	0.27

5-3-10　按取水井类型分的地下水水源地 2011 年实际取水量

单位：亿 m³

地　区	合计	单位自备井	非单位自备井
合　计	85.91	49.23	36.68
北　京	5.98	0.67	5.31
天　津	0.38	0.32	0.06
河　北	8.96	6.91	2.05
山　西	6.72	5.58	1.14
内蒙古	6.33	2.88	3.45
辽　宁	11.22	7.03	4.19
吉　林	1.70	1.02	0.68
黑龙江	4.01	1.76	2.25
上　海			
江　苏	1.20	0.19	1.01
浙　江	0.07	0.01	0.05
安　徽	2.59	1.86	0.73
福　建	0.41	0.24	0.17
江　西	0.26	0.11	0.15
山　东	8.44	5.70	2.74
河　南	5.72	3.73	1.99
湖　北	0.07	0.03	0.04
湖　南	1.05	0.32	0.73
广　东	0.41	0.28	0.14
广　西	0.91	0.14	0.77
海　南			
重　庆			
四　川	2.28	1.69	0.59
贵　州	0.05	0.02	0.02
云　南	0.27		0.27
西　藏	0.92	0.10	0.82
陕　西	3.51	1.81	1.70
甘　肃	2.00	0.75	1.25
青　海	2.48	1.38	1.10
宁　夏	1.63	0.42	1.21
新　疆	6.36	4.27	2.08

（二）水资源一级区地下水水源地基本情况

5-3-11　规模以上地下水水源地主要指标

水资源一级区	数量 /处	2011 年实际取水量 /亿 m³
合　计	1841	85.91
松花江区	158	6.29
辽河区	182	12.56
海河区	391	21.00
黄河区	397	16.43
淮河区	301	12.32
长江区	160	5.22
东南诸河区	17	0.29
珠江区	53	1.60
西南诸河区	10	1.03
西北诸河区	172	9.16

5-3-12　按水源地规模分的地下水水源地数量

单位：处

水资源一级区	数量	特大型	大型	中型	小型
合　计	1841	17	136	864	824
松花江区	158		4	78	76
辽河区	182	1	23	88	70
海河区	391	9	35	167	180
黄河区	397	3	30	169	195
淮河区	301	1	14	159	127
长江区	160		2	89	69
东南诸河区	17			7	10
珠江区	53		3	21	29
西南诸河区	10			6	4
西北诸河区	172	3	25	80	64

5-3-13　按所在地貌类型分的地下水水源地数量

单位：处

水资源一级区	合计	山丘	平原
合　计	1841	572	1269
松花江区	158	50	108
辽河区	182	61	121
海河区	391	89	302
黄河区	397	153	244
淮河区	301	59	242
长江区	160	83	77
东南诸河区	17	15	2
珠江区	53	33	20
西南诸河区	10	9	1
西北诸河区	172	20	152

5-3-14　按所取用地下水类型分的地下水水源地数量

单位：处

水资源一级区	合计	浅层地下水	深层承压水
合　计	1841	1311	530
松花江区	158	81	77
辽河区	182	167	15
海河区	391	277	114
黄河区	397	295	102
淮河区	301	110	191
长江区	160	145	15
东南诸河区	17	17	
珠江区	53	40	13
西南诸河区	10	10	
西北诸河区	172	169	3

5-3-15 按应用状况分的地下水水源地数量

单位：处

水资源一级区	数量	日常使用	应急备用
合 计	1841	1723	118
松花江区	158	148	10
辽河区	182	180	2
海河区	391	367	24
黄河区	397	377	20
淮河区	301	277	24
长江区	160	138	22
东南诸河区	17	12	5
珠江区	53	50	3
西南诸河区	10	10	
西北诸河区	172	164	8

5-3-16　按取水井类型分的地下水水源地数量

单位：处

水资源一级区	合计	单位自备井	非单位自备井
合　计	1841	1100	741
松花江区	158	83	75
辽河区	182	93	89
海河区	391	259	132
黄河区	397	230	167
淮河区	301	194	107
长江区	160	96	64
东南诸河区	17	8	9
珠江区	53	26	27
西南诸河区	10	1	9
西北诸河区	172	110	62

5-3-17 按水源地规模分的地下水水源地 2011 年实际取水量

单位：亿 m³

水资源一级区	合计	特大型	大型	中型	小型
合　计	85.91	6.37	21.49	42.35	15.69
松花江区	6.29		0.60	4.15	1.53
辽河区	12.56	1.27	4.63	5.46	1.20
海河区	21.00	3.67	5.79	8.18	3.37
黄河区	16.43	0.71	3.99	7.82	3.92
淮河区	12.32	0.04	2.34	7.54	2.40
长江区	5.22		0.18	3.96	1.07
东南诸河区	0.29			0.18	0.12
珠江区	1.60		0.53	0.67	0.40
西南诸河区	1.03			0.52	0.51
西北诸河区	9.16	0.68	3.42	3.86	1.19

5-3-18 按所在地貌类型分的地下水水源地 2011 年实际取水量

单位：亿 m³

水资源一级区	合计	山丘	平原
合　计	85.91	21.17	64.74
松花江区	6.29	1.67	4.61
辽河区	12.56	2.49	10.08
海河区	21.00	5.09	15.91
黄河区	16.43	5.10	11.33
淮河区	12.32	2.01	10.31
长江区	5.22	1.79	3.43
东南诸河区	0.29	0.28	0.02
珠江区	1.60	0.68	0.91
西南诸河区	1.03	0.93	0.10
西北诸河区	9.16	1.11	8.04

5-3-19　按应用状况分的地下水水源地 2011 年实际取水量

单位：亿 m³

水资源一级区	合计	日常使用	应急备用
合　计	85.91	83.83	2.08
松花江区	6.29	6.10	0.19
辽河区	12.56	12.56	0.01
海河区	21.00	19.86	1.15
黄河区	16.43	16.39	0.05
淮河区	12.32	12.18	0.14
长江区	5.22	4.98	0.24
东南诸河区	0.29	0.29	0.00
珠江区	1.60	1.57	0.03
西南诸河区	1.03	1.03	
西北诸河区	9.16	8.88	0.27

5-3-20　按取水井类型分的地下水水源地 2011 年实际取水量

单位：亿 m³

水资源一级区	合 计	单位自备井	非单位自备井
合　计	85.91	49.23	36.68
松花江区	6.29	3.20	3.09
辽河区	12.56	7.39	5.17
海河区	21.00	12.01	9.00
黄河区	16.43	9.54	6.89
淮河区	12.32	7.81	4.52
长江区	5.22	2.73	2.49
东南诸河区	0.29	0.15	0.14
珠江区	1.60	0.52	1.07
西南诸河区	1.03	0.10	0.93
西北诸河区	9.16	5.77	3.38

四、规模以上入河湖排污口*

（一）各地区入河湖排污口基本情况

5-4-1　按污水主要来源分的入河湖排污口数量

单位：个

地　区	合　计	工业企业	生活	城镇污水处理厂	市政	其他
合　　计	15489	6878	3586	2765	1591	669
北　京	290	45	152	57	20	16
天　津	93	13	23	23	21	13
河　北	290	127	38	85	29	11
山　西	341	169	70	56	22	24
内蒙古	153	57	28	51	7	10
辽　宁	295	75	75	73	46	26
吉　林	180	63	35	42	36	4
黑龙江	260	79	77	40	57	7
上　海	169	40	8	54	66	1
江　苏	1003	531	76	328	33	35
浙　江	729	492	82	109	20	26
安　徽	519	185	146	100	42	46
福　建	577	399	71	58	18	31
江　西	540	248	115	101	67	9
山　东	535	294	25	176	21	19
河　南	663	324	140	133	30	36
湖　北	909	284	278	85	259	3
湖　南	1346	629	472	120	73	52
广　东	2214	767	642	309	371	125
广　西	702	305	224	77	56	40
海　南	86	29	30	13	12	2
重　庆	915	486	222	127	79	1
四　川	1011	417	217	254	88	35
贵　州	394	204	73	92	5	20
云　南	545	337	74	75	21	38
西　藏	15		4	1	10	
陕　西	348	132	94	56	48	18
甘　肃	174	70	51	17	24	12
青　海	63	18	30	11	3	1
宁　夏	52	26	4	18	3	1
新　疆	78	33	10	24	4	7

---

* 指入河湖废污水量 300t/d 及以上或 10 万 t/年及以上的排污口。

5-4-2 按入河湖排污方式分的入河湖排污口数量

单位：个

地 区	合计	明渠	暗管	泵站	涵闸	潜没	其他
合 计	15489	6334	7092	498	1010	174	381
北 京	290	112	133	1	33	2	9
天 津	93	11	16	53	13		
河 北	290	91	155	13	4	1	26
山 西	341	174	139	6	8	5	9
内 蒙 古	153	49	95	5	1	2	1
辽 宁	295	88	168	15	13		11
吉 林	180	52	115	4	9		
黑 龙 江	260	110	118	15	14	2	1
上 海	169	19	137	4		9	
江 苏	1003	278	573	70	36	25	21
浙 江	729	252	398	13	10	15	41
安 徽	519	185	194	56	71	4	9
福 建	577	300	211	1	26	9	30
江 西	540	199	236	19	65	10	11
山 东	535	289	212	8	19	3	4
河 南	663	306	310	9	29	5	4
湖 北	909	321	342	79	136	7	24
湖 南	1346	572	552	38	136	10	38
广 东	2214	737	1047	69	321	28	12
广 西	702	397	283	4	10		8
海 南	86	43	38	1	1		3
重 庆	915	440	426	4	14	11	20
四 川	1011	457	500		16	9	29
贵 州	394	279	79	3	2	8	23
云 南	545	291	210	2	12	2	28
西 藏	15	3	12				
陕 西	348	127	207	2	6		6
甘 肃	174	62	103		1	3	5
青 海	63	18	39			4	2
宁 夏	52	31	17	2	2		
新 疆	78	41	27	2	2		6

（二）水资源一级区入河湖排污口基本情况

5-4-3　按污水主要来源分的入河湖排污口数量

单位：个

水资源一级区	合计	工业企业	生活	城镇污水处理厂	市政	其他
合　计	15489	6878	3586	2765	1591	669
松花江区	419	130	111	77	83	18
辽河区	382	107	89	101	58	27
海河区	1003	320	284	254	84	61
黄河区	955	427	210	185	78	55
淮河区	1331	686	200	302	70	73
长江区	6477	2849	1556	1203	698	171
东南诸河区	1175	796	150	144	39	46
珠江区	3332	1344	925	442	440	181
西南诸河区	291	172	39	24	26	30
西北诸河区	124	47	22	33	15	7

5-4-4 按入河湖排污方式分的入河湖排污口数量

单位：个

水资源一级区	合计	明渠	暗管	泵站	涵闸	潜没	其他
合　计	15489	6334	7092	498	1010	174	381
松花江区	419	158	215	20	21	3	2
辽河区	382	108	229	18	16		11
海河区	1003	384	440	74	65	4	36
黄河区	955	367	511	14	31	13	19
淮河区	1331	584	598	31	79	14	25
长江区	6477	2659	2914	248	415	86	155
东南诸河区	1175	469	561	16	36	22	71
珠江区	3332	1372	1483	75	341	30	31
西南诸河区	291	169	94		4	1	23
西北诸河区	124	64	47	2	2	1	8

第六章

水土流失与治理情况

一、土壤侵蚀基本情况

6-1-1 土 壤 侵 蚀 面 积

单位：km²

地　区	水力侵蚀	风力侵蚀	冻融侵蚀
合　计	1293246	1655916	660956
北　京	3202		
天　津	236		
河　北	42135	4961	
山　西	70283	63	
内蒙古	102398	526624	14469
辽　宁	43988	1947	
吉　林	34744	13529	
黑龙江	73251	8687	14101
上　海	4		
江　苏	3177		
浙　江	9907		
安　徽	13899		
福　建	12181		
江　西	26497		
山　东	27253		
河　南	23464		
湖　北	36903		
湖　南	32288		
广　东	21305		
广　西	50537		
海　南	2116		
重　庆	31363		
四　川	114420	6622	48367
贵　州	55269		
云　南	109588		1306
西　藏	61602	37130	323230
陕　西	70807	1879	
甘　肃	76112	125075	10163
青　海	42805	125878	155768
宁　夏	13891	5728	
新　疆	87621	797793	93552

6-1-2　按侵蚀强度分的水力侵蚀面积

地　区	侵蚀总面积/km²	轻度		中度		强烈		极强烈		剧烈	
		面积/km²	比例/%	面积/km²	比例/%	面积/km²	比例/%	面积/km²	比例/%	面积/km²	比例/%
合　计	1293246	667597	51.62	351448	27.18	168687	13.04	76272	5.9	29242	2.26
北　京	3202	1746	54.53	1031	32.2	341	10.65	70	2.19	14	0.43
天　津	236	108	45.76	60	25.43	59	25	6	2.54	3	1.27
河　北	42135	22397	53.15	13087	31.06	4565	10.84	1464	3.47	622	1.48
山　西	70283	26707	38	24172	34.39	14069	20.02	4277	6.09	1058	1.5
内蒙古	102398	68480	66.88	20300	19.82	10118	9.88	2923	2.86	577	0.56
辽　宁	43988	21975	49.96	12005	27.29	6456	14.68	2769	6.29	783	1.78
吉　林	34744	17297	49.78	9044	26.03	4342	12.5	2777	7.99	1284	3.7
黑龙江	73251	36161	49.37	18343	25.04	11657	15.91	5459	7.45	1631	2.23
上　海	4	2	50	2	50						
江　苏	3177	2068	65.08	595	18.73	367	11.55	133	4.19	14	0.45
浙　江	9907	6929	69.94	2060	20.8	582	5.88	177	1.78	159	1.6
安　徽	13899	6925	49.82	4207	30.27	1953	14.05	660	4.75	154	1.11
福　建	12181	6655	54.64	3215	26.4	1615	13.26	428	3.5	268	2.2
江　西	26497	14896	56.22	7558	28.52	3158	11.92	776	2.93	109	0.41
山　东	27253	14926	54.77	6634	24.34	3542	13	1727	6.33	424	1.56
河　南	23464	10180	43.39	7444	31.72	4028	17.17	1444	6.15	368	1.57
湖　北	36903	20732	56.18	10272	27.83	3637	9.86	1573	4.26	689	1.87
湖　南	32288	19615	60.75	8687	26.9	2515	7.79	1019	3.16	452	1.4
广　东	21305	8886	41.71	6925	32.5	3535	16.59	1629	7.65	330	1.55
广　西	50537	22633	44.79	14395	28.48	7371	14.59	4804	9.5	1334	2.64
海　南	2116	1171	55.34	666	31.47	190	8.98	45	2.13	44	2.08
重　庆	31363	10644	33.94	9520	30.35	5189	16.54	4356	13.89	1654	5.28
四　川	114420	48480	42.37	35854	31.34	15573	13.61	9748	8.52	4765	4.16
贵　州	55269	27700	50.12	16356	29.59	6012	10.88	2960	5.36	2241	4.05
云　南	109588	44876	40.95	34764	31.72	15860	14.47	8963	8.18	5125	4.68
西　藏	61602	28650	46.51	23637	38.37	5929	9.63	2084	3.38	1302	2.11
陕　西	70807	48221	68.1	2124	3	14679	20.73	4569	6.45	1214	1.72
甘　肃	76112	30263	39.76	25455	33.45	12866	16.9	5407	7.1	2121	2.79
青　海	42805	26563	62.06	10003	23.37	3858	9.01	2179	5.09	202	0.47
宁　夏	13891	6816	49.07	4281	30.82	2065	14.86	526	3.79	203	1.46
新　疆	87621	64895	74.06	18752	21.4	2556	2.92	1320	1.51	98	0.11

6-1-3　按侵蚀强度分的风力侵蚀面积

地　区	侵蚀总面积/km²	轻度		中度		强烈		极强烈		剧烈	
		面积/km²	比例/%	面积/km²	比例/%	面积/km²	比例/%	面积/km²	比例/%	面积/km²	比例/%
合　计	1655916	716016	43.24	217422	13.13	218159	13.17	220382	13.31	283937	17.15
河　北	4961	3498	70.52	1310	26.40	153	3.08				
山　西	63	61	96.83	2	3.17						
内蒙古	526624	232674	44.18	46463	8.82	62090	11.79	82231	15.62	103166	19.59
辽　宁	1947	1794	92.15	117	6.01	1	0.05	25	1.28	10	0.51
吉　林	13529	8462	62.55	3142	23.22	1908	14.10	17	0.13		
黑龙江	8687	4294	49.43	3172	36.51	1214	13.98	7	0.08		
四　川	6622	6502	98.19	109	1.65	6	0.09	5	0.07		
西　藏	37130	14525	39.12	5553	14.96	17052	45.92				
陕　西	1879	734	39.06	154	8.20	682	36.30	308	16.39	1	0.05
甘　肃	125075	24972	19.97	11280	9.02	11325	9.05	33858	27.07	43640	34.89
青　海	125878	51913	41.24	20507	16.29	26737	21.24	19950	15.85	6771	5.38
宁　夏	5728	2562	44.73	405	7.07	482	8.41	2094	36.56	185	3.23
新　疆	797793	364025	45.63	125208	15.69	96509	12.10	81887	10.26	130164	16.32

6-1-4　按侵蚀强度分的冻融侵蚀面积

地　区	侵蚀总面积/km²	轻度		中度		强烈		极强烈		剧烈	
		面积/km²	比例/%	面积/km²	比例/%	面积/km²	比例/%	面积/km²	比例/%	面积/km²	比例/%
合　计	660956	341846	51.72	188324	28.49	124217	18.79	6463	0.98	106	0.02
内蒙古	14469	13454	92.99	1015	7.01						
黑龙江	14101	13295	94.28	806	5.72						
四　川	48367	17917	37.04	16011	33.1	14121	29.20	318	0.66		
云　南	1306	184	14.09	393	30.09	720	55.13	9	0.69		
西　藏	323230	138278	42.78	94108	29.12	84656	26.19	6082	1.88	106	0.03
甘　肃	10163	7890	77.64	1848	18.18	425	4.18				
青　海	155768	99189	63.68	40273	25.85	16271	10.45	35	0.02		
新　疆	93552	51639	55.20	33870	36.20	8024	8.58	19	0.02		

二、侵蚀沟道基本情况

6-2-1　按沟道长度分的西北黄土高原区侵蚀沟道数量

单位：条

地　区	合计			500（含）～1000m			1000m 及以上		
		高塬沟壑区	丘陵沟壑区		高塬沟壑区	丘陵沟壑区		高塬沟壑区	丘陵沟壑区
合　计	666719	110294	556425	519751	86618	433133	146968	23676	123292
山　西	108908	34902	74006	91786	29198	62588	17122	5704	11418
内蒙古	39069		39069	26988		26988	12081		12081
河　南	40941		40941	30408		30408	10533		10533
陕　西	140857	29365	111492	103653	20610	83043	37204	8755	28449
甘　肃	268444	46027	222417	219571	36810	182761	48873	9217	39656
青　海	51797		51797	36413		36413	15384		15384
宁　夏	16703		16703	10932		10932	5771		5771

6-2-2　按沟道长度分的西北黄土高原区侵蚀沟道长度

单位：km

地　区	合计	高塬沟壑区	丘陵沟壑区	500（含）～1000m	高塬沟壑区	丘陵沟壑区	1000m 及以上	高塬沟壑区	丘陵沟壑区
合　计	563278	92299	470979	357306	59658	297649	205972	32642	173330
山　西	85582	27638	57944	62055	19647	42408	23527	7991	15536
内蒙古	37054		37054	18687		18687	18367		18367
河　南	36945		36945	20282		20282	16663		16663
陕　西	124770	27378	97392	73899	14729	59170	50870	12649	38222
甘　肃	213734	37284	176451	149512	25282	124230	64222	12002	52220
青　海	48413		48413	24918		24918	23495		23495
宁　夏	16781		16781	7953		7953	8828		8828

6-2-3 按沟道长度分的西北黄土高原区侵蚀沟道面积

单位：hm²

地 区	合计			500（含）～1000m			1000m 及以上		
		高塬沟壑区	丘陵沟壑区		高塬沟壑区	丘陵沟壑区		高塬沟壑区	丘陵沟壑区
合 计	18721456	3049520	15671937	10164053	1729665	8434388	8557403	1319854	7237549
山 西	3202459	968183	2234276	2087995	625529	1462467	1114463	342654	771809
内蒙古	1401121		1401121	578991		578991	822130		822130
河 南	1156398		1156398	567067		567067	589331		589331
陕 西	4483271	1024398	3458873	2305680	465698	1839981	2177591	558699	1618892
甘 肃	5410258	1056939	4353319	3355525	638438	2717087	2054732	418501	1636232
青 海	2084869		2084869	849078		849078	1235791		1235791
宁 夏	983081		983081	419717		419717	563364		563364

6-2-4　按沟道类型分的东北黑土区侵蚀沟道数量

单位：条

地　区	合计	发展沟					稳定沟
		100（含）～200m	200（含）～500m	500（含）～1000m	1000（含）～2500m	2500（含）～5000m	
合　计	295663	59763	131149	46662	20552	4052	33485
内蒙古	69957	4447	21232	18566	14580	3618	7514
辽　宁	47193	9832	20135	7272	1750	105	8099
吉　林	62978	22199	32287	5321	1090	183	1898
黑龙江	115535	23284	57495	15503	3132	146	15975

注　在东北黑土区，侵蚀沟道分为发展沟和稳定沟两种类型。稳定沟是指沟谷不再下切加深、沟头和沟边不再发展、植被盖度大于30%的侵蚀沟道；除此之外的沟道为发展沟。

6-2-5　按沟道类型分的东北黑土区侵蚀沟道长度

单位：km

地　区	合计	发展沟					稳定沟
		100（含）～200m	200（含）～500m	500（含）～1000m	1000（含）～2500m	2500（含）～5000m	
合　计	195512.6	9269.1	42937.6	36398.0	48130.2	31649.7	27128.0
内蒙古	109762.0	750.9	8440.7	17751.2	39961.6	30071.3	12786.2
辽　宁	20738.6	1496.5	6504.2	4922.2	2342.2	342.0	5131.5
吉　林	19767.7	3353.8	9747.8	3488.9	1535.3	774.5	867.5
黑龙江	45244.3	3668.0	18245.0	10235.8	4291.1	461.8	8342.7

6-2-6　按沟道类型分的东北黑土区侵蚀沟道面积

单位：hm²

地　区	合计	发展沟					稳定沟
		100（含）～200m	200（含）～500m	500（含）～1000m	1000（含）～2500m	2500（含）～5000m	
合　计	364842	10094	62284	61367	92621	77239	61236
内蒙古	214711	599	9031	24617	72870	72116	35478
辽　宁	19861	1311	5963	4958	2508	272	4848
吉　林	37371	3358	14637	7663	4812	3884	3017
黑龙江	92899	4826	32653	24129	12431	967	17893

三、水土保持措施基本情况

6-3-1　按措施类型分的水土保持措施数量

单位：hm²

地　区	合　计	基本农田			水土保持林	
		梯田	坝地	其他	乔木林	灌木林
合　计	98863762	17012013	337948	2679767	29787195	11398060
北　京	463003	9893		45368	152788	
天　津	78490	1681	962		60095	2842
河　北	4531142	381372	4529	47532	1834110	681120
山　西	5048250	819373	121129	484273	1697898	716569
内蒙古	10425628	333798	24298	191293	1913374	4153794
辽　宁	4171418	241969	400	263172	1739750	202764
吉　林	1495446	33238		46809	880350	100065
黑龙江	2656359	87099		68116	1142761	117074
上　海	358				260	65
江　苏	649133	236157			273397	6009
浙　江	3601313	412248			1065382	115341
安　徽	1492665	241361		755	778219	4208
福　建	3064314	831629			943270	53210
江　西	4710901	1084716		49910	1339101	134113
山　东	3279681	872380		306175	1210233	24403
河　南	3101955	520474	83111	286880	1007314	307109
湖　北	5025108	443534		16922	1198898	336564
湖　南	2933746	1456943			924135	
广　东	1303384	329949			509149	102514
广　西	1604537	1058982			206828	11076
海　南	66294	4101			48276	
重　庆	2426447	634024			965711	42005
四　川	7246580	1632885			2488871	786826
贵　州	5304530	1392721		52698	1766891	95672
云　南	7181609	1011036		1584	1853837	474045
西　藏	186521	28803		550	59222	12195
陕　西	6505937	892065	51799	528777	1657894	1246715
甘　肃	6993816	1650983	31925	210726	1333713	980923
青　海	763691	156351		2990	47865	104091
宁　夏	1596460	212249	19761	75237	165107	356485
新　疆	955051		34		522497	230265

6-3-1（续）　按措施类型分的水土保持措施数量

单位：hm²

地　区	经济林	种草	封禁治理	其他
合　　计	11230121	4113140	21021147	1284371
北　京	74109	1474	179370	
天　津	12056		854	
河　北	702246	144662	734598	974
山　西	451934	122497	620412	14164
内蒙古	113008	920909	2757762	17392
辽　宁	685885	97626	830378	109474
吉　林	62889	32952	338413	730
黑龙江	59627	120682	685388	375612
上　海		33		
江　苏	104708	112	28751	
浙　江	488989	2783	1419288	97282
安　徽	144916	4	323201	
福　建	399293	13390	823523	
江　西	645873	38910	1395776	22502
山　东	667277	4767	194447	
河　南	359650	6278	488790	42351
湖　北	478140	31251	2431155	88643
湖　南	324807		227861	
广　东	181597	37951	140213	2011
广　西	54799	816	271986	49
海　南		562	10153	3202
重　庆	294645	6470	483593	
四　川	876477	365318	1089670	6533
贵　州	595382	123444	1277723	
云　南	2221715	127231	1477633	14527
西　藏	1669	51268	8169	24646
陕　西	831210	520460	746496	30522
甘　肃	330261	739942	1290766	424577
青　海	19257	228642	203981	514
宁　夏	47703	179118	540799	
新　疆		193590		8665

6-3-2　按工程类型分的水土保持措施数量

地　区	淤地坝		坡面水系工程		小型蓄水保土工程	
	数量/座	淤地面积/hm²	控制面积/hm²	长度/km	点状/个	线状/km
合　计	58446	92757	921986	154577	8620212	806507
北　京					42452	869
天　津					9704	253
河　北					325461	19294
山　西	18007	25751			213439	2658
内蒙古	2195	3842			149797	24380
辽　宁			27575	5579	96019	114728
吉　林					35191	13614
黑龙江					94120	28514
上　海						
江　苏					195312	36632
浙　江			56714	5302	84143	20165
安　徽					66944	4868
福　建					59072	15787
江　西			51378	28504	118020	52226
山　东					156375	18467
河　南	1640	3083			329262	11326
湖　北			235734	69136	542243	183934
湖　南			60036	2417	1927534	45032
广　东			6939	1896	73427	8745
广　西					5701	761
海　南			2040	387	1565	63
重　庆					175693	50054
四　川			281548	26051	660389	30812
贵　州					329116	29818
云　南			166343	11023	984528	49394
西　藏					486	56
陕　西	33252	55690	18641	3427	671576	12296
甘　肃	1571	2389	9028	799	943442	2169
青　海	665	72			83889	77
宁　夏	1112	1897			244198	29296
新　疆	4	34	6009	56	1114	222

6-3-3 水土保持治沟骨干工程

地 区	骨干工程数量/座	控制面积/km²	总库容/万 m³	已淤库容/万 m³
合 计	5655	29902.9	570069.4	234724.3
山 西	1116	5874.3	92418	23213.2
内蒙古	820	3839.6	89810.4	14867.7
河 南	135	946.3	12470.3	2358.5
陕 西	2538	13063.2	293051.6	177770.8
甘 肃	551	2528.3	38066.4	10094.3
青 海	170	693.1	9622.1	2214.3
宁 夏	325	2958.1	30630.6	4205.5

第七章

水利机构及人员情况

一、水利机构及从业人员基本情况

7-1-1　按机构类型分的水利单位数量

单位：个

地　区	水利机关 法人单位	水利事业 法人单位	水利企业 法人单位	社会团体 法人单位	乡镇水利 管理单位①
合　计	3586	32370	7676	8815	29416
北　京	21	306	83	113	173
天　津	17	219	134	6	156
河　北	171	1071	333	105	576
山　西	128	1358	209	28	1004
内蒙古	128	972	172	235	476
辽　宁	116	986	263	39	1119
吉　林	73	1064	135	26	658
黑龙江	300	1070	151	104	968
上　海	22	210	156	13	108
江　苏	116	2134	442	113	1176
浙　江	106	1017	314	120	1065
安　徽	127	1191	249	70	1186
福　建	117	977	225	775	956
江　西	115	921	138	173	1385
山　东	160	1582	438	356	1700
河　南	176	1606	320	73	1971
湖　北	154	1523	454	348	985
湖　南	151	2333	458	342	2185
广　东	167	1584	550	74	1307
广　西	128	1474	346	726	1014
海　南	23	148	45	8	217
重　庆	61	580	281	70	898
四　川	224	1941	518	648	2573
贵　州	118	898	266	13	1359
云　南	160	1480	189	339	1347
西　藏	84	17	42	47	
陕　西	116	1361	368	208	957
甘　肃	107	979	152	2394	611
青　海	47	274	77	103	142
宁　夏	27	218	85	528	137
新　疆	126	876	83	618	1007

① 指从事乡镇一级水利综合管理及服务工作的相关机构。

7-1-2　按机构类型分的水利单位从业人员数量

单位：万人

地　区	水利机关法人单位	水利事业法人单位	水利企业法人单位	社会团体法人单位	乡镇水利管理单位
合　计	12.52	72.19	48.93	5.42	20.55
北　京	0.14	1.25	0.35	0.12	0.21
天　津	0.07	0.98	0.73	0.01	0.10
河　北	1.23	3.13	1.80	0.06	0.27
山　西	0.47	3.08	1.33	0.03	0.43
内蒙古	0.45	2.21	1.95	0.16	0.39
辽　宁	0.23	2.59	2.05	0.00	0.79
吉　林	0.15	2.33	1.43	0.03	0.34
黑龙江	0.44	2.46	1.52	0.08	0.80
上　海	0.07	0.57	0.72	0.00	0.09
江　苏	0.38	3.77	2.05	0.01	1.21
浙　江	0.40	1.49	1.22	0.02	0.94
安　徽	0.33	2.92	1.32	0.11	0.67
福　建	0.20	1.17	1.20	0.30	0.55
江　西	0.44	1.78	1.43	0.13	0.70
山　东	1.08	4.50	4.75	0.40	0.91
河　南	0.84	5.93	2.98	0.05	1.70
湖　北	0.42	4.52	3.42	0.18	0.61
湖　南	0.97	4.12	3.26	0.06	1.21
广　东	0.64	3.80	3.96	0.02	1.30
广　西	0.19	2.23	2.78	0.10	0.53
海　南	0.07	0.64	0.48	0.01	0.26
重　庆	0.20	0.56	1.15	0.02	1.09
四　川	0.67	2.71	1.76	0.27	1.53
贵　州	0.42	0.84	0.73	0.03	0.43
云　南	0.66	1.48	0.73	0.29	0.56
西　藏	0.15	0.05	0.16	0.03	
陕　西	0.25	4.07	1.77	0.22	0.44
甘　肃	0.41	2.94	0.79	1.53	0.53
青　海	0.07	0.39	0.27	0.17	0.07
宁　夏	0.13	0.73	0.52	0.34	0.09
新　疆	0.34	2.95	0.35	0.64	1.79

二、水利机关法人单位基本情况

7-2-1　水利机关法人单位数量与从业人员数量

地　区	单位数量/个	从业人员数量/万人
合　计	3586	12.52
北　京	21	0.14
天　津	17	0.07
河　北	171	1.23
山　西	128	0.47
内蒙古	128	0.45
辽　宁	116	0.23
吉　林	73	0.15
黑龙江	300	0.44
上　海	22	0.07
江　苏	116	0.38
浙　江	106	0.40
安　徽	127	0.33
福　建	117	0.20
江　西	115	0.44
山　东	160	1.08
河　南	176	0.84
湖　北	154	0.42
湖　南	151	0.97
广　东	167	0.64
广　西	128	0.19
海　南	23	0.07
重　庆	61	0.20
四　川	224	0.67
贵　州	118	0.42
云　南	160	0.66
西　藏	84	0.15
陕　西	116	0.25
甘　肃	107	0.41
青　海	47	0.07
宁　夏	27	0.13
新　疆	126	0.34

7-2-2　按学历分的机关法人单位从业人员数量

单位：人

地　区	合　计	研究生①	大学本科	大专及以下
合　计	125176	3262	41121	80793
北　京	1449	285	764	400
天　津	701	60	346	295
河　北	12252	81	2575	9596
山　西	4717	43	1187	3487
内蒙古	4481	97	1654	2730
辽　宁	2264	126	1081	1057
吉　林	1501	90	594	817
黑龙江	4379	114	1698	2567
上　海	735	153	419	163
江　苏	3842	208	1862	1772
浙　江	3985	123	1866	1996
安　徽	3275	83	1136	2056
福　建	1984	56	890	1038
江　西	4400	73	969	3358
山　东	10821	198	3747	6876
河　南	8431	133	1986	6312
湖　北	4193	131	1393	2669
湖　南	9657	96	2473	7088
广　东	6412	450	2698	3264
广　西	1905	76	802	1027
海　南	728	24	217	487
重　庆	2006	109	1047	850
四　川	6707	100	1972	4635
贵　州	4200	26	1262	2912
云　南	6597	76	2169	4352
西　藏	1519	37	395	1087
陕　西	2481	75	784	1622
甘　肃	4127	51	1090	2986
青　海	709	10	247	452
宁　夏	1324	23	469	832
新　疆	3394	55	1329	2010

① 包括博士研究生与硕士研究生。

7-2-3　按专业技术职称分的机关法人单位从业人员数量

单位：人

地　区	合计	高级	正高级	中级	初级
合　计	43937	5158	536	19469	19310
北　京	881	352	112	275	254
天　津	107	49		26	32
河　北	3555	398	24	1043	2114
山　西	1957	81	8	916	960
内蒙古	1313	234	21	673	406
辽　宁	533	73	13	236	224
吉　林	329	65	9	157	107
黑龙江	2148	362	35	1102	684
上　海	161	39	6	93	29
江　苏	1847	291	5	961	595
浙　江	1669	247	23	840	582
安　徽	1094	81	8	458	555
福　建	680	92	8	374	214
江　西	1456	161	16	617	678
山　东	4894	549	25	2006	2339
河　南	1968	92	4	812	1064
湖　北	1736	187	44	999	550
湖　南	4003	401	25	1926	1676
广　东	2239	295	20	997	947
广　西	1032	124	15	570	338
海　南	191	11		68	112
重　庆	331	68	3	163	100
四　川	1976	197	15	890	889
贵　州	1826	61	7	692	1073
云　南	2227	116		994	1117
西　藏	341	21	1	123	197
陕　西	416	69	22	194	153
甘　肃	1122	134	11	538	450
青　海	191	30	2	94	67
宁　夏	691	103	16	262	326
新　疆	1023	175	38	370	478

7-2-4　按年龄分的机关法人单位从业人员数量

单位：人

地　区	合计	56 岁及以上	46～55 岁	36～45 岁	35 岁及以下
合　计	125176	12405	40103	44411	28257
北　京	1449	133	456	436	424
天　津	701	115	283	191	112
河　北	12252	1149	2915	4299	3889
山　西	4717	465	1502	1672	1078
内蒙古	4481	396	1732	1427	926
辽　宁	2264	381	758	672	453
吉　林	1501	228	601	463	209
黑龙江	4379	353	1655	1609	762
上　海	735	98	239	249	149
江　苏	3842	510	1365	1269	698
浙　江	3985	405	1489	1204	887
安　徽	3275	372	1248	1121	534
福　建	1984	221	774	620	369
江　西	4400	675	1620	1293	812
山　东	10821	1079	3280	3874	2588
河　南	8431	730	2581	3077	2043
湖　北	4193	627	1705	1337	524
湖　南	9657	1129	2850	3336	2342
广　东	6412	590	1833	2405	1584
广　西	1905	194	768	710	233
海　南	728	82	239	267	140
重　庆	2006	238	868	700	200
四　川	6707	623	2271	2482	1331
贵　州	4200	244	1338	1641	977
云　南	6597	337	1837	2796	1627
西　藏	1519	28	241	508	742
陕　西	2481	339	933	863	346
甘　肃	4127	356	1189	1524	1058
青　海	709	50	220	297	142
宁　夏	1324	100	363	569	292
新　疆	3394	158	950	1500	786

三、水利事业法人单位基本情况

7-3-1 水利事业法人单位数量与从业人员数量

地　　区	单位数量/个	从业人员数量/万人
合　　计	32370	72.19
北　　京	306	1.25
天　　津	219	0.98
河　　北	1071	3.13
山　　西	1358	3.08
内蒙古	972	2.21
辽　　宁	986	2.59
吉　　林	1064	2.33
黑龙江	1070	2.46
上　　海	210	0.57
江　　苏	2134	3.77
浙　　江	1017	1.49
安　　徽	1191	2.92
福　　建	977	1.17
江　　西	921	1.78
山　　东	1582	4.50
河　　南	1606	5.93
湖　　北	1523	4.52
湖　　南	2333	4.12
广　　东	1584	3.80
广　　西	1474	2.23
海　　南	148	0.64
重　　庆	580	0.56
四　　川	1941	2.71
贵　　州	898	0.84
云　　南	1480	1.48
西　　藏	17	0.05
陕　　西	1361	4.07
甘　　肃	979	2.94
青　　海	274	0.39
宁　　夏	218	0.73
新　　疆	876	2.95

7-3-2 按单位类型分的事业法人单位数量

单位：个

地 区	合计	流域管理机构	水文单位	水土保持单位	水资源管理与保护单位	水政监察单位	水利规划设计咨询单位
合 计	32370	316	576	1859	1323	1523	1134
北 京	306	8	3	15	14	11	8
天 津	219	2	10	4	11	2	9
河 北	1071	13	11	41	91	26	25
山 西	1358	7	36	106	121	20	21
内蒙古	972	12	14	101	33	86	50
辽 宁	986	1	14	75	80	49	53
吉 林	1064		19	53	63	29	50
黑龙江	1070	1	19	60	76	38	53
上 海	210	8	10	12	8	11	1
江 苏	2134	5	21	5	91	82	34
浙 江	1017	16	72	36	32	76	43
安 徽	1191	2	11	25	24	49	44
福 建	977		34	119	27	85	19
江 西	921		22	75	14	54	48
山 东	1582	50	28	72	96	52	67
河 南	1606	34	28	52	101	105	44
湖 北	1523	12	25	74	33	110	59
湖 南	2333	2	33	92	28	83	68
广 东	1584	10	20	53	19	82	40
广 西	1474	1	27	130	58	78	38
海 南	148		1	2		5	4
重 庆	580		12	29	26	35	8
四 川	1941	51	10	124	35	100	45
贵 州	898		8	59	26	44	39
云 南	1480	1	14	125	32	33	102
西 藏	17			1			3
陕 西	1361	22	31	138	101	46	74
甘 肃	979	9	19	118	26	68	38
青 海	274	8	6	39	16	15	10
宁 夏	218	1	2	15	5	6	8
新 疆	876	40	16	9	36	43	29

7-3-2（续 1） 按单位类型分的事业法人单位数量

单位：个

地 区	水利科研咨询机构	防汛抗旱管理单位	河道、堤防管理单位	水库管理单位	灌区管理单位
合　计	206	2045	2003	4331	2181
北　京	3	16	21	22	5
天　津	5	8	26	13	1
河　北	8	90	72	92	98
山　西	10	112	67	132	134
内蒙古	7	82	63	138	94
辽　宁	15	41	146	94	53
吉　林	10	55	61	124	58
黑龙江	6	51	104	119	209
上　海	2	11	14		
江　苏	23	169	144	67	69
浙　江	6	67	82	134	21
安　徽	3	85	121	111	38
福　建	2	64	63	139	28
江　西	4	82	62	222	47
山　东	11	90	126	217	85
河　南	21	127	174	139	149
湖　北	12	79	177	284	39
湖　南	4	170	121	311	107
广　东	7	54	129	335	60
广　西	7	91	29	300	100
海　南		12	4	58	11
重　庆		29	11	233	13
四　川	7	106	40	325	95
贵　州	5	62	16	200	41
云　南	2	40	24	309	35
西　藏		2		2	
陕　西	3	124	74	89	139
甘　肃	11	63	16	41	198
青　海	2	18	3	22	35
宁　夏	1	18	6	8	19
新　疆	9	27	7	51	200

7-3-2（续 2）　按单位类型分的事业法人单位数量

单位：个

地　区	引调水管理单位	泵站管理单位	水闸管理单位	水利工程综合管理单位	其他
合　计	514	958	478	5879	7044
北　京	5	3	3	50	119
天　津	5	11	15	16	81
河　北	22	17	14	112	339
山　西	11	59	2	104	416
内蒙古	27	3	4	89	169
辽　宁	6	11	9	87	252
吉　林	12	4	4	300	222
黑龙江	7	6	3	175	143
上　海	10	3	7	84	29
江　苏	24	70	120	586	624
浙　江	8	10	30	188	196
安　徽	12	252	45	191	178
福　建	6	3	16	194	178
江　西	34	16	4	145	92
山　东	95	51	22	161	359
河　南	19	13	51	115	434
湖　北	10	147	20	165	277
湖　南	13	108	21	657	515
广　东	20	73	49	186	447
广　西	7	46	2	282	278
海　南		5	1	26	19
重　庆		3		134	47
四　川	25	5	5	445	523
贵　州	7	6	1	217	167
云　南	14	8	3	579	159
西　藏				3	6
陕　西	22	10	4	168	316
甘　肃	31	8	1	171	161
青　海	9	1	1	65	24
宁　夏	4	2		74	49
新　疆	49	4	21	110	225

7-3-3　按人员规模分的事业法人单位数量

单位：个

地　区	合计	0～30人	31～60人	61～90人	91～120人	120人以上
合　计	32370	26786	3133	1087	514	850
北　京	306	214	50	15	8	19
天　津	219	147	37	12	8	15
河　北	1071	778	170	55	26	42
山　西	1358	1123	145	36	20	34
内蒙古	972	787	106	39	12	28
辽　宁	986	807	92	34	22	31
吉　林	1064	867	114	42	18	23
黑龙江	1070	865	108	50	25	22
上　海	210	164	23	7	5	11
江　苏	2134	1869	169	47	18	31
浙　江	1017	908	61	29	9	10
安　徽	1191	958	125	51	25	32
福　建	977	888	59	16	6	8
江　西	921	794	60	24	17	26
山　东	1582	1227	172	72	45	66
河　南	1606	1069	298	102	54	83
湖　北	1523	1156	202	67	32	66
湖　南	2333	1986	189	65	39	54
广　东	1584	1261	189	72	23	39
广　西	1474	1320	85	32	15	22
海　南	148	97	27	11	6	7
重　庆	580	555	14	5	3	3
四　川	1941	1809	62	26	16	28
贵　州	898	849	32	12	1	4
云　南	1480	1384	66	20	6	4
西　藏	17	14	1	1		1
陕　西	1361	1020	222	61	19	39
甘　肃	979	755	129	44	18	33
青　海	274	257	10	5	1	1
宁　夏	218	184	13	4	4	13
新　疆	876	674	103	31	13	55

7-3-4　按单位类型分的事业法人单位从业人员数量

单位：人

地　区	合计	流域管理机构	水文单位	水土保持单位	水资源管理与保护单位	水政监察单位	水利规划设计咨询单位
合　计	721855	17899	28292	22550	26628	15904	33147
北　京	12518	67	332	266	218	300	607
天　津	9806	186	376	43	221	34	380
河　北	31319	255	1221	484	1843	279	1074
山　西	30810	199	650	1438	2355	166	1772
内蒙古	22106	451	898	1919	782	940	1546
辽　宁	25886	3	853	790	1512	581	1353
吉　林	23324		807	734	1927	282	1692
黑龙江	24644	6	946	508	1773	458	2036
上　海	5718	261	290	212	217	257	40
江　苏	37657	194	998	64	917	751	493
浙　江	14872	176	749	149	169	547	908
安　徽	29209	235	1356	175	580	491	607
福　建	11748		563	547	107	633	466
江　西	17817		1201	1025	123	643	1405
山　东	44966	3735	1517	732	2502	711	1666
河　南	59337	3252	2994	774	4166	2204	1377
湖　北	45165	460	3287	869	875	1532	1273
湖　南	41166	79	768	714	266	323	1770
广　东	38014	495	739	510	570	913	771
广　西	22250	156	751	578	279	545	980
海　南	6414		92	39		102	172
重　庆	5618		727	263	196	318	48
四　川	27134	1324	891	780	473	673	1256
贵　州	8351		506	505	228	248	749
云　南	14766	12	865	669	416	251	2697
西　藏	483			43			192
陕　西	40700	741	885	3755	2592	588	2716
甘　肃	29405	1145	1597	3155	743	528	889
青　海	3880	110	355	492	121	115	115
宁　夏	7304	363	253	242	58	53	133
新　疆	29468	3994	825	76	399	438	1964

7-3-4（续1） 按单位类型分的事业法人单位从业人员数量

单位：人

地 区	水利科研咨询机构	防汛抗旱管理单位	河道、堤防管理单位	水库管理单位	灌区管理单位
合 计	9557	21875	49291	113498	90289
北 京	280	414	1323	1178	101
天 津	173	455	1283	975	83
河 北	244	1267	1735	3493	4672
山 西	348	1174	822	2867	4593
内蒙古	448	1130	1093	3218	3333
辽 宁	249	428	3122	4934	3631
吉 林	284	757	944	5248	2744
黑龙江	110	739	2344	3182	4917
上 海	17	445	629		
江 苏	1384	2547	3140	1123	2068
浙 江	421	302	980	4050	549
安 徽	221	787	4347	2904	2590
福 建	79	303	736	3643	380
江 西	231	458	1022	6144	1643
山 东	147	1196	3195	7975	3149
河 南	989	1646	6030	5959	8286
湖 北	1516	668	7556	9387	1655
湖 南	4	1671	1893	10455	5231
广 东	904	343	2764	11709	1825
广 西	530	463	512	7048	1721
海 南		97	42	1943	490
重 庆		188	96	2215	151
四 川	346	1051	784	3271	4005
贵 州	66	289	66	1901	291
云 南	90	204	145	3037	933
西 藏		37		81	
陕 西	36	1832	1991	2914	9714
甘 肃	275	407	289	550	11292
青 海	20	179	47	342	702
宁 夏	57	244	78	69	2554
新 疆	88	154	283	1683	6986

7-3-4（续2）　按单位类型分的事业法人单位从业人员数量

单位：人

地　区	引调水管理单位	泵站管理单位	水闸管理单位	水利工程综合管理单位	其他
合　计	18474	22585	11983	95935	143948
北　京	647	92	26	1921	4746
天　津	421	617	306	471	3782
河　北	740	316	112	4469	9115
山　西	315	1730	77	3387	8917
内蒙古	954	24	224	1873	3273
辽　宁	110	139	414	1700	6067
吉　林	388	39	53	3026	4399
黑龙江	280	1169	67	2283	3826
上　海		33	754	1625	938
江　苏	1137	1300	2527	8952	10062
浙　江	98	156	378	2295	2945
安　徽	1209	5174	1280	3652	3601
福　建	252	69	169	2125	1676
江　西	143	278	31	2175	1295
山　东	2198	624	826	3739	11054
河　南	440	337	1582	4223	15078
湖　北	111	4630	500	3967	6879
湖　南	465	2849	313	8307	6058
广　东	850	1245	1706	5667	7003
广　西	71	602	25	4201	3788
海　南		192	20	2501	724
重　庆		8		963	445
四　川	963	166	36	5330	5785
贵　州	122	20	4	1391	1965
云　南	180	129	31	3343	1764
西　藏				65	65
陕　西	1245	255	53	2738	8645
甘　肃	1968	87	62	2784	3634
青　海	101	9	23	849	300
宁　夏	1335	122		1049	694
新　疆	1731	174	384	4864	5425

7-3-5 按人员规模分的事业法人单位从业人员数量

单位：人

地　区	合　计	0～30 人	31～60 人	61～90 人	91～120 人	120 人以上
合　计	721855	238297	133715	80090	52961	216792
北　京	12518	2530	2049	1150	823	5966
天　津	9806	2027	1654	874	843	4408
河　北	31319	7199	7268	4100	2614	10138
山　西	30810	11304	6037	2679	2074	8716
内蒙古	22106	7986	4535	2774	1209	5602
辽　宁	25886	7820	3945	2508	2315	9298
吉　林	23324	7741	4877	3228	1790	5688
黑龙江	24644	7513	4600	3645	2585	6301
上　海	5718	1617	969	538	565	2029
江　苏	37657	17621	7097	3393	1821	7725
浙　江	14872	6880	2503	2186	898	2405
安　徽	29209	9617	5554	3659	2475	7904
福　建	11748	5859	2469	1214	628	1578
江　西	17817	6483	2522	1783	1774	5255
山　东	44966	12514	7276	5306	4693	15177
河　南	59337	14074	12897	7548	5604	19214
湖　北	45165	12569	8646	4948	3353	15649
湖　南	41166	10250	8177	4870	3977	13892
广　东	38014	13058	8089	5362	2349	9156
广　西	22250	10209	3648	2376	1535	4482
海　南	6414	1564	1225	862	626	2137
重　庆	5618	3339	555	370	347	1007
四　川	27134	11905	2677	1956	1663	8933
贵　州	8351	5387	1373	867	98	626
云　南	14766	8981	2746	1522	636	881
西　藏	483	210	43	67		163
陕　西	40700	12876	9427	4278	1988	12131
甘　肃	29405	7719	5460	3158	1835	11233
青　海	3880	2736	441	326	104	273
宁　夏	7304	1874	585	273	405	4167
新　疆	29468	6835	4371	2270	1334	14658

7-3-6　按学历分的事业法人单位从业人员数量

单位：人

地　区	合　计	研究生	大学本科	大专及以下
合　计	721855	12016	130710	579129
北　京	12518	1430	3769	7319
天　津	9806	335	3347	6124
河　北	31319	262	5392	25665
山　西	30810	322	4952	25536
内蒙古	22106	266	4204	17636
辽　宁	25886	516	5507	19863
吉　林	23324	300	3564	19460
黑龙江	24644	303	4580	19761
上　海	5718	254	1971	3493
江　苏	37657	858	6903	29896
浙　江	14872	743	4411	9718
安　徽	29209	403	3446	25360
福　建	11748	156	2699	8893
江　西	17817	217	2749	14851
山　东	44966	759	13143	31064
河　南	59337	717	9327	49293
湖　北	45165	1058	6009	38098
湖　南	41166	310	4211	36645
广　东	38014	1060	5313	31641
广　西	22250	311	3652	18287
海　南	6414	20	395	5999
重　庆	5618	87	1330	4201
四　川	27134	491	5541	21102
贵　州	8351	76	2388	5887
云　南	14766	113	3706	10947
西　藏	483	9	111	363
陕　西	40700	273	5347	35080
甘　肃	29405	131	4867	24407
青　海	3880	10	767	3103
宁　夏	7304	47	1549	5708
新　疆	29468	179	5560	23729

7-3-7　按专业技术职称分的事业法人单位从业人员数量

单位：人

地　区	合计	高级	正高级	中级	初级
合　计	261662	40343	5910	97011	124308
北　京	5474	1534	450	1815	2125
天　津	3995	1047	102	1248	1700
河　北	10057	1953	302	3037	5067
山　西	11390	1445	181	4066	5879
内蒙古	6778	1383	231	3018	2377
辽　宁	10193	1713	430	4222	4258
吉　林	9259	1670	327	3483	4106
黑龙江	9104	1736	292	3838	3530
上　海	2169	240	36	714	1215
江　苏	14247	1934	335	5352	6961
浙　江	7397	1366	189	3197	2834
安　徽	8807	1311	149	3329	4167
福　建	4777	766	72	2084	1927
江　西	5498	718	75	1869	2911
山　东	23431	3522	374	8314	11595
河　南	18146	3224	553	6407	8515
湖　北	16509	2614	398	6548	7347
湖　南	12275	1124	175	4534	6617
广　东	9832	1549	217	2882	5401
广　西	7883	809	91	3272	3802
海　南	758	102	13	227	429
重　庆	2191	303	20	974	914
四　川	11593	1699	150	4575	5319
贵　州	3816	306	54	1391	2119
云　南	7826	725	67	3206	3895
西　藏	254	49	6	76	129
陕　西	13730	2041	204	4847	6842
甘　肃	8522	885	106	2970	4667
青　海	2303	296	31	863	1144
宁　夏	3330	466	51	1257	1607
新　疆	10118	1813	229	3396	4909

7-3-8 按技术等级分的事业法人单位从业人员数量

单位：人

地　区	合计	高级技师	技师	高级工	中级工	初级工
合　计	334868	3835	24804	134048	97350	74831
北　京	2993	15	118	998	1189	673
天　津	4359		55	3161	847	296
河　北	17992	85	2298	7727	4133	3749
山　西	15421	15	1915	2693	4555	6243
内蒙古	11270	1914	2584	4033	1295	1444
辽　宁	10497	29	186	4578	3195	2509
吉　林	7603	41	432	1367	2033	3730
黑龙江	9974	100	2813	2922	1781	2358
上　海	1809	1	29	222	965	592
江　苏	16957	33	674	8564	4483	3203
浙　江	3815	24	842	1758	522	669
安　徽	16950	106	183	8232	4764	3665
福　建	5161	56	242	2507	1334	1022
江　西	9367	7	322	3326	3064	2648
山　东	14152	177	1051	5663	3951	3310
河　南	35711	232	2431	17626	9096	6326
湖　北	21544	176	4127	8131	4697	4413
湖　南	25900	40	267	10484	10131	4978
广　东	14750	106	142	5151	4754	4597
广　西	11451	33	164	4579	4797	1878
海　南	2208	29	28	297	949	905
重　庆	2010	14	127	620	699	550
四　川	10419	31	836	4621	3399	1532
贵　州	1934	8	14	650	670	592
云　南	5878	36	189	3273	1646	734
西　藏	138	10		35	47	46
陕　西	22222	223	1518	9767	7216	3498
甘　肃	14384	20	245	4890	5272	3957
青　海	1022	6	115	431	209	261
宁　夏	3487	218	513	804	1442	510
新　疆	13490	50	344	4938	4215	3943

7-3-9 按年龄分的事业法人单位从业人员数量

单位：人

地 区	合计	56 岁及以上	46～55 岁	36～45 岁	35 岁及以下
合　计	721855	56358	189947	279937	195613
北　京	12518	1274	3697	3436	4111
天　津	9806	1246	3019	2371	3170
河　北	31319	2254	7256	11678	10131
山　西	30810	2074	6944	12092	9700
内蒙古	22106	1515	7243	9247	4101
辽　宁	25886	1922	7027	9564	7373
吉　林	23324	2010	6543	9129	5642
黑龙江	24644	1910	7409	9730	5595
上　海	5718	678	1736	1576	1728
江　苏	37657	4080	11017	14063	8497
浙　江	14872	1443	4556	4926	3947
安　徽	29209	1653	7948	13158	6450
福　建	11748	948	3599	4616	2585
江　西	17817	1572	4905	6598	4742
山　东	44966	3678	13220	16657	11411
河　南	59337	3367	13186	23353	19431
湖　北	45165	4210	13574	17729	9652
湖　南	41166	3186	9649	17389	10942
广　东	38014	3478	10051	13563	10922
广　西	22250	2018	5249	9230	5753
海　南	6414	627	2046	2281	1460
重　庆	5618	470	1463	2442	1243
四　川	27134	2488	7152	10838	6656
贵　州	8351	371	2056	3314	2610
云　南	14766	702	3484	5912	4668
西　藏	483	20	92	156	215
陕　西	40700	3181	8388	15653	13478
甘　肃	29405	1874	6877	12312	8342
青　海	3880	311	971	1728	870
宁　夏	7304	455	1842	3049	1958
新　疆	29468	1343	7748	12147	8230

四、水利企业法人单位基本情况

7-4-1　水利企业法人单位数量与从业人员数量

地　区	单位数量/个	从业人员数量/万人
合　计	7676	48.93
北　京	83	0.35
天　津	134	0.73
河　北	333	1.80
山　西	209	1.33
内蒙古	172	1.95
辽　宁	263	2.05
吉　林	135	1.43
黑龙江	151	1.52
上　海	156	0.72
江　苏	442	2.05
浙　江	314	1.22
安　徽	249	1.32
福　建	225	1.20
江　西	138	1.43
山　东	438	4.75
河　南	320	2.98
湖　北	454	3.42
湖　南	458	3.26
广　东	550	3.96
广　西	346	2.78
海　南	45	0.48
重　庆	281	1.15
四　川	518	1.76
贵　州	266	0.73
云　南	189	0.73
西　藏	42	0.16
陕　西	368	1.77
甘　肃	152	0.79
青　海	77	0.27
宁　夏	85	0.52
新　疆	83	0.35

7-4-2　按单位类型分的企业数量

单位：个

地　区	合计	水利勘测设计等 技术咨询单位	水利（水电）投 资单位	滩涂围垦管理 单位	水利工程建设 监理单位
合　计	7676	427	215	8	171
北　京	83	5	2		2
天　津	134	15	3		6
河　北	333	11	3		4
山　西	209	3	2		3
内蒙古	172	13	3		9
辽　宁	263	28	1	1	10
吉　林	135	11	4		6
黑龙江	151	3	1		5
上　海	156	7	3	1	1
江　苏	442	17	16		5
浙　江	314	28	37	5	6
安　徽	249	22	2		10
福　建	225	24	12		4
江　西	138	3	2		4
山　东	438	20	7		21
河　南	320	18	1		12
湖　北	454	42	19		15
湖　南	458	9	13		15
广　东	550	21	8		4
广　西	346	11	13		2
海　南	45	3			
重　庆	281	21	19	1	1
四　川	518	22	18		2
贵　州	266	9	4		3
云　南	189	11	8		2
西　藏	42		1		
陕　西	368	19	5		8
甘　肃	152	7	3		7
青　海	77	10			
宁　夏	85	4	2		2
新　疆	83	10	3		2

7-4-2（续1） 按单位类型分的企业数量

单位：个

地　区	水利工程建设施工单位	水利工程维修养护单位	水利工程综合管理单位	水利工程供水服务单位
合　计	1230	176	184	656
北　京	13	1	2	
天　津	31	5	2	1
河　北	67	9	3	21
山　西	22	7	6	39
内蒙古	25	4		24
辽　宁	44	10	13	23
吉　林	18	6	9	7
黑龙江	47	3	1	3
上　海	51	13	6	5
江　苏	162	22	3	12
浙　江	30	5	15	7
安　徽	46	5	1	9
福　建	19	2	14	13
江　西	38	1	1	1
山　东	138	19	12	48
河　南	86	17	6	29
湖　北	69	7	8	33
湖　南	54	3	11	50
广　东	36	10	3	12
广　西	21	11	3	28
海　南	3			3
重　庆	14	5	9	45
四　川	13	1	10	110
贵　州	12	1	12	22
云　南	14	2	4	39
西　藏			3	5
陕　西	42	3	20	22
甘　肃	41	2	2	28
青　海	15		1	5
宁　夏	42		3	8
新　疆	17	2	1	4

7-4-2（续2） 按单位类型分的企业数量

单位：个

地　区	城乡供水、排水和污水处理单位	再生水生产单位	水力发电单位	其他
合　计	1542	61	1526	1480
北　京	21			37
天　津	13		1	57
河　北	53	2	82	78
山　西	19		50	58
内蒙古	43		7	44
辽　宁	21	1	28	83
吉　林	16		22	36
黑龙江	34	1	6	47
上　海	25			44
江　苏	74	3	4	124
浙　江	28	1	77	75
安　徽	49	13	33	59
福　建	33		66	38
江　西	20	1	52	15
山　东	81	5	7	80
河　南	24	3	21	103
湖　北	97	1	61	102
湖　南	103	8	144	48
广　东	102	3	301	50
广　西	86	2	123	46
海　南	12	2	17	5
重　庆	108		39	19
四　川	202	1	89	50
贵　州	96	3	85	19
云　南	68	4	18	19
西　藏	2		30	1
陕　西	64	4	116	65
甘　肃	10		22	30
青　海	18	1	16	11
宁　夏	7	1	1	15
新　疆	13	1	8	22

7-4-3　按人员规模分的企业数量

单位：个

地　区	合计	0～30人	31～60人	61～90人	91～120人	120人以上
合　计	7676	4966	1073	469	257	911
北　京	83	56	13	4	3	7
天　津	134	81	27	11	5	10
河　北	333	213	55	25	11	29
山　西	209	149	22	10	5	23
内蒙古	172	87	43	10	8	24
辽　宁	263	173	32	20	8	30
吉　林	135	82	17	10	8	18
黑龙江	151	79	24	11	5	32
上　海	156	110	15	9	5	17
江　苏	442	335	32	21	14	40
浙　江	314	243	29	13	5	24
安　徽	249	160	30	23	8	28
福　建	225	148	37	15	5	20
江　西	138	68	18	14	9	29
山　东	438	207	81	36	23	91
河　南	320	172	56	24	11	57
湖　北	454	271	90	22	11	60
湖　南	458	292	46	18	20	82
广　东	550	346	72	38	13	81
广　西	346	229	28	23	11	55
海　南	45	12	10	7	2	14
重　庆	281	188	41	15	6	31
四　川	518	410	46	19	11	32
贵　州	266	197	38	17	9	5
云　南	189	146	22	9	4	8
西　藏	42	21	15	5		1
陕　西	368	244	60	17	19	28
甘　肃	152	102	20	6	9	15
青　海	77	49	18	4	4	2
宁　夏	85	47	14	9	3	12
新　疆	83	49	22	4	2	6

7-4-4　按单位类型分的企业从业人员数量

单位：人

地　区	合计	水利勘测设计等技术咨询单位	水利（水电）投资单位	滩涂围垦管理单位	水利工程建设监理单位
合　计	489332	26947	7927	417	10072
北　京	3504	176	65		210
天　津	7336	2391	49		467
河　北	17971	238	30		144
山　西	13277	45	71		196
内蒙古	19488	644	879		375
辽　宁	20523	459		350	278
吉　林	14332	1574	160		181
黑龙江	15167	110	247		80
上　海	7166	48	13		35
江　苏	20467	1028	182		560
浙　江	12213	1144	262	58	556
安　徽	13150	1394	79		591
福　建	11976	1181	82		63
江　西	14274	63	71		243
山　东	47459	1023	89		953
河　南	29773	2867	12		966
湖　北	34239	4440	351		1719
湖　南	32574	141	586		991
广　东	39579	2175	117		360
广　西	27775	232	2972		118
海　南	4805	147			
重　庆	11504	835	711	9	151
四　川	17574	358	176		87
贵　州	7321	797	118		49
云　南	7308	423	200		79
西　藏	1571		39		
陕　西	17662	616	103		322
甘　肃	7948	1203	72		219
青　海	2685	619			
宁　夏	5236	272	76		47
新　疆	3475	304	115		32

7-4-4（续1） 按单位类型分的企业从业人员数量

单位：人

地 区	水利工程建设施工单位	水利工程维修养护单位	水利工程综合管理单位	水利工程供水服务单位
合 计	130372	5786	17782	24695
北 京	899	52	33	
天 津	2287	67	68	80
河 北	4072	256	9	1583
山 西	735	128	3810	1233
内 蒙 古	3188	119		2214
辽 宁	2063	136	1215	934
吉 林	1297	12	3374	244
黑 龙 江	5222	238		293
上 海	1280	341	34	572
江 苏	9741	252	52	302
浙 江	1956	25	165	149
安 徽	6847	346	15	232
福 建	4370	4	290	461
江 西	8581	9	45	8
山 东	27692	1539	2805	4257
河 南	11322	1381	1262	1325
湖 北	6310	92	1096	1002
湖 南	9053	30	476	583
广 东	2731	308	790	2222
广 西	2477	101	79	287
海 南	132			347
重 庆	466	155	236	1795
四 川	2659	20	552	1054
贵 州	878	2	30	774
云 南	517	23	133	789
西 藏			118	87
陕 西	5435	103	715	837
甘 肃	3959	23	32	295
青 海	344		7	141
宁 夏	2717		328	362
新 疆	1142	24	13	233

7-4-4（续 2） 按单位类型分的企业从业人员数量

单位：人

地　区	城乡供水、排水和污水处理单位	再生水生产单位	水力发电单位	其他
合　计	124005	4015	73368	63946
北　京	602			1467
天　津	875		43	1009
河　北	7679	140	1642	2178
山　西	2371		1831	2857
内蒙古	7235		341	4493
辽　宁	10294	675	1097	3022
吉　林	4962		1078	1450
黑龙江	7609	385	160	823
上　海	3644			1199
江　苏	5490	170	39	2651
浙　江	2530	78	2614	2676
安　徽	1087	127	1236	1196
福　建	1359		3442	724
江　西	1602	500	2880	272
山　东	6427	278	148	2248
河　南	1752	62	1686	7138
湖　北	3451	177	8288	7313
湖　南	4322	154	12832	3406
广　东	17934	161	10494	2287
广　西	2886	62	9631	8930
海　南	2368	189	1227	395
重　庆	4748		1894	504
四　川	8570	38	2931	1129
贵　州	2893	55	1396	329
云　南	4399	216	343	186
西　藏	223		1101	3
陕　西	3958	416	3317	1840
甘　肃	728		922	495
青　海	723	21	385	445
宁　夏	325	86	44	979
新　疆	959	25	326	302

7-4-5　按人员规模分的企业从业人员数量

单位：人

地　区	合计	0～30人	31～60人	61～90人	91～120人	120人以上
合　计	489332	48484	46801	34698	26908	332441
北　京	3504	588	581	304	320	1711
天　津	7336	808	1160	803	519	4046
河　北	17971	2309	2353	1776	1135	10398
山　西	13277	1419	977	754	510	9617
内蒙古	19488	906	1957	789	839	14997
辽　宁	20523	1597	1363	1585	779	15199
吉　林	14332	901	753	707	851	11120
黑龙江	15167	851	984	814	550	11968
上　海	7166	433	659	689	501	4884
江　苏	20467	2960	1388	1547	1466	13106
浙　江	12213	2096	1270	978	504	7365
安　徽	13150	1484	1374	1710	866	7716
福　建	11976	1750	1585	1119	507	7015
江　西	14274	702	838	1043	931	10760
山　东	47459	2653	3497	2631	2434	36244
河　南	29773	2252	2559	1735	1147	22080
湖　北	34239	2855	3971	1618	1162	24633
湖　南	32574	2394	2053	1331	2141	24655
广　东	39579	3181	3208	2804	1345	29041
广　西	27775	2016	1314	1618	1094	21733
海　南	4805	146	405	558	224	3472
重　庆	11504	1851	1715	1087	651	6200
四　川	17574	3191	1877	1463	1137	9906
贵　州	7321	1761	1755	1279	971	1555
云　南	7308	1557	869	696	389	3797
西　藏	1571	360	671	322		218
陕　西	17662	2739	2507	1231	2041	9144
甘　肃	7948	994	825	440	943	4746
青　海	2685	661	735	281	402	606
宁　夏	5236	533	619	702	332	3050
新　疆	3475	536	979	284	217	1459

7-4-6　按学历分的企业从业人员数量

单位：人

地　区	合　计	研究生	大学本科	大专及以下
合　计	489332	5381	65924	418027
北　京	3504	539	1155	1810
天　津	7336	329	2668	4339
河　北	17971	56	1985	15930
山　西	13277	72	1528	11677
内蒙古	19488	103	2698	16687
辽　宁	20523	115	2582	17826
吉　林	14332	215	2429	11688
黑龙江	15167	114	1917	13136
上　海	7166	24	871	6271
江　苏	20467	273	2713	17481
浙　江	12213	302	2419	9492
安　徽	13150	186	1960	11004
福　建	11976	55	1260	10661
江　西	14274	37	1233	13004
山　东	47459	273	6378	40808
河　南	29773	659	5552	23562
湖　北	34239	753	5822	27664
湖　南	32574	98	3856	28620
广　东	39579	600	4708	34271
广　西	27775	121	1904	25750
海　南	4805	15	385	4405
重　庆	11504	69	1240	10195
四　川	17574	76	1567	15931
贵　州	7321	50	890	6381
云　南	7308	38	1335	5935
西　藏	1571	4	52	1515
陕　西	17662	93	1511	16058
甘　肃	7948	55	1158	6735
青　海	2685	3	531	2151
宁　夏	5236	34	1113	4089
新　疆	3475	20	504	2951

7-4-7 按专业技术职称分的企业从业人员数量

单位：人

地 区	合计	高级	正高级	中级	初级
合 计	136492	20026	2860	48688	67778
北 京	1564	522	106	552	490
天 津	3716	1133	195	1118	1465
河 北	3900	287	34	1207	2406
山 西	2404	252	24	868	1284
内蒙古	4021	833	117	1750	1438
辽 宁	3717	493	95	1341	1883
吉 林	4028	1095	114	1355	1578
黑龙江	4006	766	110	1596	1644
上 海	1242	56	5	481	705
江 苏	5772	715	170	1937	3120
浙 江	4623	541	67	1748	2334
安 徽	4931	762	69	1923	2246
福 建	3225	502	73	1110	1613
江 西	3795	362	23	1438	1995
山 东	14901	1751	362	5195	7955
河 南	10208	2069	291	4047	4092
湖 北	12819	2761	483	5169	4889
湖 南	9281	747	98	3492	5042
广 东	8635	1026	112	2455	5154
广 西	6441	433	37	1805	4203
海 南	665	56	0	155	454
重 庆	2353	318	17	790	1245
四 川	4058	423	46	1477	2158
贵 州	2163	237	24	607	1319
云 南	2083	289	15	715	1079
西 藏	365	69	20	146	150
陕 西	4776	471	49	1745	2560
甘 肃	2656	386	33	1034	1236
青 海	1086	190	5	315	581
宁 夏	1959	288	29	718	953
新 疆	1099	193	37	399	507

7-4-8 按技术等级分的企业从业人员数量

单位：人

地 区	合 计	高级技师	技师	高级工	中级工	初级工
合 计	197828	2915	14402	48421	57188	74902
北 京	346	4	14	29	43	256
天 津	2581	4	134	966	536	941
河 北	6688	17	389	1948	2018	2316
山 西	6019	13	429	966	1446	3165
内蒙古	2984	135	490	742	620	997
辽 宁	6793	43	162	2142	2072	2374
吉 林	5500	31	441	667	1497	2864
黑龙江	4580	55	648	1260	1265	1352
上 海	3079	1	29	310	1175	1564
江 苏	7624	56	262	1360	1981	3965
浙 江	3409	51	463	475	786	1634
安 徽	5943	100	374	1305	2282	1882
福 建	3907	64	115	750	1649	1329
江 西	6899	146	1053	1243	2051	2406
山 东	22972	440	1120	4176	6218	11018
河 南	13865	283	1557	3976	3762	4287
湖 北	17222	742	2327	5919	3930	4304
湖 南	13897	224	550	2882	4655	5586
广 东	14161	59	659	3409	3956	6078
广 西	15367	95	1741	6346	4109	3076
海 南	1030	7	21	114	317	571
重 庆	4508	77	194	611	1498	2128
四 川	7083	82	321	1397	2716	2567
贵 州	2086	19	40	214	483	1330
云 南	3297	11	239	1061	1127	859
西 藏	721	29	15	141	273	263
陕 西	8333	40	304	2492	2609	2888
甘 肃	3761	41	107	799	1100	1714
青 海	838	17	42	200	179	400
宁 夏	1265	21	104	312	503	325
新 疆	1070	8	58	209	332	463

7-4-9　按年龄分的企业从业人员数量

单位：人

地　区	合计	56岁及以上	46～55岁	36～45岁	35岁及以下
合　计	489332	30034	105149	185918	168231
北　京	3504	200	693	974	1637
天　津	7336	654	1660	1891	3131
河　北	17971	1499	3337	6405	6730
山　西	13277	424	2364	5312	5177
内蒙古	19488	1803	4728	7811	5146
辽　宁	20523	1986	5817	7148	5572
吉　林	14332	913	4446	4961	4012
黑龙江	15167	995	3748	5853	4571
上　海	7166	804	2389	2110	1863
江　苏	20467	1579	4416	8017	6455
浙　江	12213	844	2617	4215	4537
安　徽	13150	608	3140	4944	4458
福　建	11976	580	2546	3943	4907
江　西	14274	682	2410	5044	6138
山　东	47459	2357	10340	18181	16581
河　南	29773	1327	5760	9854	12832
湖　北	34239	2527	7909	14206	9597
湖　南	32574	2020	6436	13580	10538
广　东	39579	2950	8974	13979	13676
广　西	27775	1284	5483	11519	9489
海　南	4805	246	1133	2112	1314
重　庆	11504	590	1959	5052	3903
四　川	17574	1023	3453	8104	4994
贵　州	7321	320	1526	2960	2515
云　南	7308	301	1393	2871	2743
西　藏	1571	24	187	602	758
陕　西	17662	748	2905	6547	7462
甘　肃	7948	351	1442	3072	3083
青　海	2685	35	410	1084	1156
宁　夏	5236	269	887	1993	2087
新　疆	3475	91	641	1574	1169

五、社会团体法人单位基本情况

7-5-1 社会团体法人单位数量与从业人员数量

地 区	单位数量/个	从业人员数量/万人
合 计	8815	5.42
北 京	113	0.12
天 津	6	0.00
河 北	105	0.06
山 西	28	0.03
内蒙古	235	0.16
辽 宁	39	0.00
吉 林	26	0.03
黑龙江	104	0.08
上 海	13	0.00
江 苏	113	0.01
浙 江	120	0.02
安 徽	70	0.11
福 建	775	0.30
江 西	173	0.13
山 东	356	0.40
河 南	73	0.05
湖 北	348	0.18
湖 南	342	0.06
广 东	74	0.02
广 西	726	0.10
海 南	8	0.01
重 庆	70	0.02
四 川	648	0.27
贵 州	13	0.03
云 南	339	0.29
西 藏	47	0.03
陕 西	208	0.22
甘 肃	2394	1.53
青 海	103	0.17
宁 夏	528	0.34
新 疆	618	0.64

7-5-2 按学历分的社会团体法人单位从业人员数量

单位：人

地 区	合计	大学本科及以上	大专及以下
合 计	54160	6233	47927
北 京	1232	216	1016
天 津	16	14	2
河 北	592	107	485
山 西	305	113	192
内蒙古	1618	137	1481
辽 宁	46	19	27
吉 林	272	28	244
黑龙江	768	79	689
上 海	45	25	20
江 苏	88	41	47
浙 江	185	105	80
安 徽	1076	537	539
福 建	2954	114	2840
江 西	1257	171	1086
山 东	3976	929	3047
河 南	506	120	386
湖 北	1843	415	1428
湖 南	619	61	558
广 东	211	149	62
广 西	964	101	863
海 南	116	9	107
重 庆	194	100	94
四 川	2694	347	2347
贵 州	299	60	239
云 南	2889	477	2412
西 藏	327	42	285
陕 西	2230	167	2063
甘 肃	15345	422	14923
青 海	1697	182	1515
宁 夏	3428	60	3368
新 疆	6368	886	5482

7-5-3 按专业技术职称分的社会团体法人单位从业人员数量

单位：人

地　区	合计	高级	中级与初级
合　计	15178	1667	13511
北　京	268	55	213
天　津	16	4	12
河　北	193	38	155
山　西	183	23	160
内蒙古	354	40	314
辽　宁	21	7	14
吉　林	114	67	47
黑龙江	374	20	354
上　海	28	6	22
江　苏	54	11	43
浙　江	117	22	95
安　徽	904	256	648
福　建	1336	58	1278
江　西	465	59	406
山　东	2139	132	2007
河　南	286	78	208
湖　北	961	122	839
湖　南	219	10	209
广　东	195	38	157
广　西	182	20	162
海　南	35	12	23
重　庆	127	23	104
四　川	1088	78	1010
贵　州	114	16	98
云　南	1339	85	1254
西　藏	56	1	55
陕　西	547	91	456
甘　肃	1338	120	1218
青　海	682	66	616
宁　夏	824	14	810
新　疆	619	95	524

7-5-4 按技术等级分的社会团体法人单位从业人员数量

单位：人

地　区	合　计	技师及以上	高级工及以下
合　计	9681	379	9302
北　京	20		20
天　津			
河　北	349	12	337
山　西	54	5	49
内蒙古	420	20	400
辽　宁	15	2	13
吉　林	38		38
黑龙江	289	27	262
上　海	2		2
江　苏	22	1	21
浙　江	12	8	4
安　徽	96	10	86
福　建	197	6	191
江　西	346	23	323
山　东	657	26	631
河　南	218′	13	205
湖　北	354	30	324
湖　南	465	16	449
广　东	20	1	19
广　西	179	3	176
海　南	15		15
重　庆	43	13	30
四　川	549	58	491
贵　州	55	6	49
云　南	390	9	381
西　藏	8		8
陕　西	498	14	484
甘　肃	1276	2	1274
青　海	355	8	347
宁　夏	1314	13	1301
新　疆	1425	53	1372

7-5-5　按年龄分的社会团体法人单位从业人员数量

单位：人

地　区	合　计	36 岁及以上	35 岁及以下
合　计	54160	42431	11729
北　京	1232	928	304
天　津	16	13	3
河　北	592	487	105
山　西	305	261	44
内蒙古	1618	1447	171
辽　宁	46	35	11
吉　林	272	215	57
黑龙江	768	612	156
上　海	45	40	5
江　苏	88	79	9
浙　江	185	152	33
安　徽	1076	806	270
福　建	2954	2206	748
江　西	1257	939	318
山　东	3976	2554	1422
河　南	506	346	160
湖　北	1843	1480	363
湖　南	619	443	176
广　东	211	117	94
广　西	964	778	186
海　南	116	71	45
重　庆	194	125	69
四　川	2694	2243	451
贵　州	299	122	177
云　南	2889	2040	849
西　藏	327	234	93
陕　西	2230	1716	514
甘　肃	15345	13003	2342
青　海	1697	1409	288
宁　夏	3428	3158	270
新　疆	6368	4372	1996

六、乡镇水利管理单位基本情况

7-6-1　乡镇水利管理单位数量与从业人员数量

地　区	单位数量/个	从业人员数量/万人
合　计	29416	20.55
北　京	173	0.21
天　津	156	0.10
河　北	576	0.27
山　西	1004	0.43
内蒙古	476	0.39
辽　宁	1119	0.79
吉　林	658	0.34
黑龙江	968	0.80
上　海	108	0.09
江　苏	1176	1.21
浙　江	1065	0.94
安　徽	1186	0.67
福　建	956	0.55
江　西	1385	0.70
山　东	1700	0.91
河　南	1971	1.70
湖　北	985	0.61
湖　南	2185	1.21
广　东	1307	1.30
广　西	1014	0.53
海　南	217	0.26
重　庆	898	1.09
四　川	2573	1.53
贵　州	1359	0.43
云　南	1347	0.56
西　藏		
陕　西	957	0.44
甘　肃	611	0.53
青　海	142	0.07
宁　夏	137	0.09
新　疆	1007	1.79

7-6-2 按主管部门分的乡镇水利管理单位数量

单位：个

地 区	合 计	县（市）水利局	乡镇政府（街道办）	其他
合 计	29416	8913	19890	613
北 京	173	48	125	
天 津	156	18	138	
河 北	576	110	465	1
山 西	1004	360	644	
内 蒙 古	476	13	462	1
辽 宁	1119	78	1035	6
吉 林	658	601	55	2
黑 龙 江	968	174	717	77
上 海	108	108		
江 苏	1176	969	200	7
浙 江	1065	118	944	3
安 徽	1186	431	566	189
福 建	956	139	817	
江 西	1385	378	997	10
山 东	1700	157	1537	6
河 南	1971	62	1903	6
湖 北	985	427	506	52
湖 南	2185	928	1229	28
广 东	1307	332	971	4
广 西	1014	176	828	10
海 南	217	3	210	4
重 庆	898	73	825	
四 川	2573	446	2122	5
贵 州	1359	364	993	2
云 南	1347	855	491	1
西 藏				
陕 西	957	242	714	1
甘 肃	611	323	259	29
青 海	142	84	58	
宁 夏	137	137		
新 疆	1007	759	79	169

7-6-3　按机构类型分的乡镇水利管理单位从业人员数量

单位：人

地　区	合计	事业法人单位	企业法人单位	其他法人单位	非法人单位
合　　计	205507	117989	1054	3278	83186
北　京	2094	1836	1		257
天　津	1045	503			542
河　北	2727	453	57		2217
山　西	4287	707			3580
内蒙古	3878	1998	111		1769
辽　宁	7879	5524	43		2312
吉　林	3407	1579			1828
黑龙江	7996	2196	163		5637
上　海	897	723			174
江　苏	12121	11521	16		584
浙　江	9436	2793	191	27	6425
安　徽	6743	1703			5040
福　建	5505	2385			3120
江　西	6959	4138	20	8	2793
山　东	9062	2443		8	6611
河　南	17043	8760	23	36	8224
湖　北	6054	1382	53	2919	1700
湖　南	12135	11262			873
广　东	12951	10411	259	255	2026
广　西	5270	5076			194
海　南	2596	799	3		1794
重　庆	10869	9044			1825
四　川	15307	12451			2856
贵　州	4272	2927			1345
云　南	5635	3950			1685
西　藏					
陕　西	4391	1693	57		2641
甘　肃	5344	3093			2251
青　海	741	163			578
宁　夏	936	686			250
新　疆	17927	5790	57	25	12055

7-6-4　按学历分的乡镇水利管理单位从业人员数量

单位：人

地　区	合计	中专及以上	高中及以下
合　计	205507	139233	66274
北　京	2094	1273	821
天　津	1045	662	383
河　北	2727	1957	770
山　西	4287	2458	1829
内蒙古	3878	3232	646
辽　宁	7879	5049	2830
吉　林	3407	2134	1273
黑龙江	7996	6898	1098
上　海	897	656	241
江　苏	12121	6258	5863
浙　江	9436	7813	1623
安　徽	6743	4833	1910
福　建	5505	4558	947
江　西	6959	4142	2817
山　东	9062	7027	2035
河　南	17043	12597	4446
湖　北	6054	3644	2410
湖　南	12135	6666	5469
广　东	12951	5884	7067
广　西	5270	4023	1247
海　南	2596	1663	933
重　庆	10869	9229	1640
四　川	15307	12572	2735
贵　州	4272	3526	746
云　南	5635	4347	1288
西　藏			
陕　西	4391	2894	1497
甘　肃	5344	3265	2079
青　海	741	571	170
宁　夏	936	732	204
新　疆	17927	8670	9257

7-6-5　按技术等级分的乡镇水利管理单位从业人员数量

单位：人

地　　区	合　计	中级工及以上	初级工
合　　计	74792	52388	22404
北　　京	338	178	160
天　　津	478	394	84
河　　北	963	712	251
山　　西	2566	2122	444
内　蒙　古	903	614	289
辽　　宁	1404	654	750
吉　　林	1164	589	575
黑　龙　江	1264	858	406
上　　海	169	119	50
江　　苏	3637	2615	1022
浙　　江	1318	797	521
安　　徽	3076	2274	802
福　　建	1751	1181	570
江　　西	3095	2159	936
山　　东	2365	1428	937
河　　南	9482	7969	1513
湖　　北	2696	1837	859
湖　　南	8231	6273	1958
广　　东	3933	1987	1946
广　　西	2255	1790	465
海　　南	782	270	512
重　　庆	2158	1448	710
四　　川	4544	3228	1316
贵　　州	884	541	343
云　　南	2087	1850	237
西　　藏			
陕　　西	1808	1462	346
甘　　肃	1805	1187	618
青　　海	135	114	21
宁　　夏	267	185	82
新　　疆	9234	5553	3681

附录 A　全国河流水系划分

我国江河水系众多，按照流域自然地理属性，将全国河流水系分为外流区和内流区两类。其中，内流区作为 1 个一级流域（区域），外流区分为 9 个一级流域（区域），共同构成全国十大一级流域（区域）。

表 A-1　全国流域（区域）和水系划分

序号	一级流域（区域）	二级水系
1	黑龙江	额尔古纳河水系
2		黑龙江干流水系
3		松花江水系
4		乌苏里江水系
5		绥芬河水系
6		图们江水系
7	辽河	辽河水系
8		辽东湾西部沿渤海诸河水系
9		辽东湾东部沿渤海诸河水系
10		辽东沿黄海诸河水系
11		鸭绿江水系
12	海河	滦河暨冀东沿海诸河水系
13		北三河水系
14		永定河水系
15		海河干流暨大清河水系
16		子牙河水系
17		黑龙港暨运东地区诸河水系
18		漳卫河水系
19		徒骇马颊河水系
20	黄河	黄河干流水系
21		洮河水系
22		湟水-大通河水系
23		无定河水系
24		汾河水系
25		渭河水系
26		伊洛河水系
27		大汶河水系

序号	一级流域（区域）	二级水系
28	淮河	淮河洪泽湖以上暨白马高宝湖区水系
29		淮河洪泽湖以下里下河暨渠北区水系
30		沂沭泗水系
31		山东半岛诸河水系
32	长江	长江干流水系
33		雅砻江水系
34		岷江-大渡河水系
35		嘉陵江水系
36		乌江水系
37		洞庭湖水系
38		汉江水系
39		鄱阳湖水系
40		太湖水系
41	浙闽诸河	钱塘江水系
42		瓯江水系
43		浙江沿海诸河水系
44		闽江水系
45		福建沿海诸河水系
46	珠江	西江水系
47		北江水系
48		东江水系
49		珠江三角洲水系
50		韩江水系
51		粤东沿海诸河水系
52		粤西沿海诸河水系
53		桂南沿海诸河水系
54		海南岛诸河水系
55	西南西北外流诸河	元江-红河水系
56		澜沧江-湄公河水系
57		怒江-萨尔温江水系
58		独龙江-伊洛瓦底江水系
59		雅鲁藏布江、恒河水系
60		狮泉河、象泉河水系
61		额尔齐斯河水系

序号	一级流域（区域）	二级水系
62		内蒙古东部高原内流水系
63		河西走廊、阿拉善内流水系
64		柴达木内流水系
65	内流诸河	准噶尔内流水系
66		塔里木内流水系
67		羌塘高原内流水系
68		伊犁河、额敏河内流水系

注　十大一级流域（区域）的划分以流域自然属性的完整性为准则，同时继承了历史使用习惯。先划分为外流区和内流区，再将外流区细分成 9 个流域（区域）。

附录 B 全国水资源分区

为便于按流域和区域进行水资源调配和管理,根据流域和区域水资源特点,全国划分为 10 个水资源一级区;在一级区的基础上,按基本保持河流水系完整性的原则,划分为 80 个水资源二级区;结合流域分区与行政分区,进一步划分为 213 个水资源三级区。

表 B-1 全国水资源分区表

水资源一级区	水资源二级区	水资源三级区
松花江区	额尔古纳河	呼伦湖水系、海拉尔河、额尔古纳河干流
	嫩江	尼尔基以上、尼尔基至江桥、江桥以下
	第二松花江	丰满以上、丰满以下
	松花江（三岔河口以下）	三岔河口至哈尔滨、哈尔滨至通河、牡丹江、通河至佳木斯干流区间、佳木斯以下
	黑龙江干流	黑龙江干流
	乌苏里江	穆棱河口以上、穆棱河口以下
	绥芬河	绥芬河
	图们江	图们江
辽河区	西辽河	西拉木伦河及老哈河、乌力吉木仁河、西辽河下游（苏家堡以下）
	东辽河	东辽河
	辽河干流	柳河口以上、柳河口以下
	浑太河	浑河、太子河及大辽河干流
	鸭绿江	浑江口以上、浑江口以下
	东北沿黄渤海诸河	辽东沿黄渤海诸河、沿渤海西部诸河
海河区	滦河及冀东沿海	滦河山区、滦河平原及冀东沿海
	海河北系	北三河山区、永定河册田水库以上、永定河册田水库至三家店区间、北四河下游平原
	海河南系	大清河山区、大清河淀西平原、大清河淀东平原、子牙河山区、子牙河平原、漳卫河山区、漳卫河平原、黑龙港及运东平原
	徒骇马颊河	徒骇马颊河

水资源一级区	水资源二级区	水资源三级区
黄河区	龙羊峡以上	河源至玛曲、玛曲至龙羊峡
	龙羊峡至兰州	大通河享堂以上、湟水、大夏河与洮河、龙羊峡至兰州干流区间
	兰州至河口镇	兰州至下河沿、清水河与苦水河、下河沿至石嘴山、石嘴山至河口镇北岸、石嘴山至河口镇南岸
	河口镇至龙门	河口镇至龙门左岸、吴堡以上右岸、吴堡以下右岸
	龙门至三门峡	汾河、北洛河洑头以上、泾河张家山以上、渭河宝鸡峡以上、渭河宝鸡峡至咸阳、渭河咸阳至潼关、龙门至三门峡干流区间
	三门峡至花园口	三门峡至小浪底区间、沁丹河、伊洛河、小浪底至花园口干流区间
	花园口以下	金堤河和天然文岩渠、大汶河、花园口以下干流区间
	内流区	内流区
淮河区	淮河上游（王家坝以上）	王家坝以上北岸、王家坝以上南岸
	淮河中游（王家坝至洪泽湖出口）	王蚌区间北岸、王蚌区间南岸、蚌洪区间北岸、蚌洪区间南岸
	淮河下游（洪泽湖出口以下）	高天区、里下河区
	沂沭泗河	南四湖区、中运河区、沂沭河区、日赣区
	山东半岛沿海诸河	小清河、胶东诸河
长江区	金沙江石鼓以上	通天河、直门达至石鼓
	金沙江石鼓以下	雅砻江、石鼓以下干流
	岷沱江	大渡河、青衣江和岷江干流、沱江
	嘉陵江	广元昭化以上、广元昭化以下干流、涪江、渠江
	乌江	思南以上、思南以下
	宜宾至宜昌	赤水河、宜宾至宜昌干流
	洞庭湖水系	澧水、沅江浦市镇以上、沅江浦市镇以下、资水冷水江以上、资水冷水江以下、湘江衡阳以上、湘江衡阳以下、洞庭湖环湖区
	汉江	丹江口以上、唐白河、丹江口以下干流
	鄱阳湖水系	修水、赣江栋背以上、赣江栋背至峡江、赣江峡江以下、抚河、信江、饶河、鄱阳湖环湖区

续表

水资源一级区	水资源二级区	水资源三级区
长江区	宜昌至湖口	清江、宜昌至武汉左岸、武汉至湖口左岸、城陵矶至湖口右岸
	湖口以下干流	巢滁皖及沿江诸河、青弋江和水阳江及沿江诸河、通南及崇明岛诸河
	太湖水系	湖西及湖区、武阳区、杭嘉湖区、黄浦江区
东南诸河区	钱塘江	富春江水库以上、富春江水库以下
	浙东诸河	浙东沿海诸河、舟山群岛
	浙南诸河	瓯江温溪以上、瓯江温溪以下
	闽东诸河	闽东诸河
	闽江	闽江上游、闽江中下游
	闽南诸河	闽南诸河
	台澎金马诸河	台澎金马诸河
珠江区	南北盘江	南盘江、北盘江
	红柳江	红水河、柳江
	郁江	右江、左江及郁江干流
	西江	桂贺江、黔浔江及西江
	北江	北江大坑口以上、北江大坑口以下
	东江	东江秋香江口以上、东江秋香江口以下
	珠江三角洲	东江三角洲、西北江三角洲、香港、澳门
	韩江及粤东诸河	韩江白莲以上、韩江白莲以下及粤东诸河
	粤西桂南沿海诸河	粤西诸河、桂南诸河
	海南岛及南海各岛诸河	海南岛、南海诸岛
西南诸河区	红河	李仙江、元江、盘龙江
	澜沧江	沘江口以上、沘江口以下
	怒江及伊洛瓦底江	怒江勐古以上、怒江勐古以下、伊洛瓦底江
	雅鲁藏布江	拉孜以上、拉孜至派乡、派乡以下
	藏南诸河	藏南诸河
	藏西诸河	奇普恰普河、藏西诸河
西北诸河区	内蒙古内陆河	内蒙古高原东部、内蒙古高原西部
	河西内陆河	石羊河、黑河、疏勒河、河西荒漠区

续表

水资源一级区	水资源二级区	水资源三级区
西北诸河区	青海湖水系	青海湖水系
	柴达木盆地	柴达木盆地东部、柴达木盆地西部
	吐哈盆地小河	巴伊盆地、哈密盆地、吐鲁番盆地
	阿尔泰山南麓诸河	额尔齐斯河、乌伦古河、吉木乃诸小河
	中亚西亚内陆河区	额敏河、伊犁河
	古尔班通古特荒漠区	古尔班通古特荒漠区
	天山北麓诸河	东段诸河、中段诸河、艾比湖水系
	塔里木河源流	和田河、叶尔羌河、喀什噶尔河、阿克苏河、渭干河、开孔河
	昆仑山北麓小河	克里亚河诸小河、车尔臣河诸小河
	塔里木河干流	塔里木河干流
	塔里木盆地荒漠区	塔克拉玛干沙漠、库木塔格沙漠
	羌塘高原内陆区	羌塘高原区

附 录 C　全 国 重 要 河 流

根据第一次全国水利普查河湖基本情况普查成果，结合河流特点和重要程度，选取了97条重要河流，对这些河流上的水库、堤防、水电站、水闸及橡胶坝进行了汇总。重要河流的选取原则是：流域面积在5万 km^2 以上的河流（不含国际河流）；对流域或区域防洪减灾、水资源开发利用保护具有重要作用，且流域面积多在1万～5万 km^2 之间的部分河流；部分重要的省际河流；流域机构管理的重要河流等。

表C-1　全国重要河流名录

序号	水资源区或流域	重要河流	备注
	松花江一级区		
1	松花江流域	松花江	以嫩江为主源
2		洮儿河	
3		霍林河	
4		雅鲁河	
5		诺敏河	
6		第二松花江	
7		呼兰河	
8		拉林河	
9		牡丹江	
	辽河一级区		
10	辽河流域	辽河	以西辽河为主源，由西辽河和原辽河干流组成
11		乌力吉木仁河	
12		老哈河	
13		东辽河	
14		绕阳河	
15		浑河	又称浑太河，以浑河为主源，含大辽河
	东北沿黄渤海诸河		

续表

序号	水资源区或流域	重要河流	备注
16		大凌河	
	海河一级区		
17	滦河水系	滦河	
	北三河水系		
18		潮白河	密云水库以下，不含潮白新河
19		潮白新河	
20	永定河水系	永定河	
21		洋河	
	大清河水系		
22		唐河	
23		拒马河	
	子牙河水系		
24		滹沱河	
25		滏阳河	
	漳卫河水系		
26		漳河	
27		卫河	
28	黄河一级区	黄河	
29	洮河水系	洮河	
30	湟水-大通河水系	湟水-大通河	以大通河为主源，含湟水与大通河汇入口以下河段
31		湟水	大通河交汇口以上段
32	无定河水系	无定河	
33	汾河水系	汾河	
34	渭河水系	渭河	
35		泾河	
36		北洛河	
37	伊洛河水系	伊洛河	伊洛河

序号	水资源区或流域	重要河流	备注
38	沁河水系	沁河	
39	大汶河水系	大汶河	
	淮河一级区		
40	淮河干流洪泽湖以上流域	淮河干流洪泽湖以上段	
41		洪汝河	
42		史河	
43		淠河	
44		沙颍河	
45		茨淮新河	
46		涡河	
47		怀洪新河	
	淮河洪泽湖以下水系		
48		淮河入海水道	干流
49		淮河（下游入江水道）	干流
	沂沭泗水系		
50		沂河	
51		沭河	
52	长江一级区	长江	长江干流包含金沙江、通天河、沱沱河
53	雅砻江水系	雅砻江	
54	岷江-大渡河水系	岷江-大渡河	以大渡河为主源，含原岷江干流段
55		岷江	
56	嘉陵江水系	嘉陵江	
57		渠江	
58		涪江	
59	乌江-六冲河水系	乌江-六冲河	以六冲河为主源
60	汉江水系	汉江	
61		丹江	

序号	水资源区或流域	重要河流	备注
62		唐白河	
	洞庭湖水系		
63		湘江	
64		资水	
65		沅江	
	鄱阳湖水系		
66		赣江	
67		抚河	
68		信江	
	太湖水系		
	东南诸河区		
69	钱塘江水系	钱塘江	
70		新安江	
71	瓯江水系	瓯江	
72	闽江水系	闽江	
73		富屯溪-金溪	
74		建溪	
75	九龙江水系	九龙江	
	珠江一级区		
76	西江水系	西江	以南盘江为主源
77		北盘江	
78		柳江	
79		郁江	
80		桂江	
81		贺江	
82	北江水系	北江	
83	东江水系	东江	
	珠江三角洲水系		
84	韩江水系	韩江	
	海南岛诸河水系		

序号	水资源区或流域	重要河流	备注
85		南渡江	
	西北诸河区		
86	石羊河	石羊河	
87	黑河	黑河	
88	疏勒河	疏勒河	
89	柴达木河	柴达木河	
90	格尔木河	格尔木河	
91	奎屯河	奎屯河	
92	玛纳斯河	玛纳斯河	
93	孔雀河	孔雀河	
94	开都河	开都河	
95	塔里木河	塔里木河	
96		木扎尔特河-渭干河	
97		和田河	

注 本次普查中，将大通河作为湟水主源，称为湟水-大通河，而湟水为其支流；将大渡河作为岷江主
源，称为岷江-大通河，而岷江为其支流。